수록작품 강사 소개

주춘선 1983년 3월~1985년 11월 삼우트레딩 무역부 니트 디자이너 근무/1986년 1월~2006년 8월 손뜨개 샵 운영/
2007년 2월 풀잎 문화센타 입사/(사)한국손뜨개협회 편물기술 자격증 취득/(사)한국손뜨개협회 강사&디자이너 과
정수료(2기)

박은지 2009년 10월 바늘이야기 기계편물반 수료/2009년 11월 (사)한국손뜨개협회 편물기술 자격증 취득

이현주 (사)한국손뜨개협회 편물기술 자격증 취득/(사)한국손뜨개협회 강사&디자이너 과정수료(2기)

정숙자 2003년~ 바늘이야기 신림점 운영/현재 KB투자증권 손뜨개 동아리 강사 활동중/(사)한국손뜨개협회 편물기술 자
격증 취득/(사)한국손뜨개협회 강사&디자이너 과정수료(1기)

박혜숙 2009년 11월 (사)한국손뜨개협회 편물기술 자격증 취득/2010년 1월 (사)한국손뜨개협회 강사&디자이너 과정수료(6기)

이광옥 2007년 3월 손뜨개 기본과 과정 수료-일본 아트그라프트 협회 하마나까(주)/2009년 4월 (사)한국손뜨개협회 편
물기술 자격증 취득

전보미 2005년 9월 손뜨개분야 사범자격취득-(사)한국문화센터연합회/2007년 12월 양장기능사(양장패턴) 취득-한국산
업인력관리공단/2009년 5월 (사)한국손뜨개협회 강사&디자이너 과정수료(5기)/2008년 9월~ (사)한국문화센터
대구 중앙지부 강사 활동 중

도희선 (사)한국손뜨개협회 편물기술 자격증 취득/(사)한국손뜨개협회 강사&디자이너 과정수료(3기)

정성미 2007년 1월 평촌 풀잎문화센터 손뜨개 정규과정 수료/(사)한국손뜨개협회 강사&디자이너 과정수료(2기)

이길자 2008년 12월 (사)한국손뜨개협회 강사&디자이너 과정수료(4기)/2009년 보습학원 초·중등 수학강사

이정열 2009년 10월 (사)한국손뜨개협회 편물기술 자격증 취득/(사)한국손뜨개협회 강사&디자이너 과정수료

서미자
(이사) 덕성여대 평생교육원 퀼트과 수료/Machine quilt반 수료-미국 Barbara Eikmeier 사사/미국 Patti hyder 사사/
일본 Shizuko kuroha 사사/일본 Keiko goke 사사/미국 라미킴 사사/한국 국제퀼트 협회 강사/선물포장 사범
2급 자격증 취득/(사)한국손뜨개협회 강사&디자이너 과정수료(1기)

한미란
(이사) 경찰병원 등 핸드니트 과정 강의/한국리본아트협회 사범자격증 취득/2007년 핸드니팅 대전 은상 수상/현 바늘이
야기 천호점 운영/(사)한국손뜨개협회 강사&디자이너 과정수료(1기)

임진주 2001년 11월 중국 청실실업 손뜨개 강의/2007년 12월 (사)한국손뜨개협회 편물기술 자격증 취득/2008년 4월 (사)한
국손뜨개협회 강사&디자이너 과정수료(2기)/2009년 2월 네이버 카페 '바느질 마을의 수다쟁이들' 카페지기 현임

김현연 2004년 4월 서울 패션위크 진행, 핸드메이드 패션쇼작품 참가/2006년 1월 기전여전 의상학과 외부강사 특별강의
중/(사)한국손뜨개협회 강사&디자이너 과정수료(1기)

정숙진 (사)한국손뜨개협회 편물기술 자격증 취득/(사)한국손뜨개협회 강사&디자이너 과정수료(1기)

- 책에 수록된 작품 순입니다.

Knitting

내 손끝에서 탄생하는 패션 트렌드, 핸드니트

진짜 멋쟁이는 머리에서 발끝까지 명품으로 휘감은 사람이 아니라, 자신에게 가장 잘 어울리는 멋을 스스로 찾아내어 즐기는 이들입니다. 세상에서 단 하나뿐인 옷, 그 어떤 선물보다 따뜻하고 매력적인 손뜨개 작품들에 심취하다보면, 취미가 전공이 되고 때로는 천직이 되기도 합니다. 니트가 생활미술과 실용공예의 한 분야로 재조명 받는 시대로 접어든 데에는 분명 그 이유가 있습니다. 모든 것이 획일화되어가고, 돈만 있으면 무엇이든 살 수 있는 요즘 세상에, 내 손끝으로 탄생시킨 세상에서 단 하나뿐인 작품의 가치는 돈으로 환산할 수 없는 귀한 그 무엇입니다.

니트 마니아의 연령대가 갈수록 낮아지고 있습니다. 대학생들 사이에서도 니트는 인기입니다. 찬바람이 불 즈음이면 너도나도 머플러나 장갑, 모자를 뜨느라 바쁩니다. 니트 마니아가 늘어난다는 것은 그만큼 따뜻한 세상을 꿈꾸는 이들이 많기 때문 아닐까 생각합니다.

(사)한국손뜨개협회에서는 21세기 패션트렌드인 핸드니트의 활성화를 위해 니트 디자이너 양성 과정 및 니트 디자이너 자격제도를 도입하여 실력 있는 니트 디자이너 양성에 힘쓰고 있으며, 이 사업의 일환으로 〈니트교과서〉시리즈를 기획하게 되었습니다. 이미 출간되어 많은 사랑을 받고 있는 〈니트교과서 이론편〉이 기본 게이지 계산법과 기호, 다양한 무늬 내는 법, 연결 방법 등을 소개한 책이라면, 후속으로 발간하는 〈니트교과서 실전편〉은 니트 마니아들이 자유롭게 나만의 니트 작품을 디자인하고 그 완성도를 높일 수 있도록 구성했습니다. 더불어 옷의 제작에 가장 기본이 되는 진동줄임 계산법, 라운드 계산법, 사선 늘림, 곡선 줄임 등을 응용하여 다양한 디자인에 활용하여 공부할 수 있도록 산출법도 상세하게 수록하였습니다.

〈니트교과서 기본편〉에 이어 〈니트교과서 실전편〉도 한 권쯤 소장할 가치가 있는 책입니다. 니트에 관심 있는 일반인들은 물론 강사과정을 수강하시려는 분, 니트 디자이너 자격증을 취득하려는 분들이 별도의 커리큘럼 없이도 니트 디자이너 수업이 가능하기 때문입니다.

수록된 작품들은 (사)한국손뜨개협회 강사님들이 여러 번의 회의 끝에 선정한 아이템들로, 니트 디자이너들이 꼭 익혀두어야 할 작품들과 기본이 되는 작품들입니다. 여러 각도로 분해법 등을 접목시켜 다양한 패턴을 소개하려고 많은 노력을 하였으며, 한 패턴 당 S사이즈, M사이즈, L사이즈로 상세하게 분류하여 3가지 사이즈의 치수 및 계산법을 수록, 누구나 쉽고 편안하게 다양한 작품을 뜰 수 있도록 배려한 책이기도 합니다.

〈니트교과서 실전편〉은 〈니트교과서 기본편〉과 더불어 취미・실용서로서의 역할은 물론 나아가서 니트 디자이너로 성장하고자 하는 모든 분들게 훌륭한 벗이 되어 드릴 것입니다. 또한 이는 핸드니트의 성장에 한 획을 긋는 중요한 지침서가 될 것임을 확신합니다.

사단법인 한국손뜨개협회

초급단계 1

2 중급단계

Knitting Point

책속부록

3
고급단계

집업스타일 후드카디건

만드는 법 **96** page

워머

만드는 법 **81** page

기본 브이넥 베스트

만드는 법 **30** page

세일러칼라
원피스
만드는 법 **124** page

망토

만드는 법 **118** page

기본 브이넥
카디건
만드는 법 142 page

요크 풀오버

만드는 법 **252** page

사각모티브 조끼

만드는 법 **160** page

여성용
숄칼라 카디건
만드는 법 180 page

남성용 숄칼라 카디건
만드는 법 192 page

래글런소매 풀오버
만드는 법 68 page

꽈배기코트
만드는 법 204 page

여성용 베스트 & 바지
만드는 법 258 page

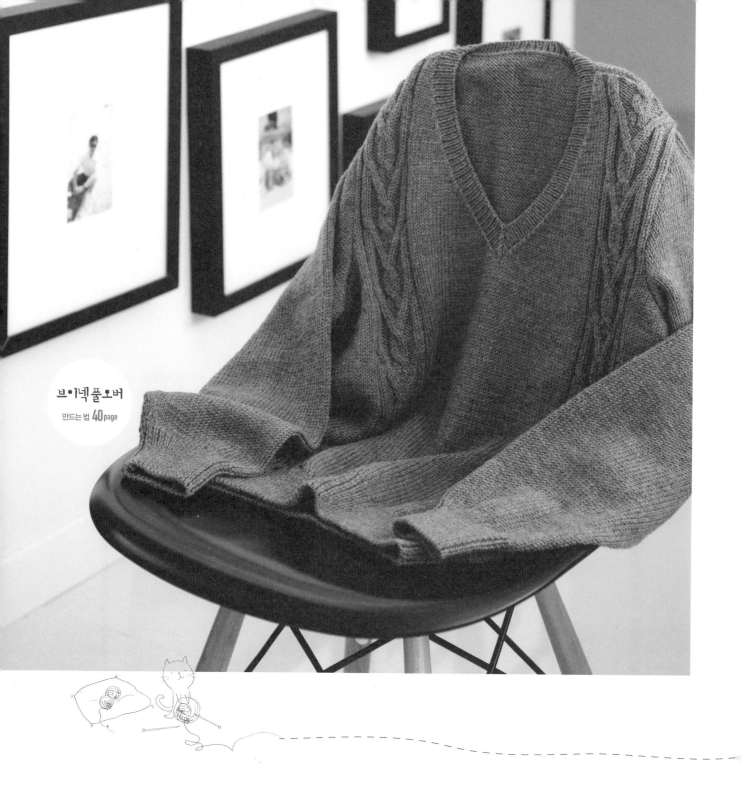

브이넥풀오버
만드는 법 40page

정장재킷 & 스커트
만드는 법 **228** page

만드는 법 **228** page

반팔티셔츠 & 플레어스커트
만드는 법 **282** page

만드는 법 **282** page

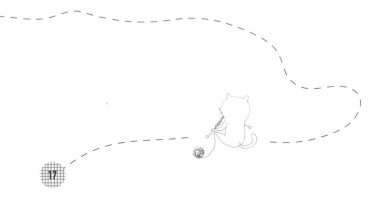

앞트임
폴로형 풀오버
만드는 법 82 page

구멍무늬 카디건
만드는 법 166 page

Knitting

라운드넥 풀오버
만드는 법 52 page

행복한 니트교실~

미리보는 6단계
니트 레시피

step **1**

작품과 대상 정하기

먼저 대상을 선정한다. 내가 입을 것인지, 남편이나 아이에게 입힐 것인지, 혹은 누군가에게 선물할 것인지를 정한 다음, 어떤 작품을 어떤 디자인으로 뜰 것인지 정한다.

도구 준비하기

기본적으로 바늘과 실이 필요하고, 교차무늬 등이 들어가는 패턴이라면 꽈배기걸이 핀이 필요하며, 중간중간 배색이나, 다트 등이 들어간다면, 단수 및 코수 표시를 많이 하게 되므로 뜨개를 도와줄 수 있는 여러 가지 도구들이 필요하다.

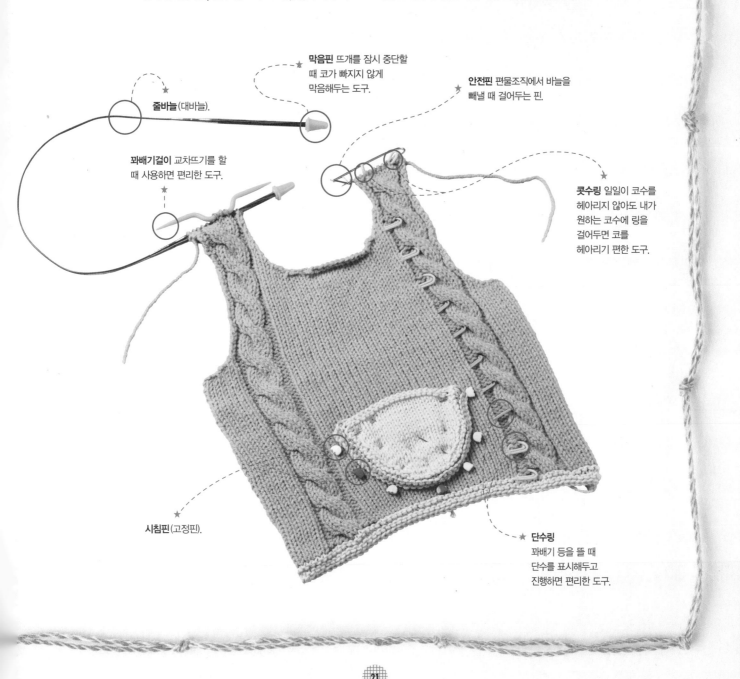

막음핀 뜨개를 잠시 중단할 때 코가 빠지지 않게 막음해두는 도구.

안전핀 편물조직에서 바늘을 빼낼 때 걸어두는 핀.

줄바늘(대바늘).

꽈배기걸이 교차뜨기를 할 때 사용하면 편리한 도구.

콧수링 일일이 코수를 헤아리지 않아도 내가 원하는 코수에 링을 걸어두면 코를 헤아리기 편한 도구.

시침핀 (고정핀).

단수링 꽈배기 등을 뜰 때 단수를 표시해두고 진행하면 편리한 도구.

신체 치수 측정하기

어깨너비, 가슴둘레, 완성치수, 소매가 있는 옷을 만들려면 화장 등의 필요치수가 있어야 한다.

몸에 잘 맞는 옷을 만들려면 인체 각 부위의 치수를 정확하게 재야 한다. 그러기 위해서는 계측 용구를 잘 활용해 정확한 부위를 측정해야 한다. 편물 제작에 필요한 기본원형은 편물의 신축성을 고려하여 제도한다.

✱ 표준치수

표준치수는 아래 도표와 같다.

구분	치수명칭	신장 (L)	등길이 (3L/12)	가슴둘레	허리둘레	엉덩이둘레	가슴너비	등너비	소매길이	손목둘레	윗옷길이 (5L/12)
어린이	1~2세	80	20	50	50	50	19	19	26	11	33
	3~4세	84	21	55	55	55	20	20	30	12	35
	5~6세	96	24	59	59	59	23	23	34	13	40
	7~8세	109	27	63	61	63	25	25	37	14	45
	9~10세	122	30	68	65	70	27	27	40	14	51
	11~12세	133	33	72	69	75	29	28	44	15	55
	13~14세	140	35	76	71	79	31	30	47	15	59
여자	소	152	38	83	60	87	34	33	50	15	63
	중	158	40	88	65	92	35	34	53	16	65
	대	162	41	95	67	97	36	35	55	17	67
남자	소	160	40	88	77	89	37	36	51	17	66
	중	170	43	95	80	94	38	37	55	18	70
	대	175	45	100	89	98	40	39	57	19	72

✳ 기본치수

1 가슴둘레 앞가슴이 가장 높은 부분 (유두점)을 통과하여 수평으로 돌려 잰다.

2 허리둘레 허리의 가장 가는 부분에 2cm 폭의 테이프를 매고 그 위를 한 바퀴 돌려 잰다.

3 엉덩이둘레 엉덩이의 가장 많이 나온 부분을 수평으로 돌려 잰다.

4 엉덩이길이 허리둘레선에서 엉덩이둘레선까지 수직 길이를 옆선에서 잰다.

5 등길이 등 중심선의 뒷목점에서 허리둘레선까지 잰다.

6 총길이 등길이를 잰 줄자의 허리선을 누르고 계속해 뒤꿈치까지 잰다.

7 옷길이 뒷목점에서 시작해 허리둘레선에서 누르고 원하는 위치까지 잰다.

8 소매길이 어깨 끝점에서 손목점까지의 길이를 잰다. 자연스럽게 늘어뜨린 팔의 중심부를 지나 팔꿈치에서 일단 누르고 잰다.

9 등너비 양쪽 겨드랑이 사이의 등너비를 수평으로 잰다.

10 가슴너비 양쪽 겨드랑이 사이를 지나는 가슴너비를 수평으로 잰다.

11 밑위길이 의자에 똑바로 앉아 옆 허리에서 의자 바닥까지의 길이를 잰다.

12 진동둘레 팔 아래에 줄자를 넣어서 어깨점을 통과하도록 돌려 잰다.

13 팔둘레 겨드랑이 밑으로 줄자를 넣고 팔의 가장 굵은 곳을 돌려 잰다.

14 손목둘레 손목을 돌려 잰다.

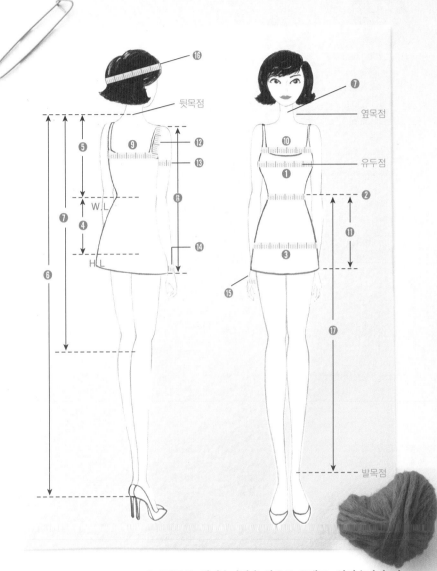

15 손바닥둘레 엄지손가락을 안으로 보내고, 엄지손가락 밑 부위를 지나 돌려 재되, 조직의 신축 성분이 있으므로 1cm 를 뺀다.

16 머리둘레 관자놀이의 약간 움푹하게 들어간 곳을 수평으로 돌려 잰다.

17 바지길이 옆 허리선에서 발목점까지의 길이를 잰다.

실&바늘 선택하기

작품의 연층에 맞는 성분 및 혼용율 등을 잘 따져보고 선택해야 한다. 예를 들어 성인용 롱코트를 제작한다면, 너무 묵직한 순모보다는 혼방사나 풍성해 보이는 모헤어나 알카파를 선택하도록 하며, 아이들용 니트를 뜰 때는 헤어리나 잔털감이 느껴지는 기모성분의 실들을 피하는 것이 좋다. 실을 선택하고 난 뒤 실에 맞춰 적당한 굵기의 바늘을 선택한다.

✱ 실 양 가늠하기

총 사용될 중량을 계산하여 조금 여유 있게 실을 구매한다. 유럽이나 미국에서 발간된 니트도서에는 작품에 들어간 실의 MT가 표기되어 있어 필요한 실 양을 가늠하기 편리하다.

✱ 실 구매하기

실 색상의 번호뿐만이 아니라, 염색번호(LOT번호)를 확인해야 한다. 실은 한꺼번에 염색할 수 있는 것이 최대 300KG정도이므로, 한꺼번에 필요한 량을 구매하지 않고 다음에 재 구매를 할 경우 LOT번호가 달라질 수 있다. 그러므로 실은 필요한 만큼 한꺼번에 구매하도록 한다.

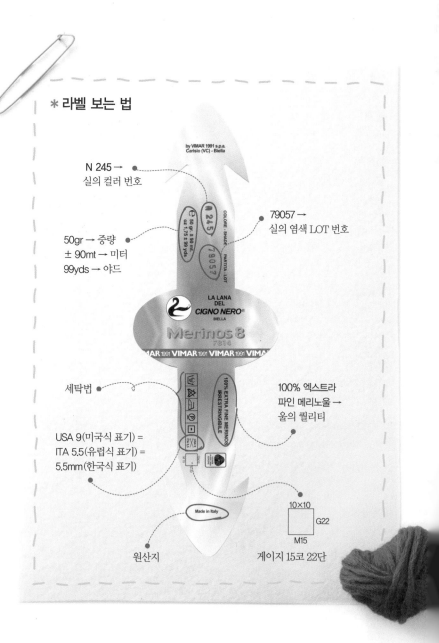

✱ 라벨 보는 법

N 245 →
실의 컬러 번호

79057 →
실의 염색 LOT 번호

50gr → 중량
± 90mt → 미터
99yds → 야드

세탁법

100% 엑스트라
파인 메리노울 →
울의 퀄리티

USA 9 (미국식 표기) =
ITA 5.5 (유럽식 표기) =
5.5mm (한국식 표기)

원산지

게이지 15코 22단

게이지 내기

진행하려고 하는 실과 바늘로 게이지를 내기 전 실의 라벨에 나와 있는 게이지와 나의 게이지를 비교하는 것이 포인트. 실을 디자인하여 상품화 할 때는 최적의 실과 바늘과의 궁합을 고려하여 게이지를 내기 때문에 개인적으로 게이지를 낼 때도 실의 라벨에서 제안하는 바늘의 굵기를 사용하는 것이 가장 적합하지만, 그렇지 않을 경우 내가 사용하려는 바늘로 게이즈를 내서 라벨에 표시된 게이지의 편차와 비교해 보는 것이 중요하다.

✳ 게이지란?

게이지는 일정한 면적 안에 들어가는 뜨개코의 평균 콧수와 단수이다. 즉, 가로와 세로 10cm 안에 들어가는 콧수와 단수를 말한다. 게이지 측정 단위는 1cm이지만, 오차 확률이 많아 10cm 단위로 측정하여 1cm 몫으로 환산한다. 게이지는 실과 바늘 굵기, 뜨는 사람의 손놀림에 따라 달라지므로 바늘 호수를 잘 선택해야 한다.

✳ 게이지 측정 방법과 유의점

1 견본 뜨기의 경우 실의 굵기와 형태, 무늬에 따라 달라지므로 일정하게 나올 수 있도록 조절하면서 뜬다.
2 복잡한 무늬나 코를 세기 어려운 실일 경우 10코, 10단마다 다른 색 실로 표시를 하면서 뜬다.
3 실의 특성에 따라 세탁 후 줄거나 늘어날 수 있다. 이런 소재의 경우 꼭 세탁을 하고 세팅을 한 후 게이지를 측정한다.

✳ 게이지 조정

1 게이지 조정이란, 실 굵기나 바늘 호수를 바꾸어 뜨개 조직의 모양과 치수를 조절하는 것을 말한다.
2 편물은 실 굵기와 바늘 호수, 무늬에 따라 치수 변화가 생긴다.
3 대바늘뜨기에서 바늘 호수를 2호 변경시키면 게이지가 10% 정도 가감된다.
4 실 굵기를 가는 실, 중간 실, 굵은 실로 바꾸어 사용할 경우에도 게이지가 10% 정도 가감된다.

✳ 게이지 자 보는 법

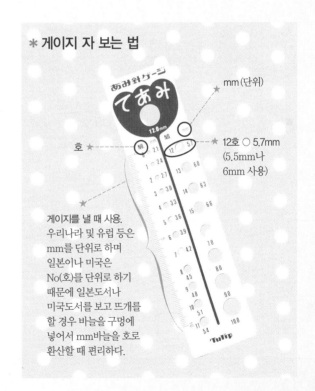

mm (단위)

호 ★

12호 ○ 5.7mm
(5.5mm나 6mm 사용)

게이지를 낼 때 사용. 우리나라 및 유럽 등은 mm를 단위로 하며 일본이나 미국은 No(호)를 단위로 하기 때문에 일본도서나 미국도서를 보고 뜨개를 할 경우 바늘을 구멍에 넣어서 mm바늘을 호로 환산할 때 편리하다.

✳ 게이지 표시의 방법

3.5mm바늘로 뜨고 가로와 세로 각
10cm 안의 게이지가 24코 32단이라
면 다음과 같이 표기한다.

✳ 실 사용량의 견적

실의 종류에 따라 다르지만 겨울 실은 1타래가 100g 정도로
400~500g, 즉 4타래가 포장되어 있다.

일반적으로 4세 미만의 어린이 풀오버나 카디건은 400g, 베
스트는 200~300g 정도, 성인 여자의 풀오버는 800g, 후드
코트는 1000~ 1200g, 베스트는 400g 정도 사용된다.

정확한 사용량을 측정하려면 다음과 같은 방법을 사용하면
된다.

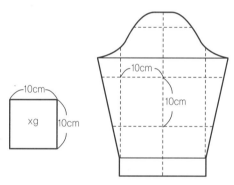

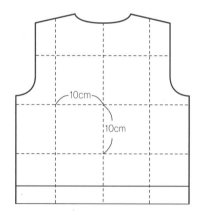

1 실물 크기로 제도하여 가로, 세로 사방 10cm의 사각선을
긋는다.

2 사각이 아닌 가장자리 부분은 다른 것들과 합하여 1개가 되
도록 전체 개수를 센다.

3 견본 뜨개천의 10×10cm의 무게를 측정하고, 세어 놓은 사
방 10cm 사각 모양의 전체 개수를 곱하면 모사의 중량을
알 수 있다. 예를 들면, 중세 모사로 사방 10cm를 뜨는 데
약 5g의 실이 필요한 경우, 세어 놓은 사방 10cm의 사각 모
양이 40개라면 그 필요량은 약 200g이 된다.

4 깃과 소매의 비율은 보통 6:4로 계산해서 합계를 계산한다.

✳ 견본 뜨기

1 사방 20cm 정도 크기로 견본을 뜬다.

2 견본을 손바닥으로 펴서 자리를 잡는다.

3 스팀다리미로 김을 쐬어 정돈한다.

4 정돈된 견본의 중간에서 가로, 세로 10cm에 들어간 콧수와
단수를 센다.

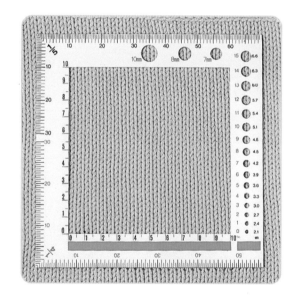

* 게이지 측정법

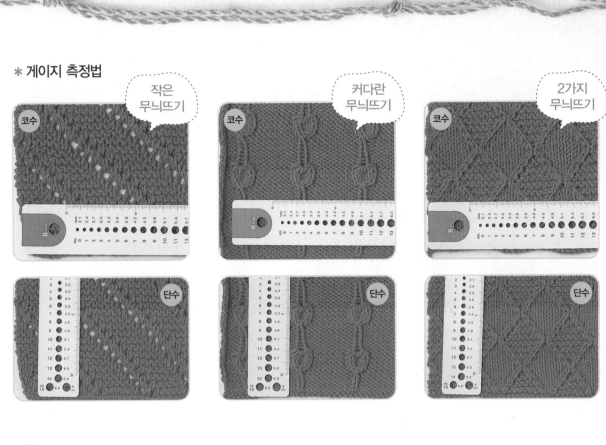

작은
무늬뜨기

커다란
무늬뜨기

2가지
무늬뜨기

step
6

작품 뜨기

실과 바늘 등 도구가 준비되고 게이지를 냈으면 작품을 뜰 준비가 끝났다. 완성의 순간을 떠올리며 즐거운 마음으로 뜨개질을
시작한다. *Here we go!*

step ● one

초급단계

초급단계에서는 대바늘뜨기의 기호 보는 법과 코 만들기, 코 늘리기, 코 줄이기, 코 줍는 법, 옆선 잇기, 단 잇기, 어깨선 잇기 등 기본 뜨개 기법을 익히고, 게이지의 정의와 계산법, 마무리 방법 등을 익힌다. 더불어 고무단코잡기와 진동계산법, 브이넥계산법 등도 눈과 손에 익혀 여러 가지 작품을 직접 기획하고 제작할 수 있도록 한다.

기본 브이넥 베스트

S 사이즈

<u>완성치수</u> 옷길이 57cm, 가슴둘레 84cm
<u>재료</u> 캐시미어사 360g, 대바늘 3.5mm 4mm, 돗바늘
<u>게이지</u> 메리야스뜨기 21코×30단, 무늬뜨기 27코 30단

뒤판뜨기

1 3.5mm대바늘을 사용하여 나중에 풀어낼 실로 46코를 잡는다.

2 진행실로 바꾸어 끌어올리기코로 90코를 만들어 1×1고무뜨기
로 24단을 뜬다.

3 4mm대바늘로 바꿔 진동 전까지 메리야스뜨기로 82단을 뜬다.

4 진동줄임을 도안과 같이 12코씩 줄이고 50단을 뜬다.

5 어깨코는 18코를 뜨고 뒤로 돌려 뒷목둘레를 2-3-1, 2-1-1번
줄인 다음 나머지코는 되돌아뜨기를 한다. 남은코는 쉼코로
둔다.

6 목둘레 첫코에 새 실을 걸어 30코를 코막음하고 오른쪽과 같은
방법으로 대칭이 되게 뜬다. 남은코는 쉼코로 둔다.

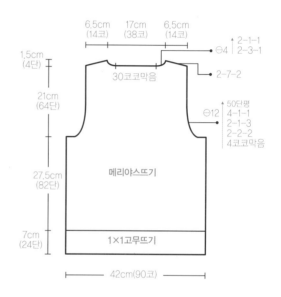

앞판뜨기

1 3.5mm대바늘을 사용하여 나중에 풀어낼 실로 46코를 잡는다.

2 진행실로 바꾸어 끌어올리기코로 90코를 만들어 1×1고무뜨기
로 24단을 뜬다.

3 4mm대바늘로 바꾸어 무늬 게이지로 계산하여 안뜨기에서 95
코로 균등하게 늘려 메리야스뜨기 32코, 무늬뜨기 31코, 메리
야스뜨기 32코 순으로 82단을 뜬다.

4 진동줄임은 뒤와 동일하게 줄이고 가운데 쉼코를 1코 두고 사
선줄임을 도안과 같이 21코를 줄이면서 64단을 뜬 후 4단 남아
을 때 되돌아뜨기를 한다. 다른 한쪽도 대칭으로 뜬다.

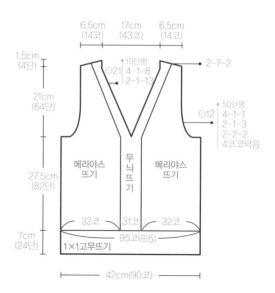

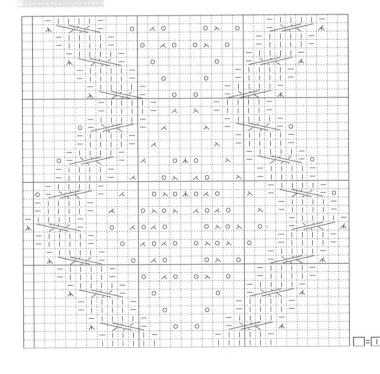

1×1고무뜨기 8단 후
돗바늘로 마무리한다.

37코

68코   68코

116코 잡아
1×1고무뜨기
8단 후 돗바늘로
마무리한다.

중심코 1코

마무리하기

1 앞·뒤판의 겉과 겉을 맞대고 어깨코를 코막음하여 잇는다.

2 몸판의 양옆선을 돗바늘을 사용하여 잇는다.

3 3.5mm대바늘을 사용하여 목둘레 한쪽 면에서 68코씩 잡고 뒷목에서 37코, 총 174코를 잡아 1×1고무뜨기를 하면서 가운데 쉼코를 중심으로 두어 매 단마다 중심3코모아뜨기를 하면서 8단을 뜨고 돗바늘로 마무리한다.

4 진동둘레에서 116코를 잡은 후 1×1고무뜨기로 8단을 뜨고 돗바늘로 마무리한다.

무늬뜨기

□ = ⊥

메리야스뜨기 게이지 = 21코, 30단

뒤판

① **뒤판시작** (42cm×2.1코)+시접코 2코 = 90코

② **고무단** (7cm×3단)×1.1 = 23.1 = 24단

③ **옆선길이** 27.5cm×3단 = 82단

④ **진동길이** 21cm×3단 = 64단

　　줄임코수 (시작코수 90코 − 등너비코수 66코)÷2 = 12코

＊ **진동줄임 계산**　　　　　짝수단 변경

$12코×\dfrac{1}{3}=4코$ → 4코 코막음 → 4코 코막음

−4 ←

────────────────

$8코×\dfrac{1}{2}=4코$ → 1-1-4 → 2-2-2

−4 ←

────────────────

$4코×\dfrac{2}{3}=2코$ → 2-1-2 → 2-1-2

−2 ←

────────────────

2　　　　　　　 → 3-1-2 → 2-1-1
　　　　　　　　　　　　　　 4-1-1

정리하면 ┌ 4-1-1
　　　　 ├ 2-1-3
　　　　 ├ 2-2-2
　　　　 └ 4코 코막음

⑤ **어깨경사** 1.5cm×3단=4단,　6.5cm×2.1코=14코

　　　　4단÷2=2회

　　　　14코÷2회=7 → 2-7-2

⑥ **뒷목줄임** 17cm×2.1코=38코,　1.5cm×3단=4단

19코

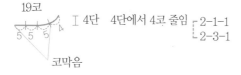

⊥ 4단　4단에서 4코 줄임 ┌ 2-1-1
　　　　　　　　　　　　└ 2-3-1

코막음

앞판

① **앞판시작** (42cm×2.1코)+시접코 2코 = 90코

② **고무단** (7cm×3단)×1.1 = 23.1 = 24단

③ **옆선길이** 27.5cm×3단 = 82단

④ **진동길이** 21cm×3단 = 64단

　　줄임코수 (시작코수 95코 − 등너비코수 71코)÷2 = 12코

＊ 진동줄임 계산은 뒤판과 동일

⑤ **어깨경사** 1.5cm×3단=4단,　6.5cm×2.1코=14코

　　　　4단÷2=2회

　　　　14코÷2회=7 → 2-7-2

⑥ **앞목 (브이넥) 줄임** 진동단 64단＋어깨경사단 4단 = 총 68단

＊ 평단 계산　$68×\dfrac{1}{6}=10단평$　68단−10단=58단

　　　　58단에서 21코 줄임

$$\begin{array}{c|c} & 2+1=3 \\ \hline 21코 & 58단 \\ -16 & 42 \\ \hline 5 & 16 \end{array}$$

→ ┌ 2-1-5
　└ 3-1-16 〈 2-1-8
　　　　　　 4-1-8

→ ┌ 2-1-13
　└ 4-1-8

real tip

짝수단 계산법

예) 58단에서 21코를 줄일 때, 단을 반으로 나누어서 계산하면 쉽다.

$$\begin{array}{c|c} & 1+1=2 \\ \hline 21코 & 29단 \\ -8 & 21 \\ \hline 13 & 8 \end{array}$$

→ ×2 단에만 다시 2를 곱한다

┌ 2-1-8 → ┌ 4-1-8
└ 1-1-13 　└ 2-1-13

기본 브이넥 베스트

M 사이즈

완성치수　옷길이 60cm, 기슴둘레 90cm
재료　　　캐시미어사 380g, 대바늘 3.5mm 4mm, 돗바늘
게이지　　메리야스뜨기 21코×30단, 무늬뜨기 27코 30단

> h o w   t o   m a k e

뒤판뜨기

1 3.5mm대바늘을 사용하여 나중에 풀어낼 실로 49코를 잡는다.

2 진행실로 바꾸어 끌어올리기코로 96코를 만들어 1×1고무뜨기로 24단을 뜬다.

3 4mm대바늘로 바꾸어 진동 전까지 메리야스뜨기로 86단을 뜬다.

4 진동줄임을 도안과 같이 13코씩 줄이고 54단을 뜬다.

5 어깨코는 19코를 뜨고 뒤로 돌려 뒷목둘레를 2-3-1, 2-1-1번 줄인 다음 나머지코는 되돌아뜨기를 한다. 남은코는 쉼코로둔다.

6 목둘레 첫코에 새 실을 걸어 32코를 코막음하고 오른쪽과 같은 방법으로 대칭이 되게 뜬다. 남은코는 쉼코로 둔다.

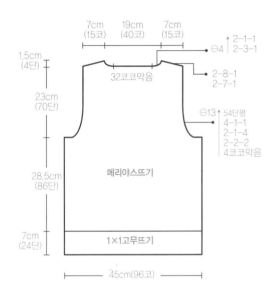

앞판뜨기

1 3.5mm대바늘을 사용하여 나중에 풀어낼 실로 49코를 잡는다.

2 진행실로 바꾸어 끌어올리기코로 96코를 만들어 1×1고무뜨기로 24단을 뜬다.

3 4mm대바늘로 바꾸어 무늬게이지로 계산하여 안뜨기에서 101코로 균등하게 늘려 메리야스뜨기 35코, 무늬뜨기 31코, 메리야스뜨기 35코 순으로 86단을 뜬다.

4 진동줄임은 뒤와 동일하게 줄이고 가운데 쉼코를 1코 두고 사선줄임을 도안과 같이 22코를 줄이면서 70단을 뜬 후 4단 남았을 때 되돌아뜨기를 한다. 다른 한쪽도 대칭으로 뜬다.

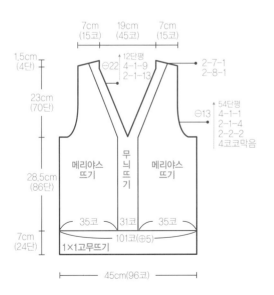

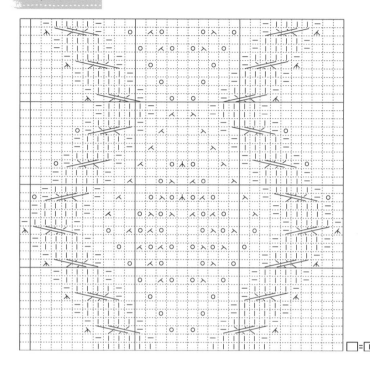

무늬뜨기

□ = ①

마무리하기

1×1고무뜨기 8단 후
돗바늘로 마무리한다.

39코

74코　74코

중심코 1코

124코 잡아
1×1고무뜨기
8단 후 돗바늘로
마무리한다.

마무리하기

1 앞·뒤판의 겉과 겉을 맞대고 어깨코를 코막음하여
　잇는다.

2 몸판의 양옆선을 돗바늘을 사용하여 잇는다.

3 3.5mm대바늘을 사용하여 목둘레 한쪽 면에서 74코
　씩 잡고 뒷목에서 39코, 총 188코를 잡아 1×1고무뜨
　기를 하면서 가운데 쉼코를 중심으로 두어 매 단마
　다 중심3코모아뜨기를 하면서 8단을 뜨고 돗바늘로
　마무리한다.

4 진동둘레에서 124코를 잡은 후 1×1고무뜨기로 8단
　을 뜨고 돗바늘로 마무리한다.

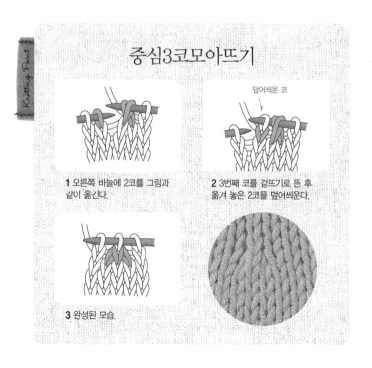

Knitting Point

중심3코모아뜨기

덮어씌운 코

1 오른쪽 바늘에 2코를 그림과
같이 옮긴다.

2 3번째 코를 겉뜨기로 뜬 후
옮겨 놓은 2코를 덮어씌운다.

3 완성된 모습.

메리야스뜨기 게이지 = 21코, 30단

뒤판

① **뒤판시작** (45cm×2.1코)+시접코 2코 = 96코

② **고무단** (7cm×3단)×1.1 = 24단

③ **옆선길이** 28.5cm×3단 = 86단

④ **진동길이** 23cm×3단 = 70단

　　줄임코수 (시작코수 96코 − 등너비코수 70코)÷2 = 13코

* 진동줄임 계산

$13코 × \frac{1}{3} = 4코$　→　4코 코막음　→　4코 코막음 ^{짝수단 변경}
-4 ←

$9코 × \frac{1}{2} = 4코$　→　1-1-4　→　2-2-2
-4 ←

$5코 × \frac{2}{3} = 3코$　→　2-1-3　→　2-1-3
-3 ←

2　　　　→　3-1-2　→　2-1-1
　　　　　　　　　　　　4-1-1

　　　정리하면 ┌ 4-1-1
　　　　　　　 │ 2-1-4
　　　　　　　 │ 2-2-2
　　　　　　　 └ 4코 코막음

⑤ **어깨경사** 1.5cm×3단=4단, 7cm×2.1코=15코

　　4단÷2=2회

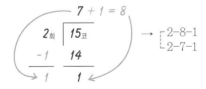

$7 + 1 = 8$
2회 │ 15코
-1 │ 14　→ ┌ 2-8-1
1 │ 1　　　 └ 2-7-1

⑥ **뒷목줄임** 19cm×2.1코=40코,　1.5cm×3단 = 4단

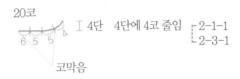

20코
　　 Ⅰ4단　4단에 4코 줄임 ┌ 2-1-1
6 5 5　　　　　　　　　　 └ 2-3-1

코막음

앞판

① **앞판시작** (45cm×2.1코)+시접코 2코 = 96코

② **고무단** (7cm×3단)×1.1 = 24단

③ **옆선길이** 28.5cm×3단 = 86단

④ **진동길이** 23cm×3단 = 70단

　　줄임코수 (시작코수 101코 − 등너비코수 75코)÷2=13코

* 진동줄임 계산은 뒤판과 동일

⑤ **어깨경사** 1.5cm×3단=4단,　7cm×2.1코=15코

　　4단÷2=2회

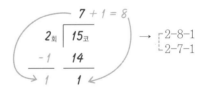

$7 + 1 = 8$
2회 │ 15코
-1 │ 14　→ ┌ 2-8-1
1 │ 1　　　 └ 2-7-1

⑥ **앞목 (브이넥) 줄임** 진동단 70단 + 어깨경사단 4단 = 총 74단

* 평단 계산　74단×$\frac{1}{6}$=12단평,　74단−12단=62단

　　　　　　　62단에서 22코 줄임

* 짝수단 계산

$1 + 1 = 2$
22코 │ 31단
-9 │ 22　→ 2-1-9　→ 4-1-9
13 │ 9　　 1-1-13 ×2 2-1-13

　　　　정리하면 ┌ 12단평
　　　　　　　　 │ 4-1-9
　　　　　　　　 └ 2-1-13

기본 브이넥 베스트

L 사이즈

완성치수 옷길이 64cm, 가슴둘레 96cm
재료 캐시미어사 400g, 대바늘 3.5mm 4mm, 돗바늘
게이지 메리야스뜨기 21코×30단, 무늬뜨기 27코 30단

how to make

뒤판뜨기

1 3.5mm대바늘을 사용하여 나중에 풀어낼 실로 52코를 잡는다.

2 진행실로 바꾸어 끌어올리기코로 102코를 만들어 1×1고무뜨기로 24단을 뜬다.

3 4mm대바늘로 바꾸어 진동 전까지 메리야스뜨기로 92단을 뜬다.

4 진동줄임을 도안과 같이 14코씩 줄이고 56단을 뜬다.

5 어깨코는 21코를 뜨고 뒤로 돌려 뒷목둘레를 2-3-1, 2-1-2번 줄인 다음 나머지코는 되돌아뜨기를 한다. 남은코는 쉼코로둔다.

6 목둘레 첫코에 새 실을 걸어 32코 코막음을 하고 오른쪽과 같은 방법으로 대칭이 되게 뜬다. 남은코는 쉼코로 둔다.

앞판뜨기

1 3.5mm대바늘을 사용하여 나중에 풀어낼 실로 52코를 잡는다.

2 진행실로 바꾸어 끌어올리기코로 102코를 만들어 1×1고무뜨기로 24단을 뜬다.

3 4mm대바늘로 바꾸어 무늬게이지로 계산하여 안뜨기에서 107코로 균등하게 늘려 메리야스뜨기 38코 무늬뜨기 31코 메리야스뜨기 38코 순으로 92단을 뜬다.

4 진동줄임은 뒤와 동일하게 줄이고 가운데 쉼코를 1코 두고 사선줄임을 도안과 같이 23코를 줄이면서 72단을 뜬 후 6단 남았을 때 되돌아뜨기를 한다. 다른 한쪽도 대칭으로 뜬다.

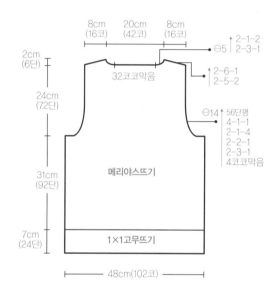

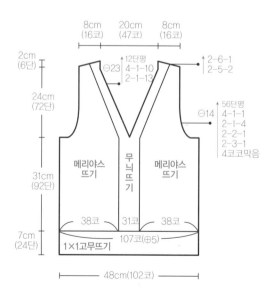

1×1고무뜨기 8단 후
돗바늘로 마무리한다.

41코

78코　　78코

중심코 1코

128코 잡아
1×1고무뜨기
8단 후 돗바늘로
마무리한다.

마무리하기

1 앞·뒤판의 겉과 겉을 맞대고 어깨코를 코막음하여 있는다.

2 몸판의 양옆선을 돗바늘을 사용하여 잇는다.

3 3.5mm대바늘을 사용하여 목둘레 한쪽 면에서 78코씩 잡고 뒷목에서 41코, 총 198코를 잡아 1×1고무뜨기를 하면서 가운데 쉼코를 중심으로 두어 매 단마다 중심3코모아뜨기를 하면서 8단을 뜨고 돗바늘로 마무리한다.

4 진동둘레에서 128코를 잡은 후 1×1고무뜨기로 8단을 뜨고 돗바늘로 마무리한다.

무늬뜨기

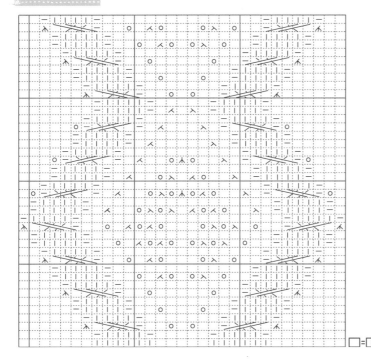

□=□

메리야스뜨기 게이지 = 21코, 30단

뒤판

① **뒤판시작** (48cm×2.1코)+시접코 2코 = 102코

② **고무단** (7cm×3단)×1.1 = 24단

③ **옆선길이** 31cm×3단 = 92단

④ **진동길이** 24cm×3단 = 72단

　　줄임코수 (시작코수 102코 − 등너비코수 74코)÷2 = 14코

＊ 진동줄임 계산

　　　　　　　　　　　　　　짝수단 변경

$$14코 × \frac{1}{3} = 4코 \rightarrow 4코 코막음 \rightarrow 4코 코막음$$

$$-4 \leftarrow$$

$$10코 × \frac{1}{2} = 5코 \rightarrow 1\text{-}1\text{-}5 \rightarrow \begin{array}{l}2\text{-}3\text{-}1\\2\text{-}2\text{-}1\end{array}$$

$$-5 \leftarrow$$

$$5코 × \frac{2}{3} = 3코 \rightarrow 2\text{-}1\text{-}3 \rightarrow 2\text{-}1\text{-}3$$

$$-3 \leftarrow$$

$$2 \rightarrow 3\text{-}1\text{-}2 \rightarrow \begin{array}{l}2\text{-}1\text{-}1\\4\text{-}1\text{-}1\end{array}$$

　　　　　　정리하면 ─ 4-1-1
　　　　　　　　　　　2-1-4
　　　　　　　　　　　2 3 1
　　　　　　　　　└ 4코 코막음

⑤ **어깨경사** 2cm×3단=6단, 8cm×2.1코=16코

　　　　　6단÷2=3회

$$3회 \begin{array}{r} 5+1=6 \\ \overline{\smash{\big)}\,16코} \\ 15 \\ \hline 1 \end{array} \quad -1 \quad 2 \rightarrow \begin{array}{l}2\text{-}6\text{-}1\\2\text{-}5\text{-}2\end{array}$$

⑥ **뒷목줄임** 20cm×2.1코 = 42코, 2cm×3단 = 6단

21코　　　6단　6단에 5코 줄임 ┌ 2-1-2
6 5 5　　　　　　　　　　　└ 2-3-1

　　　　코막음

앞판

① **앞판시작** (48cm×2.1코)+시접코 2코 = 102코

② **고무단** (7cm×3단)×1.1 = 24단

③ **옆선길이** 31cm×3단 = 92단

④ **진동길이** 24cm×3단 = 72단

　　줄임코수 (시작코수 107코 − 등너비코수 79코)÷2 = 14코

＊ 진동줄임 계산은 뒤판과 동일

⑤ **어깨경사** 2cm×3단=6단, 8cm×2.1코=16코

　　　　　6단÷2=3회

$$3회 \begin{array}{r} 5+1=6 \\ \overline{\smash{\big)}\,16코} \\ 15 \\ \hline 1 \end{array} \quad -1 \quad 2 \rightarrow \begin{array}{l}2\text{-}6\text{-}1\\2\text{-}5\text{-}2\end{array}$$

⑥ **앞목(브이넥)줄임** 진동단 72단＋어깨경사단 6단 = 총 78단

＊ 평단 계산　　$78×\frac{1}{6}=12단평$　78단−12단=66단

　　　　　　　66단에서 23코 줄임

＊ 짝수단 계산

$$23코 \begin{array}{r} 1+1=2 \\ \overline{\smash{\big)}\,33단} \\ 23 \\ \hline 10 \end{array} \quad -10 \quad 13 \rightarrow \begin{array}{l}2\text{-}1\text{-}10\\1\text{-}1\text{-}13\end{array} \xrightarrow{×2} \begin{array}{l}4\text{-}1\text{-}10\\2\text{-}1\text{-}13\end{array}$$

　　　　　　　　　정리하면 ┌ 12단평
　　　　　　　　　　　　　 4-1-10
　　　　　　　　　　　　└ 2-1-13

1×1고무뜨기 코 잡는법

오른쪽이 겉뜨기 2코, 왼쪽이 겉뜨기 1코로 끝날 때

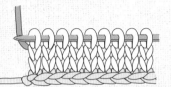

1 나중에 풀어낼 실로 계산법대로 콧수를 잡은 다음 진행실로 겉뜨기 1단, 안뜨기 1단, 겉뜨기 1단을 뜬다.

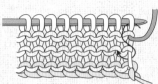

2 화살표 방향으로 바늘을 넣어 반 코를 끌어올려 첫 코와 같이 한꺼번에 안뜨기로 뜬다.

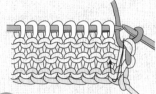

3 화살표 방향으로 바늘을 넣어 코를 끌어올려 왼쪽 바늘에 걸어 준다.

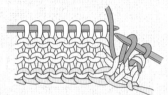

4 ③번의 코를 겉뜨기로 뜬 모습.

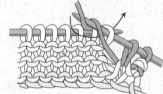

5 안뜨기는 바늘에 걸려 있는 코를 뜬다.

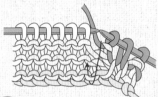

6 ③번과 같은 방법으로 코를 끌어올려 겉뜨기로 뜬다.

7 화살표 방향으로 바늘을 넣어 끌어올려 왼쪽 바늘에 걸어 준다.

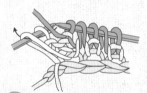

8 끌어올린 코와 마지막 코를 한꺼번에 안뜨기로 뜬다.

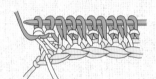

9 완성된 모습. 다른 색상 실은 풀어낸다.

왼쪽이 겉뜨기 2코로 끝날 때

1 오른쪽이 겉뜨기 2코, 왼쪽이 겉뜨기 1코로 끝날 때의 ①~③번까지 똑같이 뜬다. 화살표 방향으로 바늘을 넣어 안뜨기로 한꺼번에 뜬다.

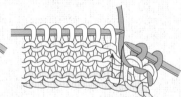

2 화살표 방향으로 바늘을 넣어 끌어올려 왼쪽 바늘에 걸어 준 다음 겉뜨기로 뜬다.

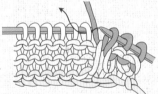

3 바늘에 걸려 있는 코는 안뜨기로 뜨고 밑의 코를 끌어올려 겉뜨기로 뜬다. 겉뜨기 안뜨기를 반복한다.

오른쪽이 겉뜨기 1코로 끝날 때

1 오른쪽이 겉뜨기 2코, 왼쪽이 겉뜨기 1코로 끝날 때의 ①~⑥번까지 똑같이 뜬다. 화살표 방향으로 바늘을 넣어 끌어올려 왼쪽 바늘에 걸어 겉뜨기로 뜬다.

2 마지막 남은 코는 안뜨기로 뜬다.

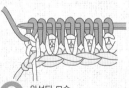

3 완성된 모습.

브이넥 풀오버

S 사이즈

완성치수 옷길이 62cm, 가슴둘레 96cm, 소매길이 58cm
재료 서브라임dk사 680g, 대바늘 3.5mm 4mm, 돗바늘
게이지 메리야스뜨기 23코×30단, 무늬뜨기(1무늬 7cm) 21코 20단

how to make

뒤판뜨기

1 3.5mm대바늘을 사용하여 나중에 풀어낼 실로 57코를 잡는다.

2 진행실로 바꾸어 끌어올리기코로 113코를 만들어 1×1고무뜨기로 24단을 뜬다.

3 4mm대바늘로 바꿔 진동 전까지 메리야스뜨기로 102단을 뜬다.

4 진동줄임을 도안과 같이 12코씩 줄이고 42단을 뜬다.

5 어깨코는 30코를 뜨고 뒤로 돌려 뒷목둘레를 2-2-2, 2단평으로 줄인 다음 나머지코는 도안과 같이 되돌아뜨기를 한다. 남은코는 쉼코로 둔다.

6 목둘레 첫코에 새 실을 걸어 29코를 코막음하고 오른쪽과 같은 방법으로 대칭이 되게 뜬다. 남은코는 쉼코로 둔다.

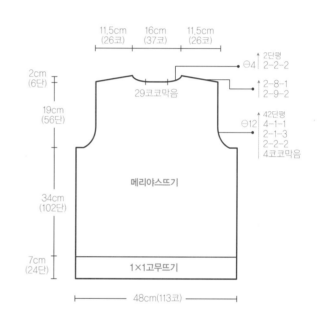

앞판뜨기

1 3.5mm대바늘을 사용하여 나중에 풀어낼 실로 57코를 잡는다.

2 진행실로 바꾸어 끌어올리기코로 113코를 만들어 1×1고무뜨기로 24단을 뜬다.

3 4mm대바늘로 바꾸어 무늬게이지로 계산하여 안뜨기에서 121코로 균등하게 늘려 메리야스뜨기 15코, 무늬뜨기 21코, 메리야스뜨기 49코, 무늬뜨기 21코, 메리야스뜨기 15코 순으로 102단을 뜬다.

4 진동줄임은 뒤와 동일하게 줄이고 가운데 쉼코를 1코 두고 사선줄임을 도안처럼 하여 56단을 뜬 후 6단이 남았을 때 되돌아뜨기를 한다. 다른 한쪽도 대칭으로 뜬다.

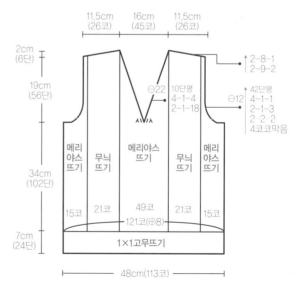

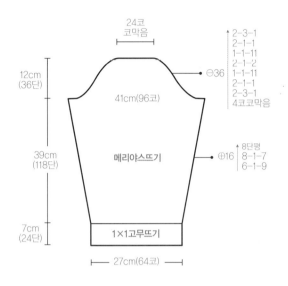

24코
코막음

12cm
(36단)

41cm(96코)

⊖36	2-3-1
	2-1-1
	1-1-11
	2-1-2
	1-1-11
	2-1-1
	2-3-1
	4코코막음

39cm
(118단)

메리야스뜨기

⊕16	8단평
	8-1-7
	6-1-9

7cm
(24단)

1×1고무뜨기

← 27cm(64코) →

소매뜨기

1 3.5mm대바늘을 사용하여 나중에 풀어낼 실로 33코를 잡는다.

2 진행실로 바꾸어 끌어올리기코로 64코를 만들어 1×1고무뜨기로 24단을 뜬다.

3 4mm대바늘로 바꾸어 소매옆선을 도안과 같이 16코를 양쪽으로 늘리면서 메리야스뜨기로 118단을 뜬다.

4 소매산을 도안과 같이 줄이고 남은 24코는 코막음한다.

5 같은 방법으로 한 장을 더 뜬다.

마무리하기

1 앞·뒤판의 겉과 겉을 맞대고 어깨코를 코막음하여 잇는다.

2 몸판의 양옆선을 돗바늘을 사용하여 잇는다.

3 소매의 옆선을 이어 원통형으로 만든다.

4 몸판의 진동에 소매산을 잘 맞추어 코바늘 빼뜨기로 잇는다.

5 3.5mm대바늘을 사용하여 목둘레 한쪽 면에서 62코씩 잡고 뒷목에서 37코, 총 162코를 잡아 1×1고무뜨기를 하면서 가운데 쉼코를 중심으로 두어 매 단마다 중심3코모아뜨기를 하면서 6단을 뜨고 돗바늘로 마무리한다.

무늬뜨기

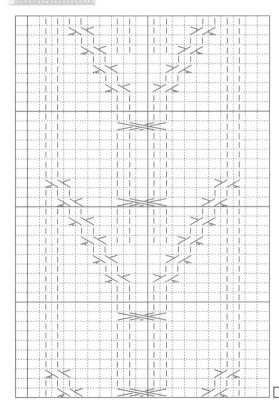

□ = −

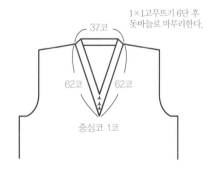

1×1고무뜨기 6단 후
돗바늘로 마무리한다.

37코

62코   62코

중심코 1코

메리야스뜨기 게이지 = 23코, 30단

뒤판

① **뒤판시작** (48cm×2.3코)+시접코 2코=113코

② **고무단** (7cm×3단)×1.1=24단

③ **옆선길이** 34cm×3단=102단   *전체 총 단수를 계산해서 짝수단으로 맞춰준다.*

④ **진동길이** 19cm×3단=56단

줄임코수 (시작코수 113코 − 등너비코수 89코) ÷2 = 12코

* **진동줄임 계산**

$$12코 \times \frac{1}{3} = 4코 \quad \rightarrow \quad 4코 \ 코막음 \quad \rightarrow \quad 4코 \ 코막음$$
$$-4$$
$$\overline{\quad}$$
$$8코 \times \frac{1}{2} = 4코 \quad \rightarrow \quad 1\text{-}1\text{-}4 \quad \rightarrow \quad 2\text{-}2\text{-}2$$
$$-4$$
$$\overline{\quad}$$
$$4코 \times \frac{2}{3} = 2코 \quad \rightarrow \quad 2\text{-}1\text{-}2 \quad \rightarrow \quad 2\text{-}1\text{-}2$$
$$-2$$
$$\overline{\quad}$$
$$2 \quad \rightarrow \quad 3\text{-}1\text{-}2 \quad \rightarrow \quad \begin{array}{l}2\text{-}1\text{-}1 \\ 4\text{-}1\text{-}1\end{array}$$

정리하면
- 4-1-1
- 2-1-3
- 2-2-2
- 4코 코막음

⑤ **어깨경사** 2cm×3단 = 6단,   11.2cm×2.3코 = 26코

6단 ÷ 2 = 3회

$$8+1=9$$
$$3회 \ \overline{|26코}$$
$$-2 \quad 24$$
$$\overline{1 \quad 2}$$
$$\rightarrow \begin{array}{l}2\text{-}8\text{-}1 \\ 2\text{-}9\text{-}2\end{array}$$

⑥ **뒷목줄임** 16cm×2.3코=37코,   2cm×3단 =6단

37코
18코   18코
1코

Ⅰ 6단   6단에 4코 줄임
- 2단평
- 2-1-1
- 2-3-1

or
- 2단평
- 2-2-2

5 5 5
코막음

앞판

① **앞판시작** (48cm×2.3코)+시접코 2코=113코

② **고무단** (7cm×3단)×1.1=24단

③ **옆선길이** 34cm×3단=102단   *전체 총 단수를 계산해서 짝수단으로 맞춰준다.*

④ **진동길이** 19cm×3단=56단

줄임코수 (시작코수 113코 − 등너비코수 89코) ÷2 = 12코

* **진동줄임 계산**

$$12코 \times \frac{1}{3} = 4코 \quad \rightarrow \quad 4코 \ 코막음 \quad \rightarrow \quad 4코 \ 코막음$$
$$-4 \qquad\qquad\qquad\qquad\qquad\qquad 짝수단 \ 변경$$
$$\overline{\quad}$$
$$8코 \times \frac{1}{2} = 4코 \quad \rightarrow \quad 1\text{-}1\text{-}4 \quad \rightarrow \quad 2\text{-}2\text{-}2$$
$$-4$$
$$\overline{\quad}$$
$$4코 \times \frac{2}{3} = 2코 \quad \rightarrow \quad 2\text{-}1\text{-}2 \quad \rightarrow \quad 2\text{-}1\text{-}2$$
$$-2$$
$$\overline{\quad}$$
$$2 \quad \rightarrow \quad 3\text{-}1\text{-}2 \quad \rightarrow \quad \begin{array}{l}2\text{-}1\text{-}1 \\ 4\text{-}1\text{-}1\end{array}$$

정리하면
- 4-1-1
- 2-1-3
- 2-2-2
- 4코 코막음

⑤ **어깨경사** 2cm×3단 = 6단,   11.2cm×2.3코 = 26코

6단 ÷ 2 = 3회

$$8+1=9$$
$$3회 \ \overline{|26코}$$
$$-2 \quad 24$$
$$\overline{1 \quad 2}$$
$$\rightarrow \begin{array}{l}2\text{-}8\text{-}1 \\ 2\text{-}9\text{-}2\end{array}$$

⑥ **앞목(브이넥)줄임** 진동단 56단+어깨경사단 6단=총 62단

* **평단 계산**   62단×$\frac{1}{6}$ =10단평,   62단−10단=52단

52단에서 22코 줄임

* **짝수단 계산**

$$1+1=2$$
$$22코 \ \overline{|26단}$$
$$-4 \quad 22$$
$$\overline{18 \quad 4}$$
$$\rightarrow \begin{array}{l}2\text{-}1\text{-}4 \\ 1\text{-}1\text{-}18\end{array} \quad \rightarrow \quad \begin{array}{l}4\text{-}1\text{-}4 \\ 2\text{-}1\text{-}18\end{array}$$

정리하면
- 10단평
- 4-1-4
- 2-1-18

소매

① **소매시작** (27cm×2.3코)+시접코 2코=64코

② **고무단** (7cm×3단)×1.1=24단

③ **소매옆선** 39cm×3단=118단

　　소매너비 (41cm×2.3코)+시접코 2코=96코

　　늘림코수 (소매너비 96코−시작코 64코)÷2=16코

　　　118단에서 16코 늘림

＊ 짝수단 계산

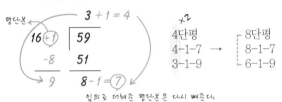

4단평　　8단평
4-1-7 → 8-1-7
3-1-9 　 6-1-9

임의로 더해준 평단본은 다시 빼준다.

④ **소매산길이** 12cm×3단=36단

　　소매산너비 소매너비 96코×¼=24코 코막음

　　줄임코수 (소매너비코수 96코 − 소매산너비코수 24코)÷2=36코

　　　36단에 36코 줄임 → 26단에 24코 줄임

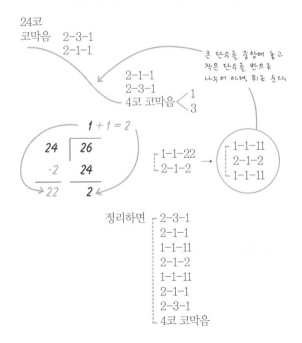

24코
코막음　2-3-1
　　　　2-1-1

2-1-1
2-3-1
4코 코막음 〈 1
　　　　　　 3

큰 단수를 중앙에 놓고
작은 단수를 밑으로
나눅어 이계, 뒤로 둔다.

1+1=2

1-1-22 　→　 1-1-11
2-1-2 　　　 2-1-2
　　　　　　 1-1-11

정리하면　2-3-1
　　　　　2-1-1
　　　　　1-1-11
　　　　　2-1-2
　　　　　1-1-11
　　　　　2-1-1
　　　　　2-3-1
　　　　　4코 코막음

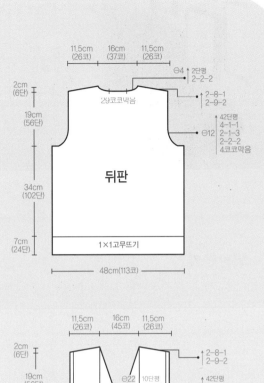

뒤판

1×1고무뜨기

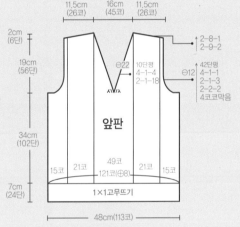

앞판

1×1고무뜨기

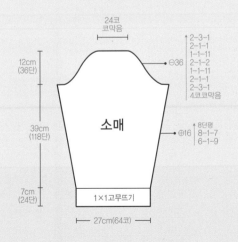

소매

1×1고무뜨기

브이넥 풀오버

M 사이즈

완성치수 옷길이 65cm, 가슴둘레 106cm, 소매길이 60cm
재료 서브라임dk사 700g, 대바늘 3.5mm 4mm, 돗바늘
게이지 메리야스뜨기 23코×30단, 무늬뜨기(1무늬 7cm) 21코 20단

h o w   t o   m a k e

뒤판뜨기

1 3.5mm대바늘을 사용하여 나중에 풀어낼 실로 62코를 잡는다.

2 진행실로 바꾸어 끌어올리기코로 123코를 만들어 1×1고무뜨
기로 24단을 뜬다.

3 4mm대바늘로 바꿔 진동 전까지 메리야스뜨기로 106단을 뜬다.

4 진동줄임을 도안과 같이 15코씩 줄이고 46단을 뜬다.

5 어깨코는 31코를 뜨고 뒤로 돌려 뒷목둘레를 2-2-2, 2단평으
로 줄인 다음 나머지코는 도안과 같이 되돌아뜨기 한다. 남은
코는 쉼코로 둔다.

6 목둘레 첫코에 새 실을 걸어 31코를 코막음하고 오른쪽과 같은
방법으로 대칭이 되게 뜬다. 남은코는 쉼코로 둔다.

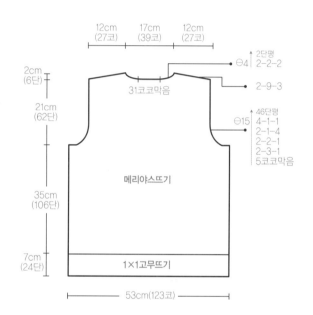

앞판뜨기

1 3.5mm대바늘을 사용하여 나중에 풀어낼 실로 62코를 잡는다.

2 진행실로 바꾸어 끌어올리기코로 123코를 만들어 1×1고무뜨
기로 24단을 뜬다.

3 4mm대바늘로 바꾸어 무늬게이지로 계산하여 안뜨기에서 131
코로 균등하게 늘려 메리야스뜨기 18코, 무늬뜨기 21코, 메리
야스뜨기 53코, 무늬뜨기 21코, 메리야스뜨기 18코 순으로
106단을 뜬다.

4 진동줄임은 뒤와 동일하게 줄이고 가운데 쉼코를 1코 두고 사
선줄임을 도안처럼 하여 62단을 뜬 후 6단 남았을 때 되돌아뜨
기를 한다. 다른 한쪽도 대칭으로 뜬다.

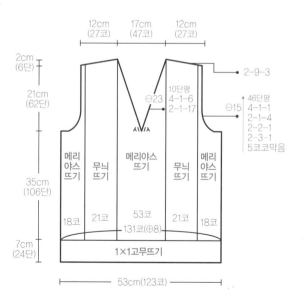

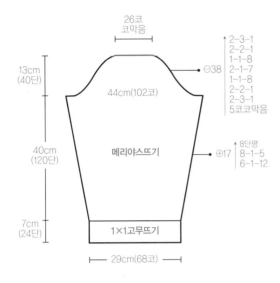

13cm
(40단)

26코
코막음

2-3-1
2-2-1
1-1-8
2-1-7
1-1-8
2-2-1
2-3-1
5코코막음

⊖38

44cm(102코)

40cm
(120단)

메리야스뜨기

⊕17

8단평
8-1-5
6-1-12

7cm
(24단)

1×1고무뜨기

⟻── 29cm(68코) ──⟶

소매뜨기

1 3.5mm대바늘을 사용하여 나중에 풀어낼 실로 35코를 잡는다.

2 진행실로 바꾸어 끌어올리기코로 68코를 만들어 1×1고무뜨기로 24단을 뜬다.

3 4mm대바늘로 바꾸어 소매옆선을 도안과 같이 양쪽으로 17코를 늘리면서 메리야스뜨기로 120단을 뜬다.

4 소매산을 도안과 같이 줄이고 남은 26코는 코막음한다.

5 같은 방법으로 한 장을 더 뜬다.

마무리하기

1 앞·뒤판의 겉과 겉을 맞대고 어깨코를 코막음하여 잇는다.

2 몸판의 양옆선을 돗바늘을 사용하여 잇는다.

3 소매의 옆선을 이어 원통형으로 만든다.

4 몸판의 진동에 소매산을 잘 맞추어 코바늘 빼뜨기로 잇는다.

5 3.5mm대바늘을 사용하여 목둘레 한쪽 면에서 68코씩 잡고 뒷목에서 39코, 총 176코를 잡아 1×1고무뜨기를 하면서 가운데 쉼코를 중심으로 두어 매 단마다 중심3코모아뜨기를 하면서 6단을 뜨고 돗바늘로 마무리한다.

무늬뜨기

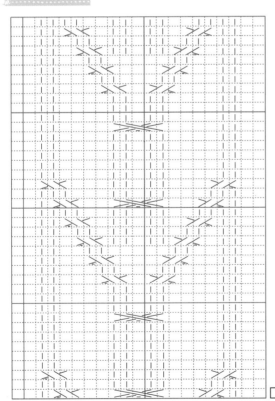

□ = —

1×1고무뜨기 6단 후
돗바늘로 마무리한다.

39코

68코   68코

중심코 1코

메리야스뜨기 게이지 = 23코, 30단

뒤판

① **뒤판시작** (53cm×2.3코)+시접코 2코 = 123코

② **고무단** (7cm×3단)×1.1=23.1단 → 24단

③ **옆선길이** 35cm×3단 = 105 → 106단   《전체 총 단수를 계산해서 짝수단으로 맞춰준다》

④ **진동길이** 21cm×3단 = 63 → 62단

　줄임코수 (시작코수 123코 − 등너비코수 93코) ÷ 2 = 12코

＊ **진동줄임 계산**

$15코 × \frac{1}{3} = 5코$ → 5코 코막음 → 5코 코막음 《짝수단 변경》
−5

$10코 × \frac{1}{2} = 5코$ → 1-1-5 → 2-3-1
−5 　　　　　　　　　　　　　2-2-1

$5코 × \frac{2}{3} = 3코$ → 2-1-3 → 2-1-3
−3

2 → 3-1-2 → 2-1-1
　　　　　　　　4-1-1

정리하면 ┌ 4-1-1
　　　　　├ 2-1-4
　　　　　├ 2-2-1
　　　　　├ 2-3-1
　　　　　└ 5코코막음

⑤ **어깨경사** 2cm×3단 = 6단, 12cm×2.3코 = 27코

　6단÷2=3회

　27 ÷ 3 = 9 → 2-9-3

⑥ **뒷목줄임** 17cm×2.3코=39코, 2cm×3단 = 6단

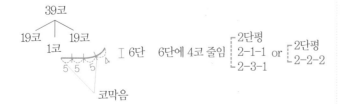

39코
19코 ⊥ 19코
1코
555

Ⅰ 6단　6단에 4코 줄임　┌2단평　　┌2단평
　　　　　　　　　　　 2-1-1 or 2-2-1
　　　　　　　　　　　 └2-3-1　　└2-2-2

코막음

앞판

① **앞판시작** (53cm×2.3코)+시접코 2코 = 123코

② **고무단** (7cm×3단)×1.1=23.1단 → 24단

③ **옆선길이** 35cm×3단 = 105 → 106단

④ **진동길이** 21cm×3단 = 63 → 62단

　줄임코수 (시작코수 123코 − 등너비코수 93코) ÷ 2 = 12코

＊ **진동줄임 계산**

$15코 × \frac{1}{3} = 5코$ → 5코 코막음 → 5코 코막음 《짝수단 변경》
−5

$10코 × \frac{1}{2} = 5코$ → 1-1-5 → 2-3-1
−5 　　　　　　　　　　　　　2-2-1

$5코 × \frac{2}{3} = 3코$ → 2-1-3 → 2-1-3
−3

2 → 3-1-2 → 2-1-1
　　　　　　　　4-1-1

정리하면 ┌ 4-1-1
　　　　　├ 2-1-4
　　　　　├ 2-2-1
　　　　　├ 2-3-1
　　　　　└ 5코코막음

⑤ **어깨경사** 2cm×3단 = 6단, 12cm×2.3코 = 27코

　6단÷2=3회

　27 ÷ 3 = 9 → 2-9-3

⑥ **앞목**(브이넥) **줄임** 진동단 62단+어깨경사단 6단 = 총 68단

＊ **평단 계산** $68단 × \frac{1}{6}$=11.3 → 10단평

　　　　　58단에서 23코 줄임

＊ **짝수단 계산**

　　　　　1 + 1 = 2　　　×2
　　23 | 29 → ┌2-1-6 → ┌4-1-6
　　−6 | 23 　└1-1-17 　└2-1-17
　　　17 | 6

소매

① **소매시작** (29cm×2.3코)+시접코 2코=68코

② **고무단** (7cm×3단)×1.1=24단

③ **소매옆선** 40cm×3단=120단

소매너비 (44cm×2.3코)+시접코 2코=102코

늘림코수 (102코-68코)÷2=17코, 120단에서 17코 늘림

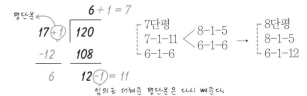

평단본

$$17\textcircled{+1} \overline{)120} \quad \frac{6+1=7}{}$$

$$\frac{-12}{6} \quad \frac{108}{12\textcircled{-1}=11}$$

$\begin{array}{l} 7단평 \\ 7-1-11 \\ 6-1-6 \end{array} \Big< \begin{array}{l} 8-1-5 \\ 6-1-6 \end{array} \rightarrow \begin{array}{l} 8단평 \\ 8-1-5 \\ 6-1-12 \end{array}$

임의로 더해준 평단본은 다시 빼준다.

＊짝수단 계산

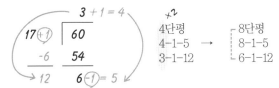

$$17\textcircled{+1} \overline{)60} \quad \frac{3+1=4}{} \quad \times 2$$

$$\frac{-6}{12} \quad \frac{54}{6\textcircled{-1}=5}$$

$\begin{array}{l} 4단평 \\ 4-1-5 \\ 3-1-12 \end{array} \rightarrow \begin{array}{l} 8단평 \\ 8-1-5 \\ 6-1-12 \end{array}$

④ **소매산길이** 13cm×3단=40단

디자인에 따라 달라진다.

소매산너비 소매너비 102코×$\frac{1}{3}$～$\frac{1}{4}$=26코

줄임코수 (소매너비코수 102코 – 소매산너비코수 26코)÷2=38코

40단에 38코 줄임 → 30단에 23코 줄임

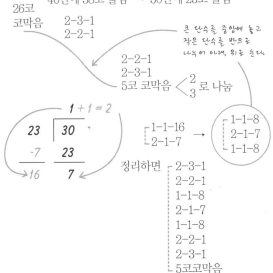

26코
코막음

2-3-1
2-2-1

2-2-1
2-3-1
5코 코막음 $\Big< \begin{array}{l} 2 \\ 3 \end{array}$ 로 나눔

큰 단수를 중앙에 놓고
작은 단수를 반으로
나눠어 아래, 위로 둔다.

$$23 \overline{)30} \quad \frac{1+1=2}{}$$

$$\frac{-7}{16} \quad \frac{23}{7}$$

$\begin{array}{l} 1-1-16 \\ 2-1-7 \end{array} \rightarrow \begin{array}{l} 1-1-8 \\ 2-1-7 \\ 1-1-8 \end{array}$

정리하면 ─ 2-3-1
2-2-1
1-1-8
2-1-7
1-1-8
2-2-1
2-3-1
5코코막음

뒤판

12cm (27코) 17cm (39코) 12cm (27코)

⊖4 ↑2단평
2-2-2

2cm (6단)

31고고막음

2-9-3

21cm (62단)

⊖15 46단평
4-1-1
2-1-4
2-2-1
2-3-1
5코코막음

35cm (106단)

7cm (24단)

1×1고무뜨기

53cm(123코)

앞판

12cm (27코) 17cm (47코) 12cm (27코)

2cm (6단)

2-9-3

21cm (62단)

⊖23 10단평
4-1-6
2-1-17

⊖15 46단평
4-1-1
2-1-4
2-2-1
2-3-1
5코코막음

35cm (106단)

18코 21코 53코 131코(⊕8) 21코 18코

7cm (24단)

1×1고무뜨기

53cm(123코)

게이지 산출

소매

26코
코막음

13cm (40단)

44cm(102코)

⊖38

2-3-1
2-2-1
1-1-8
2-1-7
1-1-8
2-2-1
2-3-1
5코코막음

40cm (120단)

⊕17 ↑8단평
8-1-5
6-1-12

7cm (24단)

1×1고무뜨기

29cm(68코)

브이넥 풀오버

L 사이즈

완성치수 옷길이 68cm, 가슴둘레 116cm, 소매길이 63cm
재료 서브라임dk사 750g, 대바늘 3.5㎜ 4㎜, 돗바늘
게이지 메리야스뜨기 23코×30단, 무늬뜨기(1무늬 7cm) 21코 20단

h o w   t o   m a k e

뒤판뜨기

1 3.5mm대바늘을 사용하여 나중에 풀어낼 실로 68코를 잡는다.

2 진행실로 바꾸어 끌어올리기코로 135코를 만들어 1×1고무뜨기로 24단을 뜬다.

3 4mm대바늘로 바꿔 진동 전까지 메리야스뜨기로 106단을 뜬다.

4 진동줄임을 도안과 같이 16코씩 줄이고 평단 50단을 뜬다.

5 어깨코는 35코를 뜨고 뒤로 돌려 뒷목둘레를 2-2-1, 2-1-3, 2단평으로 줄인 다음 나머지코는 도안과 같이 되돌아뜨기 한다. 남은코는 쉼코로 둔다.

6 목둘레 첫코에 새 실을 걸어 33코 코막음을 하고 오른쪽과 같은 방법으로 대칭이 되게 뜬다. 남은코는 쉼코로 둔다.

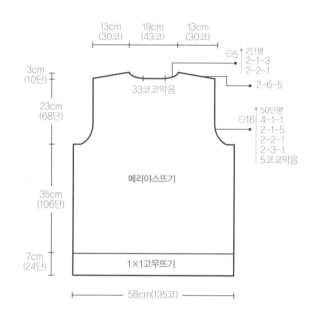

앞판뜨기

1 3.5mm대바늘을 사용하여 나중에 풀어낼 실로 68코를 잡는다.

2 진행실로 바꾸어 끌어올리기코로 135코를 만들어 1×1고무뜨기로 24단을 뜬다.

3 4mm대바늘로 바꾸어 무늬 게이지로 계산하여 안뜨기에서 143코로 균등하게 늘려 메리야스뜨기 21코, 무늬뜨기 21코, 메리야스뜨기 59코, 무늬뜨기 21코, 메리야스뜨기 21코 순으로 106단을 뜬다.

4 진동줄임은 뒤와 동일하게 줄이고 가운데 쉼코를 1코 두고 사선줄임을 도안처럼 하여 68단을 뜬 후 10단 남았을 때 되돌아뜨기를 한다. 다른 한쪽도 대칭으로 뜬다.

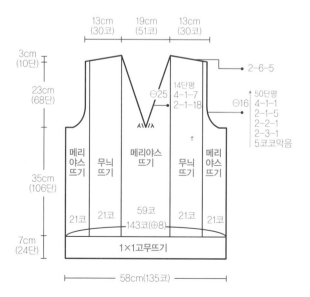

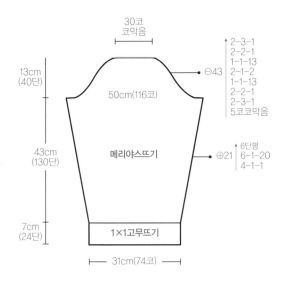

30코
코막음

13cm
(40단)

50cm(116코)

43cm
(130단)

메리야스뜨기

7cm
(24단)

1×1고무뜨기

31cm(74코)

⊖43

2-3-1
2-2-1
1-1-13
2-1-2
1-1-13
2-2-1
2-3-1
5코코막음

⊕21

6단평
6-1-20
4-1-1

소매뜨기

1 3.5mm대바늘을 사용하여 나중에 풀어낼 실로 38코를 잡
는다.

2 진행실로 바꾸어 끌어올리기코로 74코를 만들어 1×1고무뜨
기로 24단을 뜬다.

3 4mm대바늘로 바꾸어 메리야스뜨기로 뜬다. 소매옆선을 도
안과 같이 21코를 양쪽으로 늘리면서 130단을 뜬다.

4 소매산을 도안과 같이 줄이고 남은 30코는 코막음한다.

5 같은 방법으로 한 장을 더 뜬다.

마무리하기

1 앞·뒤판의 겉과 겉을 맞대고 어깨코를 코막음하여 잇는다.

2 몸판의 양옆선을 돗바늘을 사용하여 잇는다.

3 소매의 옆선을 이어 원통형으로 만든다.

4 몸판의 진동에 소매산을 잘 맞추어 코바늘 빼뜨기로 잇는다.

5 3.5mm대바늘을 사용하여 목둘레 한쪽 면에서 78코씩 잡고
뒷목에서 43코, 총 200코를 잡아 1×1고무뜨기를 하면서 가
운데 쉼코를 중심으로 두어 매 단마다 중심3코모아뜨기를 하
면서 6단을 뜨고 돗바늘로 마무리한다.

무늬뜨기

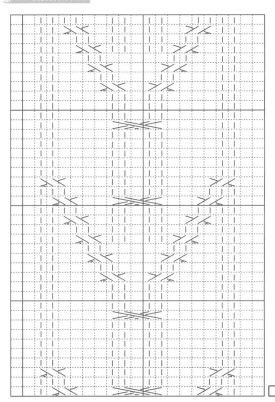

□ = −

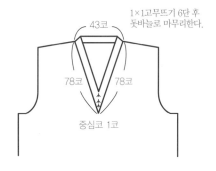

1×1고무뜨기 6단 후
돗바늘로 마무리한다.

43코

78코   78코

중심코 1코

메리야스뜨기 게이지 = 23코, 30단

뒤판

① **뒤판시작** (58cm×2.3코)+시접코 2코=135코

② **고무단** (7cm×3단)×1.1=24단

③ **옆선길이** 35cm×3단 = 106단

④ **진동길이** 23cm×3단 = 68단

　줄임코수 (시작코수 135코 − 등너비코수 103코)÷2 = 16코

＊**진동줄임 계산**

$16코×\frac{1}{3}=5코$　→　5코 코막음　→　5코 코막음
　−5 ←

$11코×\frac{1}{2}=5코$　→　1-1-5　→　2-3-1
　−5 ←　　　　　　　　　　　　　　　2-2-1

$6코×\frac{2}{3}=4코$　→　2-1-4　→　2-1-4
　−4 ←

　　2　　　　→　3-1-2　→　2-1-1
　　　　　　　　　　　　　　4-1-1

　　정리하면　┌ 4-1-1
　　　　　　　│ 2-1-5
　　　　　　　│ 2-2-1
　　　　　　　│ 2-3-1
　　　　　　　└ 5코 코막음

⑤ **어깨경사** 3cm×3단=10단,　13cm×2.3코=30코
　　　　　　　10단 ÷ 2 = 5회
　　　　　　　30 ÷ 5 = 6　→　2-6-5

⑥ **뒷목줄임** 19cm×2.3코=43코,　3cm×3단 = 10단

앞판

① **앞판시작** (58cm×2.3코)+시접코 2코=135코

② **고무단** (7cm×3단)×1.1=24단

③ **옆선길이** 35cm×3단 = 106단

④ **진동길이** 23cm×3단 = 68단

　줄임코수 (시작코수 135코 − 등너비코수 103코)÷2 = 16코

＊**진동줄임 계산**

　　　　　　　　　　　　　　　　짝수단 변경
$16코×\frac{1}{3}=5코$　→　5코 코막음　→　5코 코막음
　−5 ←

$11코×\frac{1}{2}=5코$　→　1-1-5　→　2-3-1
　−5 ←　　　　　　　　　　　　　　　2-2-1

$6코×\frac{2}{3}=4코$　→　2-1-4　→　2-1-4
　−4 ←

　　2　　　　→　3-1-2　→　2-1-1
　　　　　　　　　　　　　　4-1-1

　　정리하면　┌ 4-1-1
　　　　　　　│ 2-1-5
　　　　　　　│ 2-2-1
　　　　　　　│ 2-3-1
　　　　　　　└ 5코 코막음

⑤ **어깨경사** 3cm×3단=10단,　13cm×2.3코=30코
　　　　　　　10단 ÷ 2 = 5회
　　　　　　　30 ÷ 5 = 6　→　2-6-5

⑥ **앞목**(브이넥)**줄임** 진동단 68단+어깨경사단 10단=총 78단

＊**평단 계산**　　$78단×\frac{1}{6}=14단평$,　78단−14단=64단
　　　　　　　64단에서 25코 줄임

＊**짝수단 계산**

$$\begin{array}{r} 25 \\ -7 \\ \hline 18 \end{array} \begin{array}{|r} 1+1=2 \\ \hline 32 \\ 25 \\ \hline 7 \end{array}$$
　→　2-1-7　　→　4-1-7
　　1-1-18　　　2-1-18

　　　　　정리하면　┌ 14단평
　　　　　　　　　　│ 4-1-7
　　　　　　　　　　└ 2-1-18

소매

① **소매시작** (31cm×2.3코)+시접코 2코=74코

② **고무단** (7cm×3단)×1.1=24단

③ **소매옆선** 43cm×3단=130단

소매너비 (50cm×2.3코)+시접코 2코=116코

늘림코수 (소매너비 116코−시작코 74코)÷2=21코

130단에서 21코 늘림

＊ 짝수단 계산

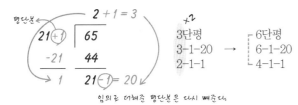

③ **소매산길이** 13cm×3단=40단

소매산너비 소매너비 116코×$\frac{1}{4}$=30코 코막음

줄임코수 (소매너비코수 116코−소매산너비코수 30코)÷2=43코

40단에서 43코 줄임 → 30단에서 28코 줄임

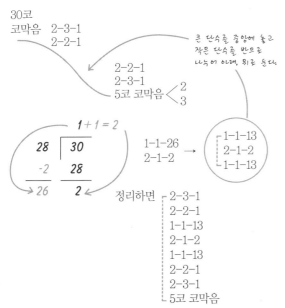

30코
코막음   2-3-1
2-2-1

2-2-1
2-3-1
5코 코막음 ⟨ 2
3

큰 단수를 중앙에 놓고
작은 단수를 반으로
나누어 아래, 위로 둔다

1+1=2

28	30
-2	28
26	2

1-1-26
2-1-2 →

1-1-13
2-1-2
1-1-13

정리하면 ┌ 2-3-1
2-2-1
1-1-13
2-1-2
1-1-13
2-2-1
2-3-1
└ 5코 코막음

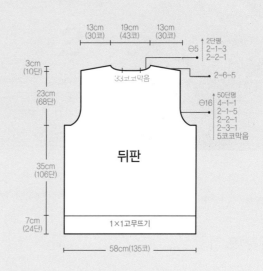

13cm
(30코)   19cm
(43코)   13cm
(30코)   ↑2단평
⊖5   2-1-3
2-2-1

3cm
(10단)   33코코막음   2-6-5

23cm
(68단)   ↑50단평
⊖16   4-1-1
2-1-5
2-2-1
2-3-1
5코코막음

뒤판

35cm
(106단)

7cm
(24단)   1×1고무뜨기

58cm(135코)

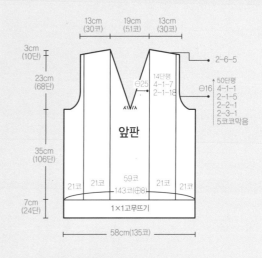

13cm
(30코)   19cm
(51코)   13cm
(30코)

3cm
(10단)   2-6-5

23cm
(68단)   14단평
⊖25   4-1-7
2-1-18   ↑50단평
⊖16   4-1-1
2-1-5
2-2-1
2-3-1
5코코막음

앞판

35cm
(106단)

21코 21코 59코
143코(⊕8) 21코 21코

7cm
(24단)   1×1고무뜨기

58cm(135코)

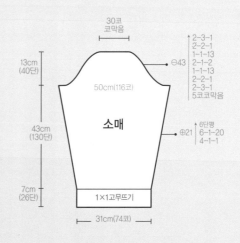

30코
코막음

13cm
(40단)   ┌ 2-3-1
2-2-1
1-1-13
2-1-2
1-1-13
⊖43   2-1-2
2-2-1
2-3-1
└ 5코코막음

50cm(116코)

소매

43cm
(130단)   6단평
⊕21   6-1-20
4-1-1

7cm
(26단)   1×1고무뜨기

31cm(74코)

게이지산출

라운드넥 풀오버

S 사이즈

완성치수 옷길이 59cm, 가슴둘레 96cm, 소매길이 52cm
재료 안타사 420g, 대바늘 5mm, 돗바늘
게이지 메리야스뜨기 19코×24단

> **h o w t o m a k e**

뒤판뜨기

1 실을 두겹으로 5mm대바늘을 사용하여 일반코잡기로 97코를 잡아 밑단무늬뜨기를 뜬다.

2 메리야스뜨기 16코, 무늬뜨기 16코, 메리야스뜨기 33코, 무늬뜨기 16코, 메리야스뜨기 16코로 무늬를 나누어 잡는다.

3 옆선은 46단을 뜨면서 도안과 같이 10코를 줄이고, 다시 40단을 뜨면서 8코를 늘린다.

4 양옆 진동은 13코를 줄이면서 38단을 뜬다.

5 어깨코는 21코를 뜨고 뒤로 돌려 뒷목둘레를 2-2-1, 2-1-1, 2단평으로 줄이고, 동시에 어깨경사뜨기를 2-6-3코로 한다. 남은코는 쉼코로 둔다.

6 남은 첫코에 새 실을 걸어 25코를 코막음하고, 오른쪽과 같은 방법으로 뒷목둘레를 줄이고, 어깨경사뜨기를 한다. 남은코는 쉼코로 둔다.

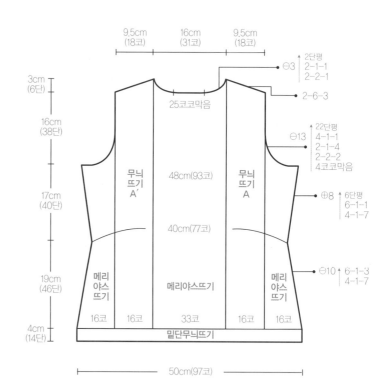

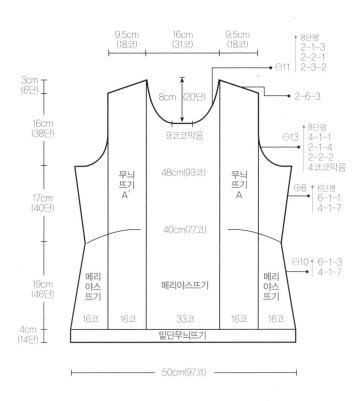

9.5cm (18코)　16cm (31코)　9.5cm (18코)

↑8단평
2-1-3
2-2-1
2-3-2
⊖11

8cm (20단)

2-6-3

9코코막음

↑8단평
4-1-1
2-1-4
2-2-2
4코코막음
⊖13

3cm (6단)

16cm (38단)

무늬
뜨기
A´

48cm(93코)

무늬
뜨기
A

⊕8 ↑6단평
6-1-1
4-1-7

17cm (40단)

40cm(77코)

⊖10 ↑6-1-3
　　4-1-7

19cm (46단)

메리
야스
뜨기

메리야스뜨기

메리
야스
뜨기

4cm (14단)

16코　16코　33코　16코　16코

밑단무늬뜨기

├─────── 50cm(97코) ───────┤

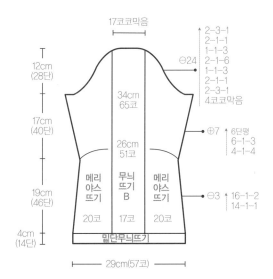

17코코막음

2-3-1
2-1-1
1-1-3
2-1-6
1-1-3
2-1-1
2-3-1
4코코막음
⊖24

12cm (28단)

34cm
65코

17cm (40단)

26cm
51코

⊕7 ↑6단평
6-1-3
4-1-4

19cm (46단)

메리
야스
뜨기

무늬
뜨기
B

메리
야스
뜨기

⊖3 ↑16-1-2
　　14-1-1

4cm (14단)

20코　17코　20코

밑단무늬뜨기

├─── 29cm(57코) ───┤

앞판뜨기

1 실을 두겹으로 5mm대바늘을 사용하여 일반코잡기로 97코를 잡아 밑단무늬뜨기를 뜬다.

2 메리야스뜨기 16코, 무늬뜨기 16코, 메리야스뜨기 33코, 무늬뜨기 16코, 메리야스뜨기 16코로 무늬를 나누어 잡는다.

3 옆선은 46단을 뜨면서 도안과 같이 10코를 줄이고, 다시 40단을 뜨면서 8코를 늘린다.

4 양옆 진동은 13코를 줄이면서 24단을 뜬다.

5 도안과 같이 앞목둘레를 2-3-2, 2-2-1, 2-1-3번으로 줄이고 2단을 뜬다. 어깨 경사뜨기를 하면서 6단을 더 뜬다. 남은 코는 쉼코로 둔다.

6 남은 첫코에 새 실을 걸어 9코 코막음을 하고 오른쪽과 같은 방법으로 줄인다. 남은코는 쉼코로 둔다.

소매뜨기

1 실을 두겹으로 5mm대바늘을 사용하여 일반코잡기로 57코를 잡아 밑단무늬뜨기를 뜬다.

2 메리야스뜨기 20코, 무늬뜨기 17코, 메리야스뜨기 20코로 무늬를 나누어 잡는다.

3 도안과 같이 옆선을 3코 줄이면서 46단을 뜨고 다시 7코 늘리면서 40단을 뜬다.

4 소매산은 양쪽으로 24코씩 줄이면서 뜨고 남은 17코는 코막음한다.

5 같은 방법으로 한 장을 더 뜬다.

마무리하기

1 앞·뒤판의 겉과 겉을 맞대고 어깨코를 코막음하여 잇는다.

2 돗바늘로 옆선을 이어준다.

3 떠 놓은 소매의 옆선을 이어 원통형으로 만든다.

4 몸판의 진동에 소매를 잘 맞추어 코바늘 빼뜨기로 연결한다.

5 목둘레에서 70코를 잡아 1×1고무뜨기로 6단을 뜬 후 돗바늘로 마무리한다.

목둘레에서 70코 잡아
1×1고무뜨기로 6단을 뜬 후
돗바늘로 마무리한다.

몸판무늬뜨기A

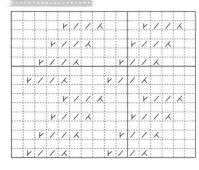

몸판무늬뜨기A'

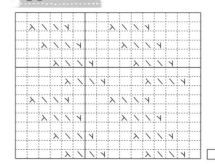

□ = ①

소매무늬뜨기B

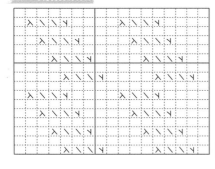

□ = ①

밑단무늬뜨기

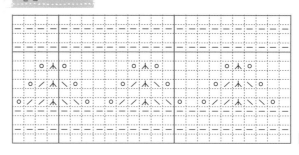

□ = ①

뒤판

① **뒤판시작** (50cm×1.9코)+시접코 2코=97코

② **밑단** 무늬뜨기 14단

③ **옆선** 19cm×2.4단=46단, 17cm×2.4단=40단

　　허리선코수 (40cm×1.9코)+시접코 2코=77코

　　줄임코수 (97코−77코)÷2=10코, 46단에서 10코 줄임

＊ 짝수단 계산

$$\begin{array}{c|c} & 2+1=3 \\ 10 & 23 \\ -3 & 20 \\ \hline 7 & 3 \end{array} \xrightarrow{\times 2} \begin{array}{l} 3\text{-}1\text{-}3 \\ 2\text{-}1\text{-}7 \end{array} \to \begin{array}{l} 6\text{-}1\text{-}3 \\ 4\text{-}1\text{-}7 \end{array}$$

　　가슴둘레코수 (48cm×1.9코)+시접코 2코=93코

　　늘림코수 (93코−77코)÷2=8코, 40단에서 8코 늘림

＊ 짝수단 계산

평단본

$$\begin{array}{c|c} & 2+1=3 \\ 8(+1) & 20 \\ -2 & 18 \\ \hline 7 & 2(-1)=1 \end{array} \to \begin{array}{l} 3\text{단평} \\ 3\text{-}1\text{-}1 \\ 2\text{-}1\text{-}7 \end{array} \to \begin{array}{l} 6\text{단평} \\ 6\text{-}1\text{-}1 \\ 4\text{-}1\text{-}7 \end{array}$$

평단본은 빼준다.

④ **진동줄임** (가슴둘레 코수 93코− 등너비코수 67)÷2=13코

＊ 진동줄임 계산

짝수단 변경

13코×$\frac{1}{3}$=4코 → 4코 코막음 → 4코 코막음
　　−4

9코×$\frac{1}{2}$=4코 → 1-1-4 → 2-2-2
　−4

5코×$\frac{2}{3}$=3코 → 2-1-3 → 2-1-3
　−3

2 → 3-1-2 → $\begin{array}{l} 2\text{-}1\text{-}1 \\ 4\text{-}1\text{-}1 \end{array}$ or 4-1-2

정리하면　$\begin{array}{l} 4\text{-}1\text{-}1 \\ 2\text{-}1\text{-}4 \\ 2\text{-}2\text{-}2 \\ 4\text{코코막음} \end{array}$

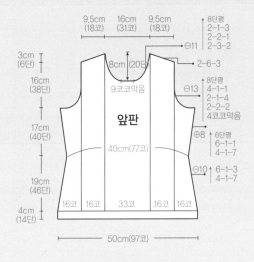

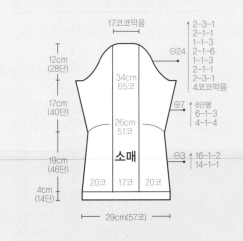

⑤ **어깨경사** 3cm×2.4단=6단,　9.5cm×1.9코=18코

　　　　　6단÷2=3회

　　　　　18÷3=6코 → 2-6-3

⑥ **뒷목줄임** 16cm×1.9코=31코,　3cm×2.4단=6단

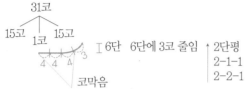

　　　　　31코

　15코　　1코　　15코

　　　　　△△△ 3　∏ 6단　6단에 3코 줄임 ↑ 2단평
　　　　 4 4 4　　　　　　　　　　　　2-1-1
　　　　　　　　　코막음　　　　　　　 2-2-1

앞판

①~⑤ 뒤판과 동일

⑥ **앞목줄임** (16cm×1.9코)÷2=15코(중심코 1코),

　　　　　8cm×2.4단=20단

　　　　　20단에서 15코 줄임 → 12단에서 11코 줄임

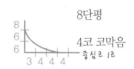

　　　　　　8단평

　8　　　　　　4코 코막음
　6　　　　　　중심코 1코
　6
　　3 4 4 4

　　　　커브선 공식 10코에 대입

　　　　　4 . 3 . 2 . 1

11코 맞춰줌
→ 4 . 3 . 2 . 1 . 1

（-1）

콧수 맞춰줌
→ 3 . 3 . 2 . 1 . 1 . 1

　　　　정리하면 ┌ 8단평
　　　　　　　　 ├ 2-1-3
　　　　　　　　 ├ 2-2-1
　　　　　　　　 └ 2-3-2

소매

① **소매시작** (29cm×1.9코)+시접코 2코=57코

② **밑단** 무늬뜨기 14단

③ **소매옆선** 19cm×2.4단=46단,　17cm×2.4단=40단

줄임코수 (57코-51코)÷2=3코,　46단에서 3코 줄임

* 짝수단 계산

　　　　　　　　7+1=8　　　　　×2
　　　3 │ 23　　　　　　　　　8-1-2　　　┌ 16-1-2
　　　-2　21　　　 →　　　　 7-1-1　 →　└ 14-1-1
　　　 1　 2

늘림코수 (65코-51코)÷2=7코,　40단에서 7코 늘림

* 짝수단 계산

　　　　　　　 2+1=3　　　　　×2
평단분 7(+1)│ 20　　　　　　 3단평　　　┌ 6단평
　　　 -4　16　　　 →　　　　 3-1-3　 →　├ 6-1-3
　　　　4　 4(-1)=3　　　　　 2-1-4　　　└ 4-1-4
　　　　　평단분을 다시 빼줌

④ **소매산길이** 12cm×2.4단=28단

소매산너비 소매너비 65코×¼=16.25 → 17코 코막음

줄임코수 (65코-17코)÷2=24코

　　　　28단에서 24코 줄임 → 18단에서 12코 줄임

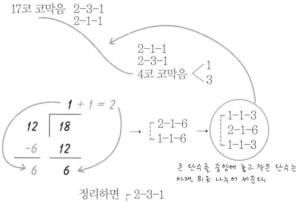

17코 코막음　2-3-1
　　　　　　 2-1-1

　　　　　　　　　　　2-1-1
　　　　　　　　　　　2-3-1　　　1
　　　　　　　　　　　4코 코막음 ＜ 3

　　　　　　1+1=2　　　　　　　　　　1-1-3
　12 │ 18　　　　　 ┌ 2-1-6　　　　　2-1-6
　-6　12　　　 → 　└ 1-1-6　 → 　　 1-1-3
　 6　 6

큰 단수를 중앙에 놓고 작은 단수는
이대, 외로 나누어 써줌다.

　　　정리하면 ┌ 2-3-1
　　　　　　　 ├ 2-1-1
　　　　　　　 ├ 1-1-3
　　　　　　　 ├ 2-1-6
　　　　　　　 ├ 1-1-3
　　　　　　　 ├ 2-1-1
　　　　　　　 ├ 2-3-1
　　　　　　　 └ 4코 코막음

라운드넥 풀오버

M 사이즈

완성치수 옷길이 64cm, 가슴둘레 98cm, 소매길이 52cm
재료 안타사 470g, 대바늘 5mm, 돗바늘
게이지 메리야스뜨기 19코×24단

뒤판뜨기

1 실을 두겹으로 5mm대바늘을 사용하여 일반코잡기로 105코를 잡아 밑단무늬뜨기를 뜬다.

2 메리야스뜨기 18코, 무늬뜨기 16코, 메리야스뜨기 37코, 무늬뜨기 16코, 메리야스뜨기 18코로 무늬를 나누어 잡는다.

3 옆선은 48단을 뜨면서 도안과 같이 12코를 줄이고, 다시 44단을 뜨면서 7코를 늘린다.

4 양옆 진동은 11코를 줄이면서 46단을 뜬다.

5 어깨코는 24코를 뜨고 뒤로 돌려 뒷목둘레를 2-2-2, 2단평으로 줄이고, 동시에 어깨경사뜨기를 2-6-1, 2-7-2코로 한다. 남은코는 쉼코로 둔다.

6 남은 첫코에 새 실을 걸어 25코 코막음을 하고, 오른쪽과 같은 방법으로 뒷목둘레를 줄이고, 어깨경사뜨기를 한다. 남은코는 쉼코로 둔다.

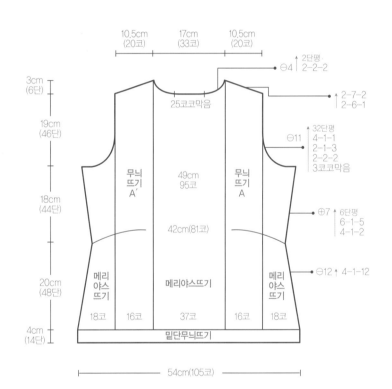

앞판뜨기

1 실을 두겹으로 5mm대바늘을 사용하여 일반코잡기로 105코를 잡아 밑단무늬뜨기를 뜬다.

2 메리야스뜨기 18코, 무늬뜨기 16코, 메리야스뜨기 37코, 무늬뜨기 16코, 메리야스뜨기 18코로 나누어 무늬를 잡는다.

3 옆선은 48단을 뜨면서 도안과 같이 12코를 줄이고, 다시 44단을 뜨면서 7코를 늘린다.

4 양옆 진동은 11코를 줄이면서 30단을 뜬다.

5 도안과 같이 앞목둘레를 2-3-2, 2-2-1, 2-1-4번으로 줄이고 2단을 뜬다. 어깨 경사뜨기를 하면서 6단을 더 뜬다. 남은 코는 쉼코로 둔다.

6 남은 첫코에 새 실을 걸어 9코 코막음을 하고 오른쪽과 같은 방법으로 줄인다. 남은코는 쉼코로 둔다.

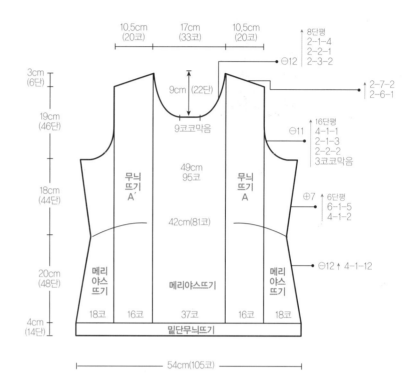

소매뜨기

1 실을 두겹으로 5mm대바늘을 사용하여 일반코잡기로 65코를 잡아 밑단무늬뜨기를 뜬다.

2 메리야스뜨기 24코, 무늬뜨기 17코, 메리야스뜨기 24코로 나누어 무늬를 잡는다.

3 도안과 같이 옆선을 5코 줄이면서 46단을 뜨고 다시 7코 늘리면서 40단을 뜬다.

4 소매산은 양쪽으로 26코씩 줄이면서 뜨고 남은 17코는 코막음한다.

5 같은 방법으로 한 장을 더 뜬다.

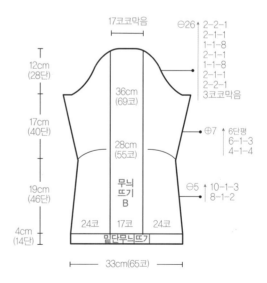

목둘레에서 80코 잡아
1×1고무뜨기로 6단을 뜬 후
돗바늘로 마무리한다.

마무리하기

1 앞·뒤판의 겉과 겉을 맞대고 어깨코를 코막음하여 잇는다.

2 돗바늘로 옆선을 이어준다.

3 떠 놓은 소매의 옆선을 이어 원통형으로 만든다.

4 몸판의 진동에 소매를 잘 맞추어 코바늘 빼뜨기로 연결한다.

5 목둘레에서 80코를 잡아 1×1고무뜨기로 6단을 뜬 후 돗바늘로 마무리한다.

몸판무늬뜨기A

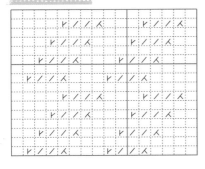

몸판무늬뜨기A'

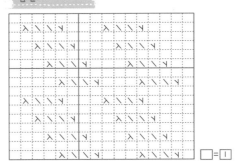

□=□

소매무늬뜨기B

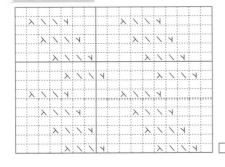

□=□

밑단무늬뜨기

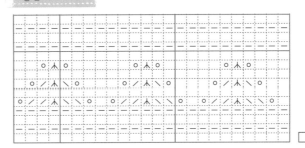

□=□

메리야스뜨기 게이지 = 19코, 24단

뒤판

① **뒤판시작** (54cm×1.9코)+시접코 2코 = 105코

② **밑단** 무늬뜨기 14단

③ **옆선** 20cm×2.4단=48단, 18cm×2.4단=44단

　　허리선코수 (42cm×1.9코)+시접코 2코 = 81코

　　줄임코수 (105코−81코)÷2 = 12코

　　　　　　48단에서 12코 줄임

* 짝수단 계산

$$24 ÷ 12 = 2 \quad → \quad 2\text{-}1\text{-}12 \quad → \quad 4\text{-}1\text{-}12$$

　　가슴둘레코수 (49cm×1.9코)+시접코 2코 = 95코

　　늘림코수 (95코−81코)÷2 = 7코, 44단에서 7코 늘림

* 짝수단 계산

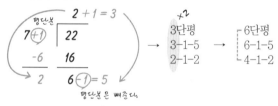

2+1=3

7(+1) | 22
　−6　| 16
　　2　| 6(−1)=5

평단분은 빼준다

3단평
3-1-5
2-1-2
→
6단평
6-1-5
4-1-2

④ **진동줄임** (가슴둘레코수 95코− 등너비코수 73코)÷2=11코

* 진동줄임 계산　　　　　　　　　짝수단 변경

$11코×\frac{1}{3}=3코$　→　3코 코막음　→　3코 코막음
−3

$8코×\frac{1}{2}=4코$　→　1-1-4　→　2-2-2
−4

$4코×\frac{2}{3}=2코$　→　2-1-2　→　2-1-2
−2

2　　　　　→　3-1-2　→　2-1-1
　　　　　　　　　　　　　　4-1-1

정리하면 ┌ 4-1-1
　　　　　│ 2-1-3
　　　　　│ 2-2-2
　　　　　└ 3코 코막음

⑤ **어깨경사**　3cm×2.4=6단,　10.5cm×1.9코=20코

　　　　　　　6단÷2=3회

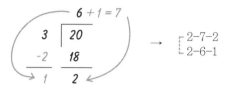

6+1=7

3 | 20
−2 | 18
　1 | 2

→ ┌ 2-7-2
　└ 2-6-1

⑥ **뒷목줄임**　17cm×1.9코=33코,　3cm×2.4단=6단

33코
16코　1코　16코

I 6단　6단에 4코 줄임　→ ┌ 2단평
　　　　　　　　　　　　　└ 2-2-2

코막음

앞판

①~⑤ 뒤판과 동일

⑥ **앞목줄임** (17cm×1.9코)÷2=16코 (중심코 1코)

　　　　　9cm×2.4단=22단

　　　22단에서 16코 줄임　→　14단에서 12코 줄임

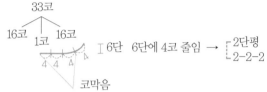

8
7
7
　4 4 4 4

8단평
4코 코막음
중심코 1코

커브선 공식 10코에 대입

　　　4 . 3 . 2 . 1

12코 맞춰줌　4 . 3 . 2 . 1 . 1 . 1

(−1)

헛수 맞춰줌
→　3 . 3 . 2 . 1 . 1 . 1 . 1

정리하면 ┌ 8단평
　　　　　│ 2-1-4
　　　　　│ 2-2-1
　　　　　└ 2-3-2

소매

① **소매시작** (33cm×1.9코)+시접코 2코 = 65코

② **밑단** 무늬뜨기 14단

③ **소매옆선** 19cm×2.4단 = 46단,   17cm×2.4단 = 40단

　　줄임코수 (65코−55코)÷2 = 5코,   46단에서 5코 줄임

＊ 짝수단 계산

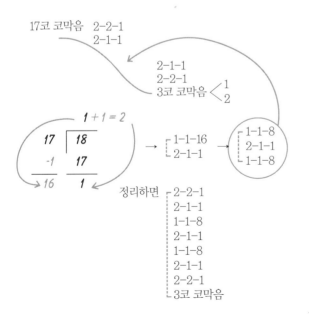

$$4 + 1 = 5$$

$$5\,|\,\overline{23} \quad -3\,\,\,20 \quad 2\,\,\,3$$

→ 5-1-3　→　┌ 10-1-3
　 4-1-2　　　└ 8-1-2
　　　(×2)

　　늘림코수 (69코−55코)÷2 = 7코,   40단에서 7코 늘림

＊ 짝수단 계산

평단분

$$2 + 1 = 3$$

$$7\,(+1)\,|\,\overline{20} \quad -4\,\,\,16 \quad 4\,\,\,4\,(-1)=3$$

평단분을 다시 빼줌

→ 3단평　→　6단평
　 3-1-3　　　6-1-3
　 2-1-4　　　4-1-4
　　　(×2)

④ **소매산길이** 12cm×2.4단 = 28단

　　소매산너비 소매너비69코×¼ = 17코 코막음

　　줄임코수 (69코−17코)÷2 = 26코

　　　　28단에서 26코 줄임 → 18단에서 17코 줄임

17코 코막음　2-2-1
　　　　　　　2-1-1

2-1-1
2-2-1
3코 코막음 <1 2

$$1 + 1 = 2$$

$$17\,|\,\overline{18} \quad -1\,\,\,17 \quad 16\,\,\,1$$

→ ┌ 1-1-16 　→　┌ 1-1-8
　└ 2-1-1 　　　　2-1-1
　　　　　　　　└ 1-1-8

정리하면　┌ 2-2-1
　　　　　　2-1-1
　　　　　　1-1-8
　　　　　　2-1-1
　　　　　　1-1-8
　　　　　　2-1-1
　　　　　　2-2-1
　　　　　└ 3코 코막음

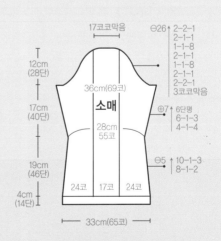

라운드넥 풀오버

L 사이즈

<u>완성치수</u> 옷길이 66cm, 가슴둘레 104cm, 소매길이 54cm
<u>재료</u> 안타사 520g, 대바늘 5mm, 돗바늘
<u>게이지</u> 메리야스뜨기 19코×24단

h o w   t o   m a k e

뒤판뜨기

1 실을 두겹으로 5mm대바늘을 사용하여 일반코잡기로 105코를 잡아 밑단무늬뜨기를 뜬다.

2 메리야스뜨기 17코, 무늬뜨기 16코, 메리야스뜨기 39코, 무늬뜨기 16코, 메리야스뜨기 17코로 나누어 무늬를 잡는다.

3 옆선은 50단을 뜨면서 도안과 같이 10코를 줄이고, 다시 44단을 뜨면서 8코를 늘린다.

4 양옆 진동은 12코를 줄이면서 48단을 뜬다.

5 어깨코는 26코를 뜨고 뒤로 돌려 뒷목둘레를 2-2-2, 2단평으로 줄이고, 동시에 어깨경사뜨기를 2-8-1, 2-7-2코로 한다. 남은코는 쉼코로 둔다.

6 남은 첫코에 새 실을 걸어 25코를 코막음하고, 오른쪽과 같은 방법으로 뒷목둘레를 줄이고, 어깨경사뜨기를 한다. 남은코는 쉼코로 둔다.

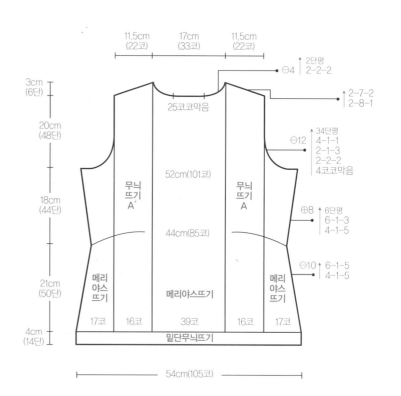

11,5cm (22코) 17cm (33코) 11,5cm (22코)

3cm (6단)
20cm (48단)
18cm (44단)
21cm (50단)
4cm (14단)

2단평 ⊖4 2-2-2
2-7-2 2-8-1

25코코막음

34단평 ⊖12 4-1-1 2-1-3 2-2-2 4코코막음

52cm(101코)

무늬 뜨기 A'   무늬 뜨기 A

⊕8 6단평 6-1-3 4-1-5

44cm(85코)

⊖10 6-1-5 4-1-5

메리야스뜨기   메리야스뜨기   메리야스뜨기

17코   16코   39코   16코   17코

밑단무늬뜨기

54cm(105코)

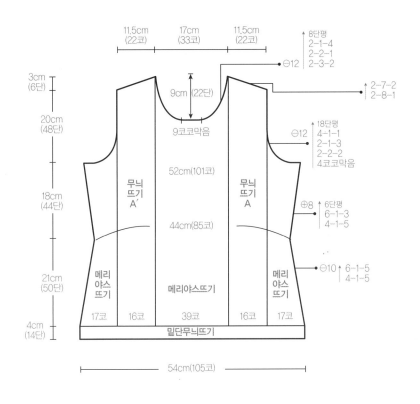

11,5cm
(22코)

17cm
(33코)

11,5cm
(22코)

8단평
2-1-4
2-2-1
2-3-2

⊖12

3cm
(6단)

9cm(22단)

2-7-2
2-8-1

20cm
(48단)

9코코막음

18단평
4-1-1
2-1-3
2-2-2
4코코막음

⊖12

18cm
(44단)

52cm(101코)

무늬
뜨기
A′

무늬
뜨기
A

44cm(85코)

⊕8

6단평
6-1-3
4-1-5

21cm
(50단)

메리
야스
뜨기

메리야스뜨기

메리
야스
뜨기

⊖10

6-1-5
4-1-5

4cm
(14단)

17코

16코

39코

16코

17코

밑단무늬뜨기

54cm(105코)

앞판뜨기

1 실을 두겹으로 5mm대바늘을 사용하여 일반코잡기로 105코를 잡아 밑단무늬뜨기를 뜬다.

2 메리야스뜨기 17코, 무늬뜨기 16코, 메리야스뜨기 39코, 무늬뜨기 16코, 메리야스뜨기 17코로 나누어 무늬를 잡는다.

3 옆선은 50단을 뜨면서 도안과 같이 10코를 줄이고, 다시 44단을 뜨면서 8코를 늘린다.

4 양옆 진동은 12코를 줄이면서 32단을 뜬다.

5 도안과 같이 앞목둘레를 2-3-2, 2-2-1, 2-1-4번으로 줄이고 2단을 뜬다. 어깨 경사뜨기를 하면서 6단을 더 뜬다. 남은 코는 쉼코로 둔다.

6 남은 첫코에 새 실을 걸어 9코를 코막음하고 오른쪽과 같은 방법으로 줄인다. 남은코는 쉼코로 둔다.

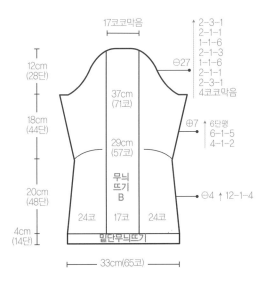

17코코막음

2-3-1
2-1-1
1-1-6
2-1-3
1-1-6
2-1-1
2-3-1
4코코막음

12cm
(28단)

⊖27

18cm
(44단)

37cm
(71코)

29cm
(57코)

⊕7

6단평
6-1-5
4-1-2

20cm
(48단)

무늬
뜨기
B

4cm
(14단)

24코

17코

24코

⊖4

12-1-4

밑단무늬뜨기

33cm(65코)

소매뜨기

1 실을 두겹으로 5mm대바늘을 사용하여 일반코잡기로 65코를 잡아 밑단무늬뜨기를 뜬다.

2 메리야스뜨기 24코, 무늬뜨기 17코, 메리야스뜨기 24코로 나누어 무늬를 잡는다.

3 도안과 같이 옆선을 4코 줄이면서 48단을 뜨고 다시 7코를 늘리면서 44단을 뜬다.

4 소매산은 양쪽으로 27코씩을 줄이면서 뜨고 남은 17코는 코막음한다.

5 같은 방법으로 한 장을 더 뜬다.

마무리하기

1 앞·뒤판의 겉과 겉을 맞대고 어깨코를 코막음하여 잇는다.

2 돗바늘로 옆선을 이어준다.

3 떠 놓은 소매의 옆선을 이어 원통형으로 만든다.

4 몸판의 진동에 소매를 잘 맞추어 코바늘 빼뜨기로 연결한다.

5 목둘레에서 80코를 잡아 1×1고무뜨기로 6단을 뜬 후 돗바늘로 마무리한다.

목둘레에서 80코 잡아
1×1 고무뜨기로 6단을 뜬 후
돗바늘로 마무리한다.

몸판무늬뜨기A

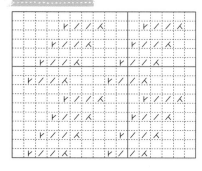

몸판무늬뜨기A'

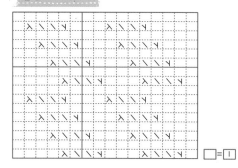

□=□

소매무늬뜨기B

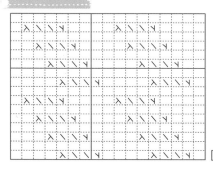

□=□

밑단무늬뜨기

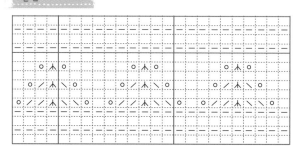

□=□

편물 잇기

겉뜨기의 경우

●1코 들어간 곳 1단씩 잇기

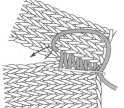

1 뜬 두 판을 모두 겉쪽으로 하여 끝에서 1코 들어간 코의 옆 실을 1단씩 나란히 놓고 교대로 바늘로 뜨면서 잇는다.

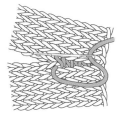

2 완성되는 모습.

●반코 들어간 곳 1단씩 잇기

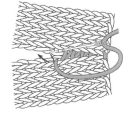

1 뜨는 편물을 겉쪽으로 하여 나란히 놓고 끝에서 반 코 들어간 코의 옆 실을 1단씩 교대로 떠가면서 잇는다.

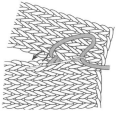

2 완성되는 모습.

●1코 들어간 곳 2단씩 잇기

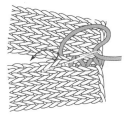

1 뜬 두 판을 모두 겉쪽으로 하여 나란히 놓고 끝에서 1코 들어간 곳의 옆 실을 2단씩 교대로 떠가면서 잇는다.

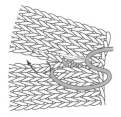

2 완성되는 모습.

안뜨기의 경우

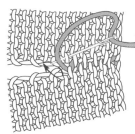

뜬 두 판을 서로 겉쪽으로 하여 나란히 놓고 뒤판의 끝에서 1코 들어간 낮은코를 1단 뜬 다음, 앞판의 끝에서 반코 들어간 높은코를 뜬다. 마찬가지로 교대로 1단씩 뜬다.

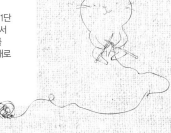

메리야스뜨기 게이지 = 19코, 24단

뒤판

① **뒤판시작** (54cm×1.9코)+시접코 2코=105코

② **밑단** 무늬뜨기 14단

③ **옆선** 21cm×2.4단-50단, 18cm×2.4단=44단

허리선코수 (44cm×1.9코)+시접코 2코=85코

줄임코수 (105코-85코)÷2=10코

50단에서 10코 줄임

＊ 짝수단 계산

$$
10\,\overline{\big)\,25} \quad \begin{array}{c} 2+1=3 \end{array} \quad \longrightarrow \quad \begin{array}{l} 3\text{-}1\text{-}5 \\ 2\text{-}1\text{-}5 \end{array} \quad \longrightarrow \quad \begin{array}{l} 6\text{-}1\text{-}5 \\ 4\text{-}1\text{-}5 \end{array}
$$

$$
\begin{array}{c} -5 \\ \hline 5 \end{array} \quad \begin{array}{c} 20 \\ \hline 5 \end{array}
$$

가슴둘레코수 (52cm×1.9코)+시접코 2코=101코

늘림코수 (101코-85코)÷2=8코

44단에서 8코 늘림

＊ 짝수단 계산

평단붓

$$
8\,(+1)\,\overline{\big)\,22} \quad \begin{array}{c} 2+1=3 \end{array} \quad \longrightarrow \quad \begin{array}{l} 3\text{단평} \\ 3\text{-}1\text{-}3 \\ 2\text{-}1\text{-}5 \end{array} \quad \longrightarrow \quad \begin{array}{l} 6\text{단평} \\ 6\text{-}1\text{-}3 \\ 4\text{-}1\text{-}5 \end{array}
$$

$$
\begin{array}{c} -4 \\ \hline 5 \end{array} \quad \begin{array}{c} 18 \\ \hline 4\,(-1)=3 \end{array}
$$

평단붓은 빼줄다

④ **진동줄임** (가슴둘레코수 101코- 등너비코수 77코)÷2=12코

＊ 진동줄임 계산

짝수단 변경

$$
12코×\tfrac{1}{3}=4코 \quad \longrightarrow \quad 4코 코막음 \quad \longrightarrow \quad 4코 코막음
$$
$$
-4
$$
$$
\overline{}
$$
$$
8코×\tfrac{1}{2}=4코 \quad \longrightarrow \quad 1\text{-}1\text{-}4 \quad \longrightarrow \quad 2\text{-}2\text{-}2
$$
$$
-4
$$
$$
\overline{}
$$
$$
4코×\tfrac{2}{3}=2코 \quad \longrightarrow \quad 2\text{-}1\text{-}2 \quad \longrightarrow \quad 2\text{-}1\text{-}2
$$
$$
-2
$$
$$
\overline{}
$$
$$
2 \qquad\qquad \longrightarrow \quad 3\text{-}1\text{-}2 \quad \longrightarrow \quad \begin{array}{l} 2\text{-}1\text{-}1 \\ 4\text{-}1\text{-}1 \end{array}
$$

정리하면
$$
\begin{array}{l}
4\text{-}1\text{-}1 \\
2\text{-}1\text{-}3 \\
2\text{-}2\text{-}2 \\
4코 코막음
\end{array}
$$

⑤ **어깨경사** 3cm×2.4=6단, 11.5cm×1.9코=22코

6단÷2=3회

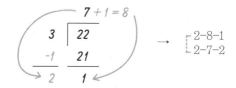

$$
3\,\overline{\big)\,22} \quad \begin{array}{c} 7+1=8 \end{array} \quad \longrightarrow \quad \begin{array}{l} 2\text{-}8\text{-}1 \\ 2\text{-}7\text{-}2 \end{array}
$$

$$
\begin{array}{c} -1 \\ \hline 2 \end{array} \quad \begin{array}{c} 21 \\ \hline 1 \end{array}
$$

⑥ **뒷목줄임** 17cm×1.9코=33코, 3cm×2.4단=6단

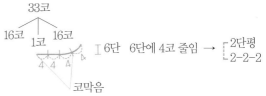

33코

16코   1코   16코   Ⅰ6단   6단에 4코 줄임 → 2단평
4 4 4   2-2-2

코막음

앞판

①~⑤ 뒤판과 동일

⑥ **앞목줄임** (17cm×1.9코)÷2=16코(중심코 1코), 9cm×2.4단=22단

22단에서 16코 줄임 → 14단에서 12코 줄임

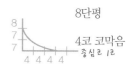

8단평

4코 코막음

중심코 1코

커브선 공식 10코에 대입

12로 맞춰줌   4 . 3 . 2 . 1

4 . 3 . 2 . 1 . 1 . 1

힛수 맞춰줌   (-1)

3 . 3 . 2 . 1 . 1 . 1 . 1

정리하면   8단평
$$
\begin{array}{l}
2\text{-}1\text{-}4 \\
2\text{-}2\text{-}1 \\
2\text{-}3\text{-}2
\end{array}
$$

소매

① **소매시작** (33cm×1.9코)+시접코 2코 = 65코

② **밑단** 무늬뜨기 14단

③ **소매옆선** 20cm×2.4단=48단,   18cm×2.4단=44단

줄임코수 (65코-57코)÷2 = 4코,   48단에서 4코 줄임

* **짝수단 계산**

$$24 \div 4 = 6 \rightarrow 6\text{-}1\text{-}4 \xrightarrow{\times 2} 12\text{-}1\text{-}4$$

늘림코수 (71코-57코)÷2 = 7코,   44단에서 7코 늘림

* **짝수단 계산**

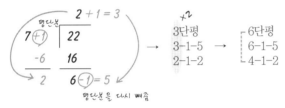

④ **소매산길이** 12cm×2.4단=28단

소매산너비 소매너비 71코×$\frac{1}{4}$=17코 코막음

줄임코수 (71코-17코)÷2 = 27코

28단에서 27코 줄임 → 18단에서 15코 줄임

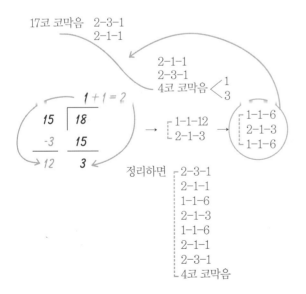

정리하면 ┌ 2-3-1
2-1-1
1-1-6
2-1-3
1-1-6
2-1-1
2-3-1
└ 4코 코막음

뒤판

앞판

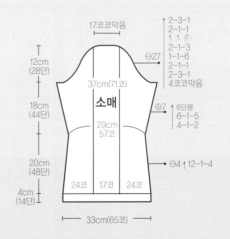

소매

래글런소매 풀오버

S 사이즈

완성치수 옷길이 60cm, 가슴둘레 90cm, 소매길이 56cm
재료 데님8p사 브라운 100g 그린 100g 베이지 100g, 대바늘 3mm 3.5mm, 돗바늘
게이지 메리야스뜨기 23코×32단

▶ h o w t o m a k e

뒤판뜨기

1 3mm대바늘을 사용해 나중에 풀어낼 실로 일반코잡기로 69코를 잡는다. 데님8p사 브라운으로 끌어올리기 고무단코잡기로 136코를 만들어 2×2고무뜨기로 10단을 뜬다.

2 3.5mm대바늘로 메리야스뜨기를 뜬다.(14단씩 브라운, 그린, 베이지 순서로) 14단 평단, 6-1-8, 8-1-7로 줄이고 8단 평단을 뜨면서 14단마다 색상을 바꿔준다.

3 양옆 진동은 7코를 코막음하고 6-2-1, 4-2-12, 2-1-1, 2단 평으로 줄이고 38코는 쉼코로 둔다.

앞판뜨기

1 3mm대바늘을 사용해 나중에 풀어낼 실로 일반코잡기로 69코를 잡는다. 데님8p사 브라운으로 끌어올리기 고무단코잡기로 136코를 만들어 2×2고무뜨기로 10단을 뜬다.

2 3.5mm대바늘로 메리야스뜨기를 뜬다.(14단씩 브라운, 그린, 베이지 순서로) 14단 평단, 6-1-8, 8-1-7로 줄이고 8단 평단을 뜨면서 14단마다 색상을 바꿔준다.

3 양옆 진동은 7코를 코막음하고 6-2-1, 4-2-10, 2단평으로 줄이고 48코는 쉼코로 둔다.

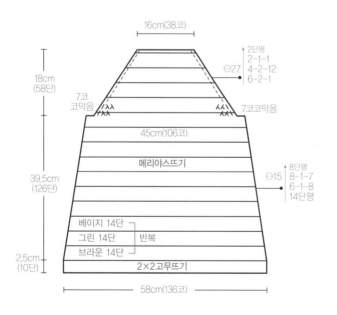

16cm(38코)
2단평
2-1-1
⊖27
4-2-12
6-2-1
18cm (58단)
7코 코막음 7코코막음
45cm(106코)
메리야스뜨기
39.5cm (126단)
⊖15 8단평
8-1-7
6-1-8
14단평
베이지 14단
그린 14단 반복
브라운 14단
2,5cm (10단)
2×2고무뜨기
58cm(136코)

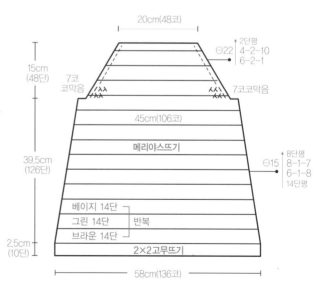

20cm(48코)
2단평
⊖22 4-2-10
6-2-1
15cm (48단)
7코 코막음 7코코막음
45cm(106코)
메리야스뜨기
39,5cm (126단)
⊖15 8단평
8-1-7
6-1-8
14단평
베이지 14단
그린 14단 반복
브라운 14단
2,5cm (10단)
2×2고무뜨기
58cm(136코)

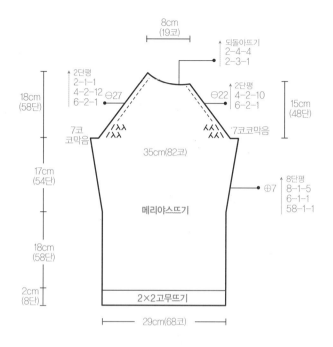

8cm
(19코)

되돌아뜨기
2-4-4
2-3-1

2단평
2-1-1
4-2-12 ⊖27
6-2-1

2단평
⊖22 4-2-10
6-2-1

18cm
(58단)

15cm
(48단)

7코
코막음

7코코막음

35cm(82코)

17cm
(54단)

메리야스뜨기

8단평
⊕7 8-1-5
6-1-1
58-1-1

18cm
(58단)

2cm
(8단)

2×2고무뜨기

29cm(68코)

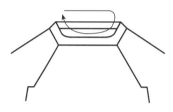

목둘레에서 116코 잡아
2×2고무뜨기로 6단을 뜬 후 돗바늘로
마무리한다. 시접코는 뺀다.

소매뜨기

1 3mm대바늘을 사용해 나중에 풀어낼 실로 일반코잡기로 35코를 잡는다. 데님8p사 브라운으로 끌어올리기 고무단코잡기로 68코를 만들어 2×2고무뜨기로 8단을 뜬다.

2 3.5mm대바늘로 브라운으로만 도안처럼 메리야스뜨기 해 58-1-1, 6-1-1, 8-1-5 로 늘리고 8단 평단을 뜬다.

3 소매산은 양옆을 7코 코막음하고 뒤판과 연결할 곳은 6-2-1, 4-2-12, 2-1-1, 2단 평으로 뜨고 앞판과 연결할 곳은 6-2-1, 4-2-10, 2단평으로 뜨고 차이나는 10단 은 되돌아뜨기로 2-3-1, 2-4-4를 하고 19코는 쉼코로 둔다.

4 대칭되게 한 장을 더 뜬다.

마무리하기

1 앞·뒤판의 옆선을 돗바늘로 연결한다.

2 소매옆선을 돗바늘로 연결하면서 진 동선도 몸판과 돗바늘로 연결한다.

(뒤판 쪽이 앞판 쪽보다 길다.)

3 남은코를 3mm대바늘에 모두 걸어 브라운으로 2×2고무뜨기로 6단을 뜨고 돗바늘로 고무단 코막음을 한다.

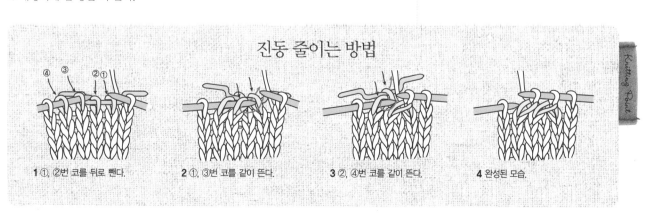

진동 줄이는 방법

④ ③ ② ①

1 ①, ②번 코를 뒤로 뺀다.

2 ①, ③번 코를 같이 뜬다.

3 ②, ④번 코를 같이 뜬다.

4 완성된 모습.

Knitting Point

메리야스뜨기 게이지 = 23코, 32단

뒤판

① **뒤판시작** (58cm×2.3코)+시접코 2코=136코

② **밑단** (2.5cm×3.2단)×1.1=10단

③ **옆선길이** 39.5cm×3.2단=126단

   가슴둘레코수 (45cm×2.3코)+시접코 2코=106코

   줄임코수 (136코−106코)÷2=15코

      126단−14단(시작부분 평단)=112단

      112단에서 15코 줄임

* 짝수단 계산

$$
\begin{array}{r}
\text{평단부} \quad 3+1=4 \\
15\!\!\fbox{+1}\,\big|\,\overline{56} \\
-8 \quad \overline{48} \\
8 \quad 8-1=7
\end{array}
\longrightarrow
\begin{array}{l}
\text{4단평} \\
\text{4-1-7} \\
\text{3-1-8}
\end{array}
\xrightarrow{\,\times 2\,}
\begin{array}{l}
\text{8단평} \\
\text{8-1-7} \\
\text{6-1-8}
\end{array}
$$

정리하면   8단평
              8-1-7
              6-1-8
              14단평

④ **뒷목코수** (16cm×2.3코)+시접코 2코=38코

   진동줄임코수 (106코−38코)÷2=34코

         34코−7코 코막음(3cm×2.3코)=27코

   진동길이 18cm×3.2단=58단−2단(마지막 평단)=56단

      56단에 27코 줄임.

      줄임코가 홀수코이기 때문에 2-1-1을 먼저 정하고

      계산한다. 그러므로 54단에서 26코 줄임

* 짝수단, 짝수코 계산(단과 코를 모두 반으로 나누어 계산)

$$
\begin{array}{r}
2+1=3 \\
13\,\big|\,\overline{27} \\
-1 \quad \overline{26} \\
12 \quad 1
\end{array}
\longrightarrow
\begin{array}{l}
\overset{\times 2\ \times 2}{} \\
\text{2-1-12} \\
\text{3-1-1}
\end{array}
\longrightarrow
\begin{array}{l}
\text{4-2-12} \\
\text{6-2-1}
\end{array}
$$

정리하면   2단평
              2-1-1
              4-2-12
              6-2-1

앞판

① **앞판시작** (58cm×2.3코)+시접코 2코=136코

② **밑단** (2.5cm×3.2단)×1.1=10단

③ **옆선길이** 39.5cm×3.2단=126단

   가슴둘레코수 (45cm×2.3코)+시접코 2코=106코

   줄임코수 (136코−106코)÷2=15코

      126단−14단(시작부분 평단)=112단

      112단에서 15코 줄임

* 짝수단 계산

$$
\begin{array}{r}
\text{평단부} \quad 3+1=4 \\
15\!\!\fbox{+1}\,\big|\,\overline{56} \\
-8 \quad \overline{48} \\
8 \quad 8-1=7
\end{array}
\longrightarrow
\begin{array}{l}
\text{4단평} \\
\text{4-1-7} \\
\text{3-1-8}
\end{array}
\xrightarrow{\,\times 2\,}
\begin{array}{l}
\text{8단평} \\
\text{8-1-7} \\
\text{6-1-8}
\end{array}
$$

정리하면   8단평
              8-1-7
              6-1-8
              14단평

④ **앞목코수** (20cm×2.3코)+시접코 2코=48코

   진동줄임코수 (106코−48코)÷2=29코

         29코−7코 코막음=22코

   진동길이 15cm×3.2단=48단−2단(마지막 평단)=46단

      46단에서 22코 줄임

* 짝수단, 짝수코 계산

$$
\begin{array}{r}
2+1=3 \\
11\,\big|\,\overline{23} \\
-1 \quad \overline{22} \\
10 \quad 1
\end{array}
\longrightarrow
\begin{array}{l}
\overset{\times 2\ \times 2}{} \\
\text{2-1-10} \\
\text{3-1-1}
\end{array}
\longrightarrow
\begin{array}{l}
\text{4-2-10} \\
\text{6-2-1}
\end{array}
$$

정리하면 ┌ 2단평
├ 4-2-10
└ 6-2-1

소매

① **소매시작코** (29cm×2.3코)+시접코 2코=68코

② **소맷단** (2cm×3.2단)×1.1=8단

③ **소매옆선**

　평단 18cm×3.2단=58단

　늘림단수 17cm×3.2단=54단

　늘림코수 (82코−68코)÷2=7코−1코(시작하자마자 줄일 코) = 6코

　　54단에서 6코 늘림

＊ **짝수단 계산**

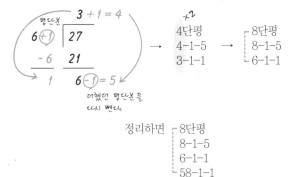

정리하면 ┌ 8단평
├ 8-1-5
├ 6-1-1
└ 58-1-1

④ **소매산줄임** 뒤판, 앞판의 진동줄임과 동일

⑤ **소매산의 앞·뒤 길이차이** 58단−48단=10단,

　　　　　　　8cm×2.3코=19코

　　　　　　　10단÷2=5회

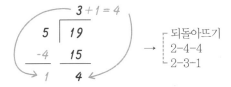

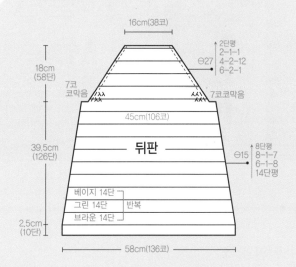

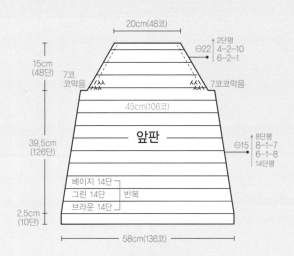

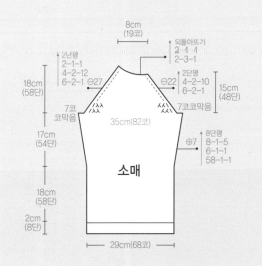

래글런소매 풀오버

M 사이즈

완성치수 옷길이 64.5cm, 가슴둘레 94cm, 소매길이 57cm
재료 데님8p사 브라운 120g 그린 120g 베이지 120g, 대바늘 3mm 3.5mm, 돗바늘
게이지 메리야스뜨기 23코×32단

> how to make

뒤판뜨기

1 3mm대바늘을 사용해 나중에 풀어낼 실로 일반코잡기로 71코를 잡는다. 데님8p사 브라운으로 끌어올리기 고무단코잡기로 140코를 만들어 2×2고무뜨기로 10단을 뜬다.

2 3.5mm대바늘로 메리야스뜨기를 한다.(14단씩 브라운, 그린, 베이지 순서로) 14단 평단, 6-1-2, 8-1-13으로 줄이고 8단 평단을 뜨면서 14단마다 색상을 바꿔준다.

3 양옆 진동은 7코를 코막음하고 6-2-4, 4-2-9, 2단평으로 줄이고 44코는 쉼코로 둔다.

앞판뜨기

1 3mm대바늘을 사용해 나중에 풀어낼 실로 일반코잡기로 71코를 잡는다. 데님8p사 브라운으로 끌어올리기 고무단코잡기로 140코를 만들어 2×2고무뜨기로 8단을 뜬다.

2 3.5mm대바늘로 메리야스뜨기를 한다.(14단씩 브라운, 그린, 베이지 순서로) 14단 평단, 6-1-2, 8-1-13으로 줄이고 8단 평단을 뜨면서 14단마다 색상을 바꿔준다.

3 양옆 진동은 7코를 코막음하고 6-2-3, 4-2-8, 2단평으로 줄이고 52코는 쉼코로 둔다.

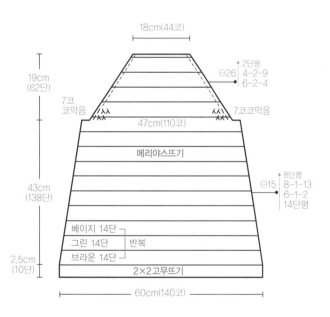

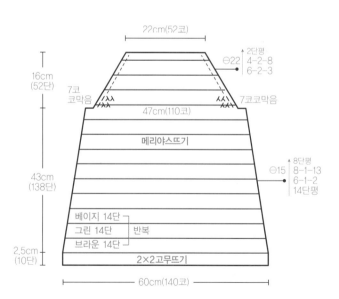

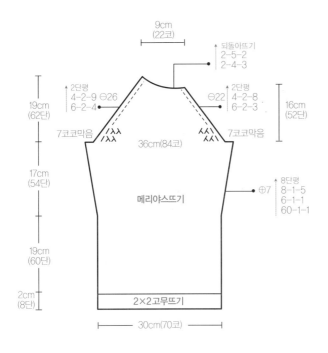

9cm
(22코)

되돌아뜨기
2-5-2
2-4-3

2단평
4-2-9 ⊖26
6-2-4

⊖22

2단평
4-2-8
6-2-3

16cm
(52단)

19cm
(62단)

7코코막음

메리야스뜨기

36cm(84코)

7코코막음

17cm
(54단)

⊕7

8단평
8-1-5
6-1-1
60-1-1

19cm
(60단)

메리야스뜨기

2cm
(8단)

2×2고무뜨기

30cm(70코)

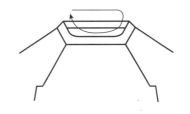

목둘레에서 132코 잡아
2×2고무뜨기로 6단을 뜬 후 돗바늘로
마무리한다. 시접코는 뺀다.

소매뜨기

1 3mm대바늘을 사용해 나중에 풀어낼 실로 일반코잡기로 36코를 잡는다. 데님8p사
브라운으로 끌어올리기 고무단코잡기로 70코를 만들어 2×2고무뜨기로 8단을 뜬다.

2 3.5mm대바늘로 브라운으로만 도안처럼 메리야스뜨기 해 60-1-1, 6-1-1, 8-1-5
로 늘리고 8단 평단을 뜬다.

3 소매산은 양옆을 7코 코막음하고 뒤판과 연결할 곳은 6-2-4, 4-2-9, 2단평으로
뜨고 앞판과 연결할 곳은 6-2-3, 4-2-8, 2단평으로 뜨고 차이나는 10단은 되돌아
뜨기 2-4-3, 2-5-2를 하고 22코는 쉼코로 둔다.

4 대칭되게 한 장을 더 뜬다.

마무리하기

1 앞·뒤판의 옆선을 돗바늘로 연결한다.

2 소매옆선을 돗바늘로 연결하면서 진
동선도 몸판과 돗바늘로 연결한다.

(뒤판 쪽이 앞판 쪽보다 길다.)

3 남은코를 3mm대바늘에 모두 걸어
브라운으로 2×2고무뜨기로 6단을
뜨고 돗바늘로 고무단 코막음을 한다.

소매 1코 안쪽에서 1코 늘리기 -오른쪽코-

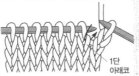

1단
아래코

1 처음 1코는 겉뜨기로 뜬다.

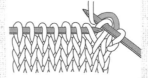

2 2째 코 1단 아래쪽 코에 오른쪽
바늘을 넣어 실을 걸어 겉뜨기로 뜬다.

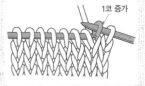

1코 증가

3 1코를 늘린 다음 2째 코는
겉뜨기로 뜬다.

Knitting Point

메리야스뜨기 게이지 = 23코, 32단

뒤판

① **뒤판시작** (60cm×2.3코)+시접코 2코=140코

② **밑단** (2.5cm×3.2단)×1.1=10단

③ **옆선길이** 43cm×3.2단=138단

  가슴둘레코수 (47cm×2.3코)+시접코 2코=110코

  줄임코수 (140코－110코)÷2=15코

     138단－14단(시작부분 평단)=124단

     124단에서 15코 줄임

* **짝수단 계산**

$$15 \boxed{+1} \overline{\smash{\big)}62} \quad 3+1=4$$
$$\underline{-14} \quad 48$$
$$2 \quad 14-1=13$$
평단분

→ 4단평 → 8단평
  4-1-13   8-1-13
  3-1-2   6-1-2

     정리하면 8단평
           8-1-13
           6-1-2
           14단평

④ **뒷목코수** (18cm×2.3코)+시접코 2코=44코

  진동줄임코수 (110코－44코)÷2=33코

     33코－7코 코막음(3cm×2.3코)=26코

  진동길이 19cm×3.2단=62단－2단(마지막 평단)=60단

     60단에 26코 줄임

* **짝수단, 짝수코 줄임**(단과 코를 모두 반으로 나누어 계산)

$$13 \overline{\smash{\big)}30} \quad 2+1=3$$
$$\underline{-4} \quad 26$$
$$9 \quad 4$$

→ 2-1-9 → 4-2-9
  3-1-4   6-2-4

     정리하면 2단평
           4-2-9
           6-2-4

앞판

① **앞판시작** (60cm×2.3코)+시접코 2코=140코

② **밑단** (2.5cm×3.2단)×1.1=10단

③ **옆선길이** 43cm×3.2단=138단

  가슴둘레코수 (47cm×2.3코)+시접코 2코=110코

  줄임코수 (140코－110코)÷2=15코

     138단－14단(시작부분 평단)=124단

     124단에서 15코 줄임

* **짝수단 계산**

$$15 \boxed{+1} \overline{\smash{\big)}62} \quad 3+1=4$$
$$\underline{-14} \quad 48$$
$$2 \quad 14-1=13$$
평단분

→ 4단평 → 8단평
  4-1-13   8-1-13
  3-1-2   6-1-2

     정리하면 8단평
           8-1-13
           6-1-2
           14단평

④ **앞목코수** (22cm×2.3코)+시접코 2코=52코

  진동줄임코수 (110코－52코)÷2=29코

     29코－7코 코막음=22코

  진동길이 16cm×3.2단=52단－2단(마지막 평단)=50단

     50단에서 22코 줄임

* **짝수단, 짝수코 줄임**

$$11 \overline{\smash{\big)}25} \quad 2+1=3$$
$$\underline{-3} \quad 22$$
$$8 \quad 3$$

→ 2-1-8 → 4-2-8
  3-1-3   6-2-3

     정리하면 2단평
           4-2-8
           6-2-3

소매

① 소매시작코 (30cm×2.3코)+시접코 2코 = 70코

② 소맷단 (2cm×3.2단)×1.1코= 8단

③ 소매옆선

　평단 19cm×3.2단 = 60단

　늘림단수 17cm×3.2단 = 54단

　늘림코수 (84코−70코)÷2 = 7코−1코(시작하자마자 늘릴 코) = 6코

　　54단에서 6코 늘림

* 짝수단 계산

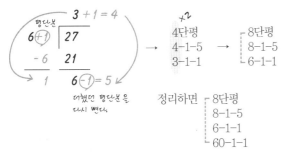

→ 정리하면 ─ 8단평
　　　　　　├ 8-1-5
　　　　　　├ 6-1-1
　　　　　　└ 60-1-1

④ **소매산줄임** 앞·뒤판의 진동줄임과 동일

⑤ **소매산의 앞·뒤 길이차이** 58단−48단=10단,

　　　　　　9cm×2.3코= 22코

　　　　　　10단÷2=5회

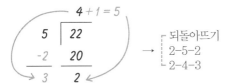

뒤판 도식:
18cm(44코)
19cm(62단)
2단평 ⊖26 4-2-9 6-2-4
7코 코막음
7코코막음
47cm(110코)
뒤판
43cm(138단)
8단평 ⊖15 8-1-13 6-1-2 14단평
베이지 14단
그린 14단 반복
밤색 14단
2.5cm(10단)
60cm(140코)

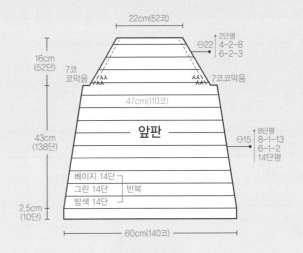

앞판 도식:
22cm(52코)
16cm(52단)
2단평 ⊖22 4-2-8 6-2-3
7코 코막음
7코코막음
47cm(110코)
앞판
43cm(138단)
8단평 ⊖15 8-1-13 6-1-2 14단평
베이지 14단
그린 14단 반복
밤색 14단
2.5cm(10단)
60cm(140코)

소매 도식:
9cm(22코)
되돌아뜨기 2-5-2 2-4-3
2단평 4-2-9 6-2-4 ⊖26
19cm(62단)
2단평 ⊖22 4-2-8 6-2-3
16cm(52단)
7코 코막음
7코코막음
36cm(84코)
17cm(54단)
⊕7 8단평 8-1-5 6-1-1 60-1-1
소매
19cm(60단)
2cm(8단)
30cm(70코)

래글런소매 풀오버

L 사이즈

완성치수 옷길이 68cm, 가슴둘레 98cm, 소매길이 59cm
재료 데님8p사 브라운 140g 그린 140g 베이지 140g, 대바늘 3mm 3.5mm, 돗바늘
게이지 메리야스뜨기 23코×32단

> **how to make**

뒤판뜨기

1 3mm대바늘을 사용해 나중에 풀어낼 실로 일반코잡기로 73코를 잡는다. 데님8p사 브라운으로 끌어올리기 고무단코잡기로 144코를 만들어 2×2고무뜨기로 10단을 뜬다.

2 3.5mm대바늘로 메리야스뜨기를 한다.(14단씩 브라운, 그린, 베이지 순서로) 14단 평단, 8-1-14, 10-1-1로 줄이고 10단 평단을 뜨면서 14단마다 색상을 바꿔준다.

3 양옆 진동은 7코 코막음하고 6-2-5, 4-2-8, 2단평으로 줄이고 48코는 쉼코로 둔다.

앞판뜨기

1 3mm대바늘을 사용해 나중에 풀어낼 실로 일반코잡기로 73코를 잡는다. 데님8p사 브라운으로 끌어올리기 고무단코잡기로 144코를 만들어 2×2고무뜨기로 10단을 뜬다.

2 3.5mm대바늘로 메리야스뜨기를 한다.(14단씩 브라운, 그린, 베이지 순서로) 14단 평단, 8-1-14, 10-1-1로 줄이고 10단 평단을 뜨면서 14단마다 색상을 바꿔준다.

3 양옆 진동은 7코 코막음하고 6-2-4, 4-2-7, 2단평으로 줄이고 56코는 쉼코로 둔다.

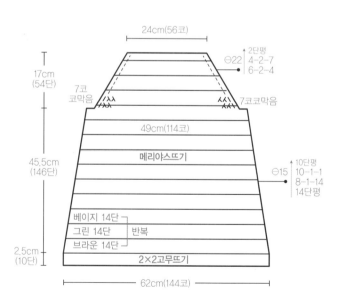

뒤판:
20cm(48코)
20cm(64단)
7코 코막음 ... 7코 코막음
⊖26 2단평 4-2-8 6-2-5
49cm(114코)
메리야스뜨기
⊖15 10단평 10-1-1 8-1-14 14단평
45.5cm(146단)
베이지 14단
그린 14단 반복
브라운 14단
2.5cm(10단)
2×2고무뜨기
62cm(144코)

앞판:
24cm(56코)
17cm(54단)
7코 코막음 ... 7코코막음
⊖22 2단평 4-2-7 6-2-4
49cm(114코)
메리야스뜨기
⊖15 10단평 10-1-1 8-1-14 14단평
45.5cm(146단)
베이지 14단
그린 14단 반복
브라운 14단
2.5cm(10단)
2×2고무뜨기
62cm(144코)

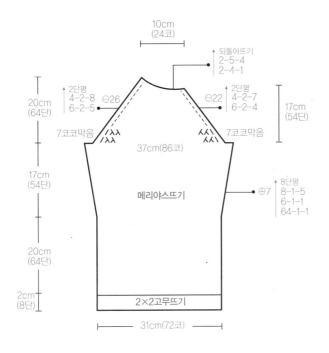

10cm
(24코)

되돌아뜨기
2-5-4
2-4-1

2단평
4-2-8   ⊖26
6-2-5

2단평
⊖22   4-2-7
6-2-4

20cm
(64단)

17cm
(54단)

7코코막음

7코코막음

37cm(86코)

17cm
(54단)

메리야스뜨기

8단평
⊕7   8-1-5
6-1-1
64-1-1

20cm
(64단)

2cm
(8단)

2×2고무뜨기

31cm(72코)

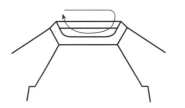

목둘레에서 144코 잡아
2×2고무뜨기로 6단을 뜬 후 돗바늘로
마무리한다. 시접코는 뺀다.

소매뜨기

1 3mm대바늘을 사용해 나중에 풀어낼 실로 일반코잡기로 37코를 잡는다. 데님8p사 브라운으로 끌어올리기 고무단코잡기로 72코를 만들어 2×2고무뜨기로 8단을 뜬다.

2 3.5mm대바늘로 브라운으로만 도안처럼 메리야스뜨기 해 64-1-1, 6-1-1, 8-1-5 로 늘리고 8단 평단을 뜬다.

3 소매산은 양옆을 7코 코막음하고 뒤판과 연결할 곳은 6-2-5, 4-2-8, 2단평으로 뜨고 앞판과 연결할 곳은 6-2-4, 4-2-7, 2단평으로 뜨고 차이나는 10단은 되돌아 뜨기 2-4-1, 2-5-4를 하고 24코는 쉼코로 둔다.

4 내칭되게 한 장을 너 뜬다.

마무리하기

1 앞·뒤판의 옆선을 돗바늘로 연결한다.

2 소매옆선을 돗바늘로 연결하면서 진 동선도 몸판과 돗바늘로 연결한다.

(뒤판 쪽이 앞판 쪽보다 길다.)

3 남은코를 3mm대바늘에 모두 걸어 브라운으로 2×2고무뜨기로 6단을 뜨고 돗바늘로 고무단 코막음을 한다.

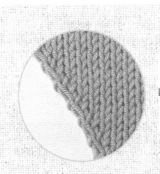

소매 1코 안쪽에서 1코 늘리기 -왼쪽코-

Knitting Point

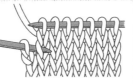

1 끝의 1코를 남기고 오른쪽 바늘로 뜬 끝의 2단 아래코에 왼쪽 바늘을 넣는다.

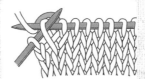

2 실을 끌어올려서 겉뜨기로 뜬다.

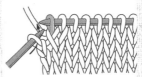

3 끝의 코를 진행하던 방식(겉뜨기) 으로 뜬다.

메리야스뜨기 게이지 = 23코, 32단

앞판

① **앞판시작** (62cm×2.3코)+시접코 2코=144코

② **밑단** (2.5cm×3.2단)×1.1=10단

③ **옆선길이** 45.5cm×3.2단=146단

　가슴둘레코수 (49cm×2.3코)+시접코 2코=114코

　줄임코수 (144코−114코)÷2=15코

　　　146단−14단(시작부분 평단)=132단

　　　132단에서 15코 줄임

* **짝수단 계산**

```
 평단분     4 + 1 = 5                      x2
15 ⊕1 | 66            →   5단평    →   10단평
    -2   64               5-1-1        10-1-1
 →  14   2 - 1 = 1        4-1-14       8-1-14
```

　　정리하면 ┌ 10단평
　　　　　　 ┊ 10-1-1
　　　　　　 ┊ 8-1-14
　　　　　　 └ 14단평

④ **앞목코수** (24cm×2.3코)+시접코 2코=56코

　진동줄임코수 (114코−56코)÷2=29코

　　　29코−7코 코막음=22코

　진동길이 17cm×3.2단=54단−2단(마지막 평단)=52단

　　　52단에서 22코 줄임

* **짝수단, 짝수코 줄임**

```
        2 + 1 = 3              x2  x2
11 | 26            →   2-1-7    →  ┌ 4-2-7
-4   22               3-1-4       └ 6-2-4
→ 7   4
```

　　정리하면 ┌ 2단평
　　　　　　 ┊ 4-2-7
　　　　　　 └ 6-2-4

뒤판

① **뒤판시작** (62cm×2.3코)+시접코 2코=144코

② **밑단** (2.5cm×3.2단)×1.1=10단

③ **옆선길이** 45.5cm×3.2단=146단

　가슴둘레코수 (49cm×2.3코)+시접코 2코=114코

　줄임코수 (144코−114코)÷2=15코

　　　146단−14단(시작부분 평단)=132단

　　　132단에서 15코 줄임

* **짝수단 계산**

```
 평단분     4 + 1 = 5                      x2
15 ⊕1 | 66            →   5단평    →   10단평
    -2   64               5-1-1        10-1-1
 →  14   2 - 1 = 1        4-1-14       8-1-14
```

　　정리하면 ┌ 10단평
　　　　　　 ┊ 10-1-1
　　　　　　 ┊ 8-1-14
　　　　　　 └ 14단평

④ **뒷목코수** (20cm×2.3코)+시접코 2코=48코

　진동줄임코수 (114코−48코)÷2=33코

　　　33코−7코 코막음(3cm×2.3코)=26코

　진동길이 20cm×3.2단=64단−2단(마지막 평단)=62단

　　　62단에서 26코 줄임

* **짝수단, 짝수코 줄임**(단과 코를 모두 반으로 나누어 계산)

```
        2 + 1 = 3              x2  x2
13 | 31            →   2-1-8    →  ┌ 4-2-8
-5   26               3-1-5       └ 6-2-5
→ 8   5
```

　　정리하면 ┌ 2단평
　　　　　　 ┊ 4-2-8
　　　　　　 └ 6-2-5

소매

① **소매시작코** (31cm×2.3코)+시접코 2코＝72코

② **소맷단** (2cm×3.2단)×1.1＝8단

③ **소매옆선**

　평단 20cm×3.2단＝64단

　늘림단수 17cm×3.2단＝54단

　늘림코수 (86코−72코)÷2＝7코−1코(시작하자마자 늘릴 코)＝6코

　　54단에서 6코 늘림

＊ 짝수단 계산

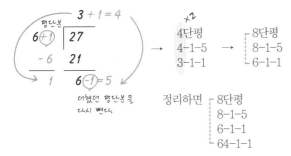

정리하면
```
8단평
8-1-5
6-1-1
64-1-1
```

④ **소매산줄임** 앞·뒤판의 진동줄임과 동일

⑤ **소매산의 앞·뒤 길이차이** 64단−54단＝10단

　　　　　　10cm×2.3코＝24코

　　　　　　10단÷2＝5회

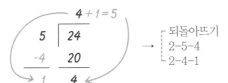

되돌아뜨기
```
2-5-4
2-4-1
```

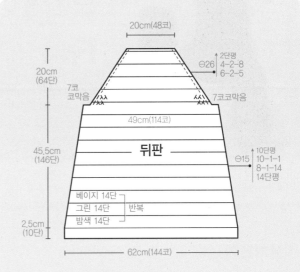

20cm(48코)

2단평
⊖26　4-2-8
　　　6-2-5

7코
코막음　　　　7코코막음

49cm(114코)

뒤판

10단평
⊖15　10-1-1
　　　8-1-14
　　　14단평

20cm(64단)

45.5cm(146단)

2.5cm(10단)

베이지 14단
그린 14단　반복
밤색 14단

62cm(144코)

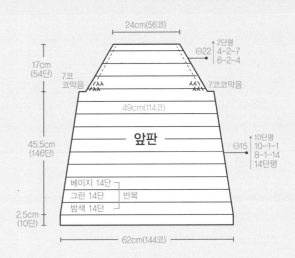

24cm(56코)

2단평
⊖22　4-2-7
　　　6-2-4

7코
코막음　　　　7코코막음

49cm(114코)

앞판

10단평
⊖15　10-1-1
　　　8-1-14
　　　14단평

17cm(54단)

45.5cm(146단)

2.5cm(10단)

베이지 14단
그린 14단　반복
밤색 14단

62cm(144코)

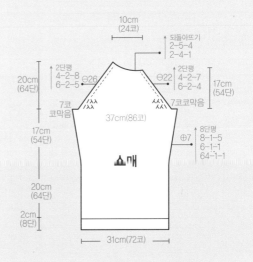

10cm(24코)

되돌아뜨기
2-5-4
2-4-1

2단평
4-2-8　⊖26
6-2-5

⊖22　2단평
　　　4-2-7
　　　6-2-4

17cm(54단)

20cm(64단)

7코
코막음　　　　7코코막음

37cm(86코)

8단평
⊕7　8-1-5
　　　6-1-1
　　　64-1-1

17cm(54단)

소매

20cm(64단)

2cm(8단)

31cm(72코)

모자 & 머플러

Free 사이즈

<u>완성치수</u> **모자** 머리둘레 55cm, 길이 20cm **머플러** 가로 18cm, 세로 175cm
<u>재료</u> 포트사 자주색 400g, 대바늘 5.5mm

h o w   t o   m a k e

모자뜨기

1 5.5mm대바늘을 사용하여 일반코잡기로 90코를 잡아 겉걸쳐
  뜨기무늬로 16단을 둘레뜨기로 뜬다.

2 메리야스뜨기로 28단을 뜬다.

3 도안과 같이 모자 윗부분을 10무늬로 나누어 2-1-8번 줄여준
  다. 10코가 남으면 돗바늘을 이용하여 남은코 사이로 실을 통
  과시켜 잡아당겨 마무리한다.

마무리하기

1 5.5mm대바늘을 사용하여 도안같이 C무늬, B무늬, A무늬, B
  무늬, C무늬로 만든다.

2 175cm를 뜬 후 코막음하여 마무리한다.

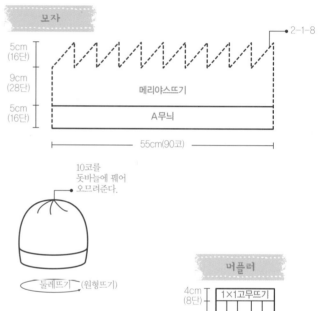

모자

5cm
(16단)
9cm
(28단)   메리야스뜨기
5cm
(16단)   A무늬
55cm(90코)
2-1-8

10코를
돗바늘에 꿰어
오므려준다.

둘레뜨기 (원형뜨기)

무늬뜨기

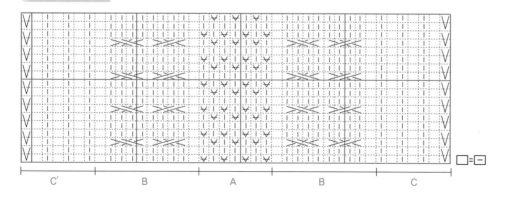

C´   B   A   B   C

□ = ─

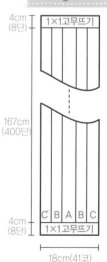

머플러

4cm
(8단)   1×1고무뜨기

167cm
(400단)

4cm
(8단)

C´ B A B C
1×1고무뜨기
18cm(41코)

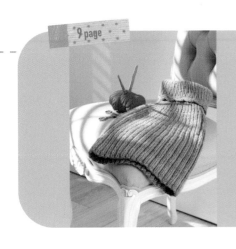

워머

Free 사이즈

완성치수 둘레 80cm, 길이 47cm
재료 멜로디사 200g, 대바늘 6mm, 코바늘 7/0호
게이지 무늬뜨기 20코 22단

넥워머

1 6mm대바늘을 사용하여 일반코잡기로 160코를 잡아 둘레뜨기
로 2×2고무뜨기로 62단을 뜬다.

2 2코를 한꺼번에 뜨는 방법으로 160코를 80코로 줄인다.

3 1×1고무뜨기로 42단을 뜬 후 코막음하여 마무리한다.

4 7/0호코바늘로 짧은뜨기 1단을 뜬 후 코바늘 무늬뜨기로 마무
리한다.

코바늘무늬뜨기

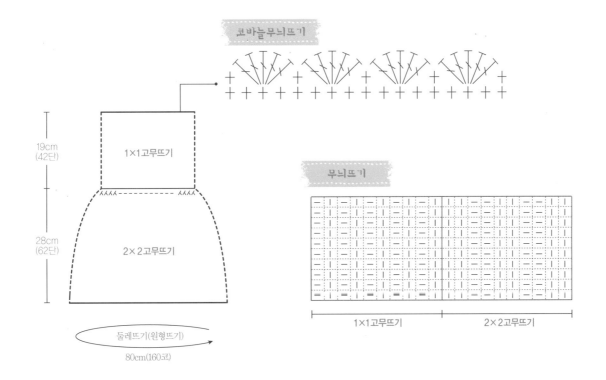

19cm
(42단)

1×1고무뜨기

28cm
(62단)

2×2고무뜨기

둘레뜨기(원형뜨기)

80cm(160코)

무늬뜨기

1×1고무뜨기   2×2고무뜨기

앞트임 폴로형 풀오버

S 사이즈

완성치수	옷길이 60cm, 가슴둘레 104cm, 소매길이 56cm
재료	스타메트위드사 530g, 대바늘 4.5mm 5mm 5.5mm, 돗바늘, 단추 3개
게이지	메리야스뜨기 17코×22단, 무늬뜨기 17.5코 22단

> h o w   t o   m a k e

뒤판뜨기

1 4.5mm대바늘을 사용하여 일반코잡기로 90코를 잡아 2×2 고무뜨기로 17단을 뜬다.

2 5.5mm대바늘로 바꾸어 5코를 균등하게 분산하여 늘려주면서 도안과 같이 무늬뜨기를 한다.

3 무늬를 넣어가며 64단을 뜬 후 진동 6코를 코막음한다. 48단을 뜬 후 어깨코는 29코를 뜨고 뒤로 돌려 도안과 같이 2-2-1, 1-1-2로 뒷목둘레 줄임을 하고 남은 25코를 쉼코로 둔다.

4 목둘레는 첫코에 새 실을 걸어 25코를 코막음하고 왼쪽 어깨도 ③번과 같은 방법으로 줄여주고 25코가 남으면 쉼코로 둔다.

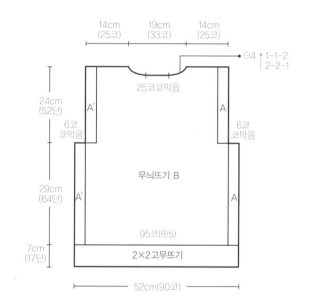

앞판뜨기

1 4.5mm대바늘을 사용하여 일반코잡기로 90코를 잡아 2×2 고무뜨기로 17단을 뜬다.

2 5.5mm대바늘로 바꾸어 5코를 균등하게 분산하여 늘려주면서 도안과 같이 무늬뜨기를 한다.

3 무늬를 넣어가며 64단을 뜬 후 진동 6코를 코막음한 후 6단을 뜬다.

4 오른쪽 39코를 무늬를 넣어가며 28단을 뜬 후 도안과 같이 14코를 줄이고 평뜨기로 6단을 더 뜬 후 남은 어깨코 25코를 쉼코로 둔다.

5 남은 첫코에 실을 걸어 5코를 코막음하고 오른쪽과 같은 방법으로 왼쪽을 뜬 후 남은코는 쉼코로 둔다.

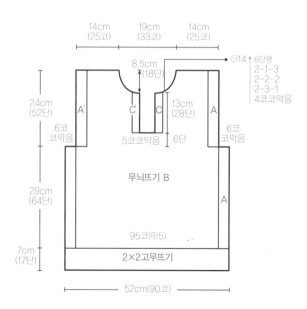

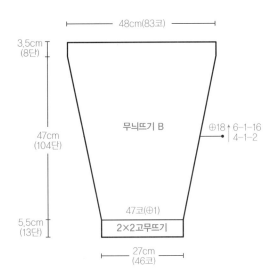

48cm(83코)

3.5cm
(8단)

47cm
(104단)

무늬뜨기 B

⊕18↑ 6-1-16
●1   4-1-2

5.5cm
(13단)

47코(⊕1)

2×2고무뜨기

27cm
(46코)

칼라뜨기

3.5cm(8단)	5.5mm 대바늘	
5cm(12단)	5mm 대바늘	2×2고무뜨기
2.5cm(6단)	4.5mm 대바늘	

목둘레에서 96코를 잡는다.

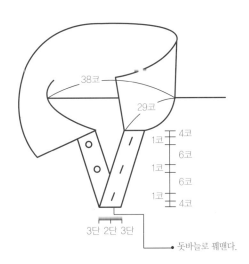

38코

29코

1코 4코
6코
1코 6코
1코 4코

3단 2단 3단

● 돗바늘로 꿰맨다.

소매뜨기

1 4.5mm대바늘을 사용하여 일반코잡기로 46코를 잡아 2×2 고무뜨기로 13단을 뜬다.

2 5.5mm대바늘로 바꾸어 1코를 늘리고 무늬뜨기를 하면서 양 옆을 도안과 같이 18코씩 늘리고 83코가 되면 8단을 뜬 후 코막음한다.

3 같은 방법으로 소매 한 장을 더 뜬다.

마무리하기

1 앞·뒤판을 겉과 겉끼리 마주대고 어깨코를 코막음하여 잇는다.

2 몸판옆선과 소매옆선을 돗바늘을 이용해 각각 꿰맨다.

3 4.5mm대바늘로 양쪽 여밈에서 23코씩 주워 2×2고무뜨기로 8단을 뜬 뒤 코막음한다. 이때 왼쪽 4단째 위부터 4코, 6코, 6코, 4코 사이에 1코 단춧구멍 3개를 만든다.

4 왼쪽 여밈이 위로 오게 하며 겹쳐지는 여밈단 밑부분을 돗바늘로 꿰맨다.

5 오른쪽 앞여밈에 단추를 단다.

6 칼라는 4.5mm대바늘로 앞목둘레에서 좌우 각 29코씩, 뒷목둘레에서 38코를 주워 4.5mm대바늘로 6단, 5mm대바늘로 12단, 5.5mm대바늘로 8단을 2×2고무뜨기로 뜬 뒤 코막음한다.

7 소매를 몸판의 진동에 맞추어 돗바늘로 꿰매 붙인다.

무늬뜨기 B

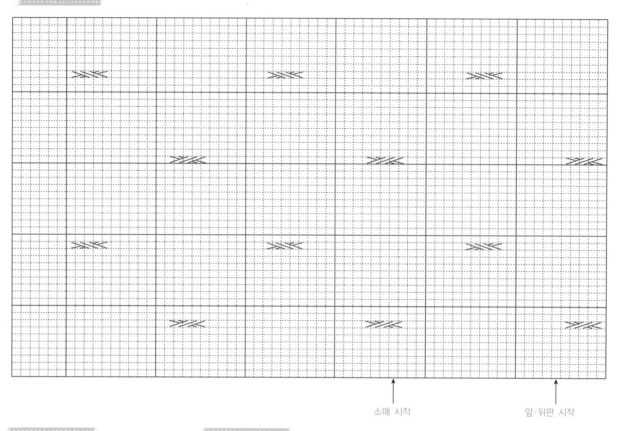

소매 시작

앞·뒤판 시작

무늬뜨기 C

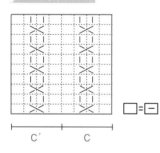

C´ C

□ = ─

무늬뜨기 A

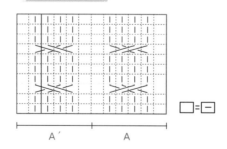

A´ A

□ = ─

메리야스뜨기 게이지 = 17코, 22단

뒤판

① **뒤판시작** (52cm×1.7코)+시접코 2코 = 90코

② **밑단** (7cm×2.2단)×1.1 = 17단

③ **옆선** 29cm×2.2단 = 64단

④ **진동길이** 24cm×2.2단 = 52단

　 줄임코수 (95코−83코)÷2 = 6코 코막음

⑤ **뒷목줄임** 19cm×1.7코 = 33코,　2cm×2.2단 = 4단

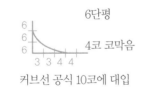

중심리리　16코　　 ⵉ 4단　4단에 4코 줄임 ⌈1-1-2
　　　　4 4 4　　　　　　　　　　　　 ⌊2-2-1

코막음

앞판

①~④ 뒤판과 동일

⑤ **앞단트임** 3cm×1.7코 = 5코 코막음

　 앞단길이 13cm×2.2단 = 28단

⑥ **앞목줄임** (33코−5코)÷2 = 14코,　8.5cm×2.2단 = 18단

　　　　18단에서 14코 줄임 → 12단에서 10코 줄임

6　　　　　　　6단평
6
6　　　　　　　4코 코막음
　3 3 4 4

커브선 공식 10코에 대입

4 . 3 . 2 . 1

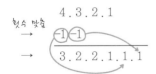

헛수 맞춤
→　−1−1
→　3.2.2.1.1.1

정리하면 ⌈ 6단평
　　　　├ 2-1-3
　　　　├ 2-2-2
　　　　├ 2-3-1
　　　　⌊ 4코 코막음

소매

① **소매시작** (27cm×1.7코)+시접코 2코 = 46코

② **밑단** (5.5cm×2.2단)×1.1 = 13단

③ **소매옆선** 47cm×2.2단 = 104단

　 평단분 (코막음과 같은 3.5cm로 계산)　3.5cm×2.2단 = 10단

　 소매너비 (48cm×1.7코)+시접코 2코 = 83코

　 늘림코수 (83코−47코)÷2 = 18코

　　 104단에서 18코 늘림(평단분을 미리 계산, 평단분을 더하지 않는다)

＊ **짝수단 계산**

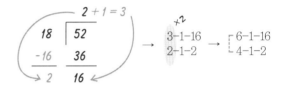

2 + 1 = 3

18 ⌐52　　　　　　×2
−16 ⌐36　　→　3-1-16　→　⌈6-1-16
　　2 ⌐16　　　　　2-1-2　　　⌊4-1-2

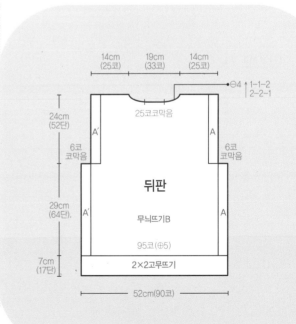

14cm (25코)　19cm (33코)　14cm (25코)

⊖4 ↑1-1-2
　　2-2-1

25코막음

24cm (52단)

A'　　　A

6코 코막음　　　6코 코막음

뒤판

무늬뜨기B

29cm (64단)

A'　　　A

95코(⊕5)

7cm (17단)　2×2고무뜨기

52cm(90코)

게이지산출

앞트임 폴로형 풀오버

M 사이즈

완성치수 옷길이 64cm, 가슴둘레 108cm, 소매길이 57cm
재료 스타메트위드사 550g, 대바늘 4.5mm 5mm 5.5mm, 돗바늘, 단추 3개
게이지 메리야스뜨기 17코×22단, 무늬뜨기 17.5코 22단

> h o w   t o   m a k e

뒤판뜨기

1 4.5mm대바늘을 사용하여 일반코잡기로 94코를 잡아 2×2
　고무뜨기로 17단을 뜬다.

2 5.5mm대바늘로 바꾸어 5코를 균등하게 분산하여 늘려주면
　서 도안과 같이 무늬뜨기를 한다.

3 무늬를 넣어가며 72단을 뜬 후 진동 8코를 코막음한다. 50단
　을 뜬 후 어깨코는 29코를 시작으로 뒤로 돌려 도안과 같이
　2-2-1, 1-1-2로 뒷목둘레 줄임을 하고 남은 25코를 쉼코로
　둔다.

4 목둘레는 첫코에 새 실을 걸어 25코를 코막음하고 왼쪽 어깨
　도 ③번과 같은 방법으로 줄이고 25코가 남으면 쉼코로 둔다.

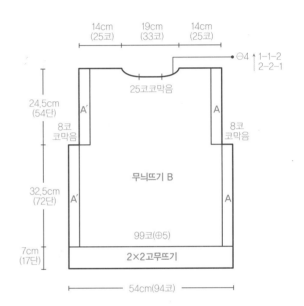

앞판뜨기

1 4.5mm대바늘을 사용하여 일반코잡기로 94코를 잡아 2×2
　고무뜨기로 17단을 뜬다.

2 5.5mm대바늘로 바꾸어 5코를 균등하게 분산하여 늘려주면
　서 도안과 같이 무늬뜨기를 한다.

3 무늬를 넣어가며 72단을 뜬 후 진동 8코를 코막음한 후 8단
　을 뜬다.

4 오른쪽 39코를 무늬를 넣어가며 28단을 뜬 후 도안과 같이
　14코를 줄이고 평뜨기로 6단을 더 뜬 후 남은 어깨코 25코를
　쉼코로 둔다.

5 남은 첫코에 실을 걸어 5코 코막음을 하고 오른쪽과 같은 방
　법으로 왼쪽을 뜬 후 남은코는 쉼코로 둔다.

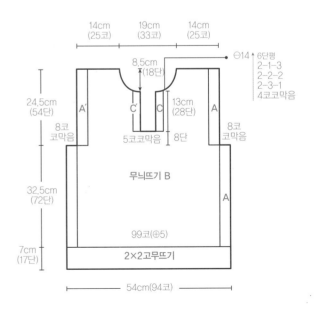

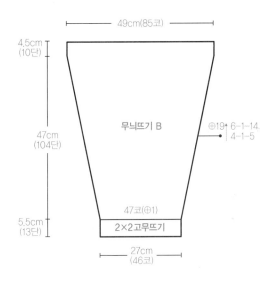

49cm(85코)

4.5cm
(10단)

47cm
(104단)

무늬뜨기 B

⊕19 6-1-14
4-1-5

5.5cm
(13단)

47코(⊕1)

2×2고무뜨기

27cm
(46코)

칼라뜨기

3.5cm(8단) | 5.5mm 대바늘
5cm(12단) | 5mm 대바늘 | 2×2고무뜨기
2.5cm(6단) | 4.5mm 대바늘

목둘레에서 96코 잡는다.

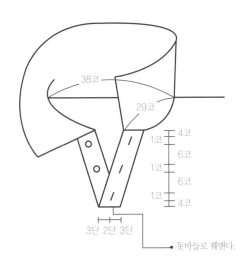

38코

29코

1코 ┤ 4코
1코 ┤ 6코
1코 ┤ 6코
1코 ┤ 4코

3단 2단 3단

● 돗바늘로 꿰맨다.

소매뜨기

1 4.5mm대바늘을 사용하여 일반코잡기로 46코를 잡아 2×2 고무뜨기로 13단을 뜬다.

2 5.5mm대바늘로 바꾸어 1코를 늘리고 무늬뜨기를 하면서 양 옆을 도안과 같이 19코씩 늘리고 85코가 되면 10단을 뜬 후 코막음한다.

3 같은 방법으로 소매 한 장을 더 뜬다.

마무리하기

1 앞·뒤판을 겉과 겉끼리 마주대고 어깨코를 코막음하여 잇 는다.

2 몸판옆선과 소매옆선을 돗바늘을 이용해 각각 꿰맨다.

3 4.5mm대바늘로 양쪽 여밈에서 23코씩 주워 2×2고무뜨기 로 8단을 뜬 뒤 코막음한다. 이때 왼쪽 4단째 위부터 4코, 6코, 6코, 4코 사이에 1코 단춧구멍 3개를 만든다.

4 왼쪽 여밈이 위로 오게 하며 겹쳐지는 여밈단 밑부분을 돗바 늘로 꿰맨다.

5 오른쪽 앞여밈에 단추를 단다.

6 칼라는 4.5mm대바늘로 앞목둘레에서 좌우 각 29코씩, 뒷목 둘레에서 38코를 주워 4.5mm대바늘로 6단, 5mm대바늘로 12단, 5.5mm대바늘로 8단을 2×2고무뜨기로 뜬 뒤 코막음 한다.

7 소매를 몸판의 진동에 맞추어 돗바늘로 꿰매 붙인다.

무늬뜨기 B

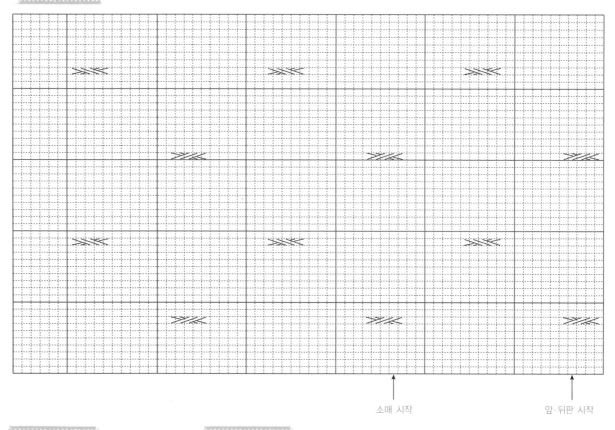

소매 시작   앞·뒤판 시작

무늬뜨기 C

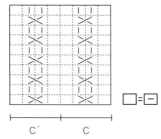

□ = ⊟

C′   C

무늬뜨기 A

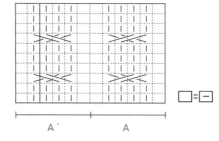

□ = ⊟

A′   A

메리야스뜨기 게이지 = 17코, 22단

뒤판

① **뒤판시작** (54cm×1.7코)+시접코 2코=94코

② **밑단** (7cm×2.2단)×1.1=17단

③ **옆선** 32.5cm×2.2단=72단

④ **진동길이** 24.5cm×2.2단=54단

  줄임코수 (99코−83코)÷2=8코 코막음

⑤ **뒷목줄임** 19cm×1.7코=33코, 2cm×2.2단 = 4단

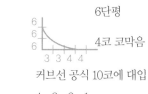

종심리ㅣ2   16코

ㅣ 4단 4단에 4코 줄임 ┌1-1-2
                          └2-2-1

코막음

앞판

①~④ 뒤판과 동일

⑤ **앞단트임** 3cm×1.7코=5코 코막음

  앞단길이 13cm×2.2단=28단

⑥ **앞목줄임** (33코−5코)÷2=14코, 8.5cm×2.2단=18단

  18단에서 14코 줄임 → 12단에서 10코 줄임

6단평

6
6
6

3 3 4 4

4코 코막음

커브선 공식 10코에 대입

4 . 3 . 2 . 1

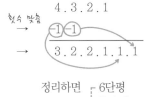

헛수 맞춤

→ -1 -1

→ 3 . 2 . 2 . 1 . 1 . 1

정리하면 ┌ 6단평
         │ 2-1-3
         │ 2-2-2
         │ 2-3-1
         └ 4코 코막음

소매

① **소매시작** (27cm×1.7코)+시접코 2코=46코

② **밑단** (5.5cm×2.2단)×1.1=13단

③ **소매옆선** 47cm×2.2단=104단

  평단분(코막음과 같은 4.5cm로 계산) 4.5cm×2.2단=10단

  소매너비 (49cm×1.7코)+시접코 2코=85코

  늘림코수 (85코−47코)÷2=19코

    104단에서 19코 늘림(평단분을 미리 계산,
              평단분을 더하지 않는다)

* 짝수단 계산

```
            2 + 1 = 3
    19 │ 52                    ×2
   −14   38        →    3-1-14   →   ┌ 6-1-14
   ─────  ──             2-1-5       └ 4-1-5
     5    14
```

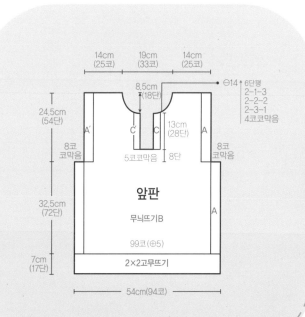

14cm
(25코)
19cm
(33코)
14cm
(25코)

8.5cm
(18단)

24.5cm
(54단)

8코
코막음

A'   C C   13cm
(28단)   A

8코
코막음

5코코막음   8단

32.5cm
(72단)

앞판

무늬뜨기B

99코(⊕5)

7cm
(17단)

2×2고무뜨기

54cm(94코)

⊖14 6단평
      2-1-3
      2-2-2
      2-3-1
      4코코막음

게이지 산출

앞트임 폴로형 풀오버

L 사이즈

완성치수　옷길이 66cm, 가슴둘레 112cm, 소매길이 59cm
재료　　　스타메트위드사 600g, 대바늘 4.5mm 5mm 5.5mm, 돗바늘, 단추 3개
게이지　　메리야스뜨기 17코×22단, 무늬뜨기 17.5코 22단

h o w t o m a k e

뒤판뜨기

1 4.5mm대바늘을 사용하여 일반코잡기로 96코를 잡아 2×2 고무뜨기로 17단을 뜬다.

2 5.5mm대바늘로 바꾸어 5코를 균등하게 분산하여 늘려주면서 도안과 같이 무늬뜨기를 한다.

3 무늬를 넣어가며 76단을 뜬 후 진동 9코를 코막음한다. 52단을 뜬 후 어깨코는 29코를 시작으로 뒤로 돌려 도안과 같이 2-2-1, 1-1-2로 뒷목둘레 줄임을 하고 남은 25코는 쉼코로 둔다.

4 목둘레는 첫코에 새 실을 걸어 25코를 코막음하고 왼쪽 어깨도 ③번과 같은 방법으로 줄이고 25코가 남으면 쉼코로 둔다.

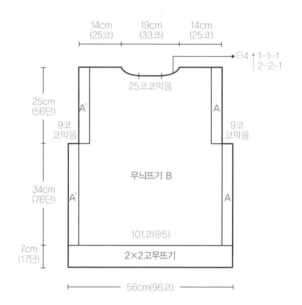

앞판뜨기

1 4.5mm대바늘을 사용하여 일반코잡기로 96코를 잡아 2×2 고무뜨기로 17단을 뜬다.

2 5.5mm대바늘로 바꾸어 5코를 균등하게 분산하여 늘려주면서 도안과 같이 무늬뜨기를 한다.

3 무늬를 넣어가며 76단을 뜬 후 진동 9코를 코막음한 후 10단을 뜬다.

4 오른쪽 39코를 무늬를 넣어가며 28단을 뜬 후 도안과 같이 14코를 줄이고 평뜨기로 6단을 더 뜬 후 남은 어깨코 25코를 쉼코로 둔다.

5 남은 첫코에 실을 걸어 5코 코막음을 하고 오른쪽과 같은 방법으로 왼쪽을 뜬 후 남은코는 쉼코로 둔다.

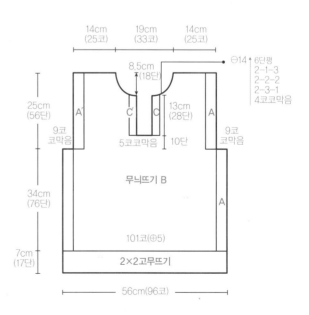

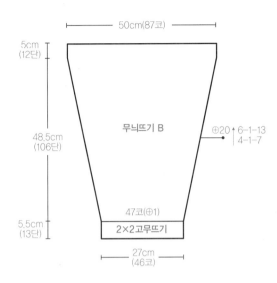

50cm(87코)

5cm
(12단)

무늬뜨기 B

⊕20 → 6-1-13
4-1-7

48.5cm
(106단)

5.5cm
(13단)

47코(⊕1)

2×2고무뜨기

27cm
(46코)

칼라뜨기

3.5cm(8단)　5.5mm 대바늘
5cm(12단)　5mm 대바늘　2×2고무뜨기
2.5cm(6단)　4.5mm 대바늘

목둘레에서 96코 잡는다.

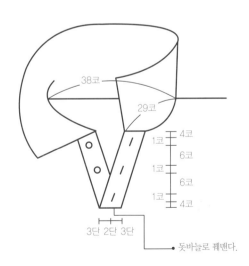

38코

29코

1코 ┤ 4코
　　6코
1코 ┤ 6코
　　4코
1코 ┤

3단 2단 3단

● 돗바늘로 꿰맨다.

소매뜨기

1 4.5mm대바늘을 사용하여 일반코잡기로 46코를 잡아 2×2 고무뜨기로 13단을 뜬다.

2 5.5mm대바늘로 바꾸어 1코를 늘리고 무늬뜨기를 하면서 양 옆을 도안과 같이 20코씩 늘리고 87코가 되면 12단을 뜬 후 코막음한다.

3 같은 방법으로 소매 한 장을 더 뜬다.

마무리하기

1 앞·뒤판을 겉과 겉끼리 마주대고 어깨코를 코막음하여 잇는다.

2 몸판옆선과 소매옆선을 돗바늘을 이용해 각각 꿰맨다.

3 4.5mm대바늘로 양쪽 여밈에서 23코씩 주워 2×2고무뜨기로 8단을 뜬 뒤 코막음한다. 이때 왼쪽 4단째 위부터 4코, 6코, 6코, 4코 사이에 1코 단춧구멍 3개를 만든다.

4 왼쪽 여밈이 위로 오게 하며 겹쳐지는 여밈단 밑부분을 돗바늘로 꿰맨다.

5 오른쪽 앞여밈에 단추를 단다.

6 칼라는 4.5mm대바늘로 앞목둘레에서 좌우 각 29코씩, 뒷목 둘레에서 38코를 주워 4.5mm대바늘로 6단, 5mm대바늘로 12단, 5.5mm대바늘로 8단을 2×2고무뜨기로 뜬 뒤 코막음한다.

7 소매를 몸판의 진동에 맞추어 돗바늘로 꿰매 붙인다.

무늬뜨기 B

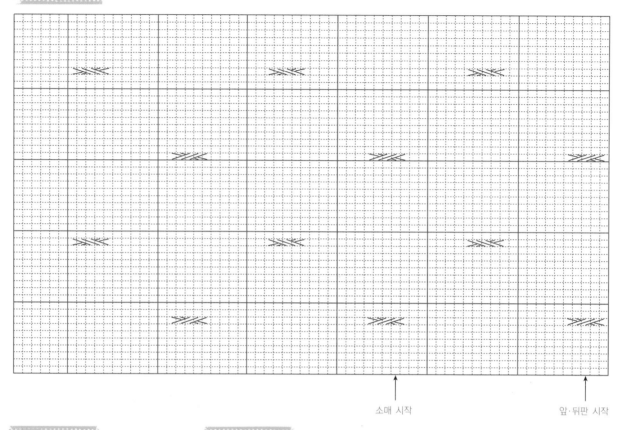

소매 시작

앞·뒤판 시작

무늬뜨기 C

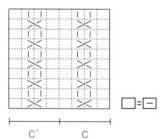

□ = □

C′   C

무늬뜨기 A

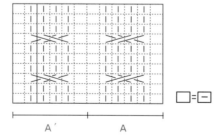

□ = □

A′   A

메리야스뜨기 게이지 = 17코, 22단

뒤판

① **뒤판시작** (56cm×1.7코)+시접코 2코＝96코

② **밑단** (7cm×2.2단)×1.1＝17단

③ **옆선** 34cm×2.2단＝76단

④ **진동길이** 25cm×2.2단＝56단

　줄임코수 (101코-83코)÷2＝9코 코막음

⑤ **뒷목줄임** 19cm×1.7코＝33코,　2cm×2.2단 = 4단

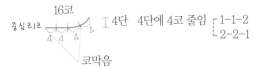

앞판

①~④ 뒤판과 동일

⑤ **앞단트임** 3cm×1.7코＝5코 코막음

　앞단길이 13cm×2.2단＝28단

⑥ **앞목줄임** (33코-5코)÷2＝14코,　8.5cm×2.2단＝18단

　　18단에서 14코 줄임 → 12단에서 10코 줄임

　　커브선 공식 10코에 대입

　　4 . 3 . 2 . 1

　　홧수 맞춤

　　3 . 2 . 2 . 1 . 1 . 1

　정리하면　6단평
　　　┌ 2-1-3
　　　│ 2-2-2
　　　│ 2-3-1
　　　└ 4코 코막음

소매

① **소매시작** (27cm×1.7코)+시접코 2코＝46코

② **밑단** (5.5cm×2.2단)×1.1＝13단

③ **소매옆선** 48.5cm×2.2단＝106단

　평단분(코막음코와 같은 5cm로 계산) 5cm×2.2단＝12단

　소매너비 (50cm×1.7코)+시접코 2코＝87코

　늘림코수 (87코-47코)÷2＝20코

　　106단에서 20코 늘림(평단분을 미리 계산,
　　　　　　　　　　　　평단분을 더하지 않는다)

＊ **짝수단 계산**

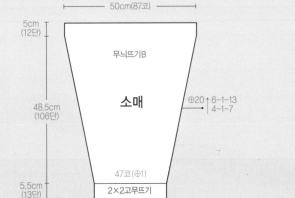

무늬뜨기B

50cm(87코)

5cm
(12단)

소매

48.5cm
(106단)

⊕20 6-1-13
　　 4-1-7

5.5cm
(13단)

47코 (⊕1)

2×2고무뜨기

27cm
(46코)

중급단계

중급단계에서는 되돌아뜨기와 주머니 내기, 라운드계산법 등을 익혀야 한다. 앞판의 무늬를 살려서 작품의 브이넥 부분을 줄일 수 있고, 두 코씩 겹쳐 진동을 줄일 수 있으며, 스퀘어넥을 만들 수 있고, 앞트임을 만들 수 있어야 한다. 카디건의 후드부분을 디테일하게 만드는 법과 모티브 한 장의 크기로 사이즈를 자유자재로 바꾸는 실력도 기르게 된다.

집업스타일 후드카디건

S 사이즈

완성치수 옷길이 58cm, 가슴둘레 92cm, 소매길이 54cm
재료 노빌레사 아이보리 380g 진핑크 250g 블랙 25g, 빔사 체리핑크 25g
대바늘 3.5mm 4.0mm 4.5mm, 무지개 플라스틱 지퍼 110cm
게이지 메리야스뜨기 21코×34단

› h o w   t o   m a k e

뒤판뜨기

1 4mm대바늘을 사용하여 나중에 풀어낼 실로 50코를 잡는다. 노빌레사 진핑크로 끌어올리기 고무단코잡기로 98코를 만든다. 시작과 끝은 모두 겉뜨기로 2코가 되게 하고 진핑크, 블랙, 진핑크 순서로 배색을 넣으면서 2×2고무뜨기로 30단을 뜬다.

2 4.5mm대바늘로 바꾸어 뒤판의 무늬로 진핑크, 아이보리, 진핑크 순서로 배색을 넣으면서 무늬뜨기로 98단을 뜬다. 이때 도안과 같이 4코 줄이고, 다시 4코를 늘리면서 뜬다.

3 양옆 진동은 도안과 같이 13코씩 줄이면서 62단을 뜬다.

4 어깨코는 24코를 뜬 후 뒤로 돌려 2-2-2, 2단평으로 줄이고 도안과 같이 어깨경사뜨기를 한다. 남은 코는 쉼코로 둔다.

5 목둘레 첫코에 새 실을 걸어 24코 코막음을 하고 오른쪽과 대칭이 되게 뜬다. 남은코는 쉼코로 둔다.

앞판뜨기

1 4mm대바늘을 사용하여 나중에 풀어낼 실로 26코를 잡는다. 노빌레사 진핑크로 끌어올리기 고무단코잡기로 51코를 만든다.

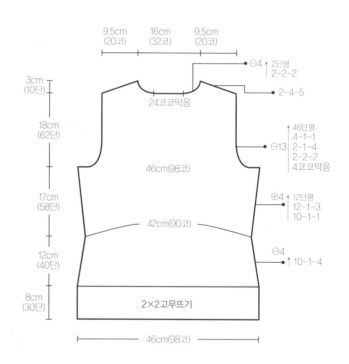

9.5cm (20코)　16cm (32코)　9.5cm (20코)

3cm (10단)

18cm (62단)

17cm (58단)

12cm (40단)

8cm (30단)

⊖4 ↑2단평 2-2-2

2-4-5

24코코막음

↑46단평 4-1-1 2-1-4 2-2-2 4코코막음
⊖13

46cm(98코)

⊕4 ↑12단평 12-1-3 10-1-1

42cm(90코)

⊖4 ↑10-1-4

2×2고무뜨기

46cm(98코)

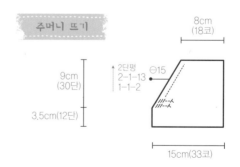

주머니 뜨기

8cm (18코)

9cm (30단)

2단평 2-1-13 1-1-2
⊖15

3.5cm(12단)

15cm(33코)

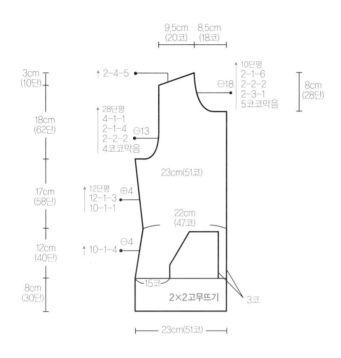

3cm
(10단)

18cm
(62단)

17cm
(58단)

12cm
(40단)

8cm
(30단)

9.5cm
(20코)

8.5cm
(18코)

↑2-4-5

↑28단평
4-1-1
2-1-4
2-2-2
4코코막음

⊖13

↑12단평
12-1-3
10-1-1

⊕4

↑10-1-4

⊖4

10단평
2-1-6
2-2-2
2-3-1
5코코막음

8cm
(28단)

⊖18

23cm(51코)

22cm
(47코)

15코

2×2고무뜨기

3코

23cm(51코)

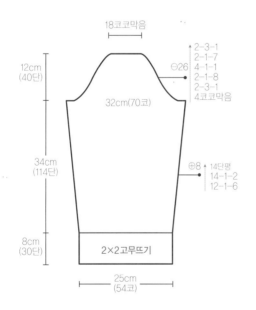

12cm
(40단)

34cm
(114단)

8cm
(30단)

18코코막음

2-3-1
2-1-7
4-1-1
2-1-8
2-3-1
4코코막음

⊖26

32cm(70코)

⊕8

↑14단평
14-1-2
12-1-6

2×2고무뜨기

25cm
(54코)

2 앞섶 쪽은 겉뜨기 3코, 옆선은 겉뜨기 2코가 되게 하고, 뒤판과 같이 배색을 넣으면서 2×2고무뜨기로 30단을 뜬다.

3 4.5mm대바늘로 바꾸어 전체코로 주머니 깊이만큼 12단을 뜬다. 12단을 뜬 후 도안과 같이 주머니 사선 줄임을 하고 남은 18코는 안전핀에 걸어둔다.

4 주머니속은 중심부터 3코 남기고 4코째부터 총 33코를 주워 12단을 뜬 후 옆선의 남겨놓은 15코와 합쳐 주머니단만큼 30단을 뜬다.

5 주머니 안과 겉을 합쳐 하나의 코로 만들어 진동 전까지 뜬다.

6 진동은 도안과 같이 13코를 줄이고, 44단까지 더 뜬다. 45단째부터 앞목줄임을 한다. 앞목줄임은 5코코막음, 2-3-1, 2-2-2, 2-1-6, 10단평으로 줄임을 한다. 이때 동시에 어깨경사뜨기를 진행한다. 남은 코는 쉼코로 둔다.

7 같은 방법으로 대칭이 되게 한 장을 더 뜬다.

소매뜨기

1 4mm대바늘을 사용하여 나중에 풀어낼 실로 28코를 잡는다. 노빌레사 진핑크로 끌어올리기 고무단코잡기로 54코를 만든다. 시작과 끝은 겉뜨기 2코가 되게 한다.

2 4.5mm대바늘로 바꾸어 진핑크, 블랙, 진핑크 순서로 배색을 넣으면서 2×2고무뜨기로 30단을 뜬다.

3 30단을 뜬 후 소매무늬의 코수로 배열하여 진핑크, 아이보리, 진핑크 배색의 순서와 단수대로 114단을 뜬다.

4 소매산은 도안과 같이 양옆을 26코씩 줄이고 남은 18코는 코막음한다.

5 같은 방법으로 한 장을 더 뜬다.

후드뜨기

1 몸판의 앞목에서 좌우 각 21코씩, 뒷목에서 30코, 총 72코를 주워 배색을 넣으면서 메리야스뜨기로 112단을 뜬다. 뜨면서 도안과 같이 코늘림과 코줄임, 되돌아뜨기를 한다.

2 후드가 완성되면 반을 접어 맞대고 메리야스 잇기로 잇는다.

3 시접선을 감추기 위해 후드에서 목 부분 코를 주워서 안단을 만들어 준다. 안단은 후드의 코를 잡은 안쪽 코에서 코를 잡는다. 똑같이 72코를 잡아 6단을 뜨고 본코와 안쪽코를 함께 떠서 72코를 만들어 후드뜨기를 하면 된다.

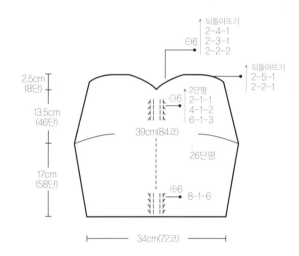

마무리하기

1 앞·뒤판의 겉과 겉을 맞대고 어깨코를 코막음하여 잇는다.

2 앞판과 뒤판의 옆선을 돗바늘로 잇는다.

3 소매옆선을 돗바늘로 연결하여 원통형으로 만들어 준다.

4 몸판의 진동에 소매를 잘 맞추어 코바늘 빼뜨기로 연결한다.

5 4mm대바늘로 앞단과 후드단은 전체둘레에서 446코를 잡아 2×2고무뜨기로 진핑크 3단, 검정 2단, 진핑크 3단을 뜬 후 돗바늘로 마무리한다.

6 앞단과 후드단의 안단은 빔사로 3.5mm바늘을 사용하여 안쪽 부분을 보고 코를 주워 메리야스뜨기로 8단을 뜬 후 코막음한다.

7 지퍼는 앞단과 안단 사이에 넣어 꿰맨다.

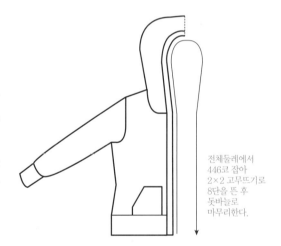

전체둘레에서
446코 잡아
2×2 고무뜨기로
8단을 뜬 후
돗바늘로
마무리한다.

몸판무늬뜨기

소매 시작　　앞·뒤판 시작

배색 순서

몸판 (170단)

아이보리	8단
핑크	2단
아이보리	18단
핑크	2단
아이보리	16단
핑크	2단
아이보리	14단
핑크	2단
아이보리	12단
핑크	2단
아이보리	10단
핑크	2단
아이보리	8단
핑크	2단
아이보리	6단
핑크	2단
아이보리	4단
핑크	2단 } 5번 반복
아이보리	2단
핑크	4단
아이보리	2단
핑크	6단
아이보리	2단
핑크	8단
아이보리	2단
핑크	10단
아이보리	2단
핑크	2단

밑단 (30단)

핑크	16단
검정	2단
핑크	2단
검정	2단
핑크	8단

소매 (154단)

아이보리	12단
핑크	2단
아이보리	14단
핑크	2단
아이보리	12단
핑크	2단 } 2번 반복
아이보리	10단
핑크	2단
아이보리	8단
핑크	2단
아이보리	6단
핑크	2단
아이보리	4단
핑크	2단 } 3번 반복
아이보리	2단
핑크	4단
아이보리	2단
핑크	6단
아이보리	2단
핑크	8단
아이보리	2단
핑크	10단
아이보리	2단
핑크	12단
아이보리	2단

밑단 (30단)

핑크	16단
검정	2단
핑크	2단
검정	2단
핑크	8단

후드 (112단)

아이보리	14단
핑크	2단
아이보리	14단
핑크	2단
아이보리	14단
핑크	2단
아이보리	14단
핑크	2단
아이보리	14단
핑크	2단
아이보리	14단
핑크	2단

진행방향

진행방향

메리야스뜨기 게이지 = 21코, 34단

뒤판

① **뒤판시작** (46cm×2.1코)+시접코 2코=98코

② **밑단** (8cm×34단)×1.1=30단

③ **옆선** 12cm×3.4단=40단, 17cm×3.4단=58단

　　허리선코수 (42cm×2.1코)+시접코 2코=90코

　　줄임코수 (98코-90코)÷2=4코, 40단에 4코 줄임

$$4 \overline{\smash)40} \quad \begin{array}{c} 10 \\ \hline 40 \\ \hline 0 \end{array} \rightarrow 10\text{-}1\text{-}4$$

　　가슴둘레코수 (46cm×2.1코)+시접코 2코=98코

　　늘림코수 (98코-90코)÷2=4코, 58단에 4코 늘림

* 짝수단 계산

$$5+1=6$$
$$4\boxed{+1}\overline{\smash)29} \quad -4 \quad \overline{25} \quad 1 \quad 4\boxed{-1}=3$$
$$\rightarrow \begin{array}{l} 6단평 \\ 6\text{-}1\text{-}3 \\ 5\text{-}1\text{-}1 \end{array} \xrightarrow{\times 2} \begin{array}{l} 12단평 \\ 12\text{-}1\text{-}3 \\ 10\text{-}1\text{-}1 \end{array}$$

④ **진동길이** 18cm×3.4단=62단

　　줄임코수 (98코-72코)÷2=13코

* 진동줄임 계산

$$13코 \times \frac{1}{3} = 4코 \rightarrow 4코 코막음 \rightarrow 4코 코막음$$
$$-4$$

$$9코 \times \frac{1}{2} = 4코 \rightarrow 1\text{-}1\text{-}4 \rightarrow 2\text{-}2\text{-}2$$
$$-4$$

$$5코 \times \frac{2}{3} = 3코 \rightarrow 2\text{-}1\text{-}3 \rightarrow 2\text{-}1\text{-}3$$
$$-3$$

$$2 \qquad\qquad\qquad 2\text{-}1\text{-}1$$
$$\rightarrow 3\text{-}1\text{-}2 \rightarrow 4\text{-}1\text{-}1$$
$$\text{or } 4\text{-}1\text{-}2$$

정리하면　┌ 4-1-1
　　　　　├ 2-1-4
　　　　　├ 2-2-2
　　　　　└ 4코 코막음

⑤ **어깨경사** 3cm×3.4단=10단, 9.5cm×2.1코=20코

　　10단÷2=5회

　　20 ÷ 5 = 4 → 2-4-5

⑥ **뒷목줄임** 16cm×2.1코=32코, 2cm×3.4단=6단

16코　　　　　 ⊥6단　6단에 4코 줄임　┌ 2단평
　　　　　　　　　　　　　　　　　　└ 2-2-2
코막음

앞판

① **앞판시작** (23cm×2.1코)+시접코 2코=51코

② **밑단** (8cm×34단)×1.1=30단

③ **옆선** 12cm×3.4단=40단, 17cm×3.4단=58단

　　줄임코수 (22cm×2.1코)+시접코 2코=47코

　　　　　　51코-47코=4코, 40단에 4코 줄임

$$4 \overline{\smash)40} \quad \begin{array}{c} 10 \\ \hline 40 \\ \hline 0 \end{array} \rightarrow 10\text{-}1\text{-}4$$

　　늘림코수 (23cm×2.1코)+시접코 2코=51코

　　　　　　51코-47코=4코, 58단에 4코 늘림

* 짝수단 계산

$$5+1=6$$
$$4\boxed{+1}\overline{\smash)29} \quad -4 \quad \overline{25} \quad 1 \quad 4\boxed{-1}=3$$
$$\rightarrow \begin{array}{l} 6단평 \\ 6\text{-}1\text{-}3 \\ 5\text{-}1\text{-}1 \end{array} \xrightarrow{\times 2} \begin{array}{l} 12단평 \\ 12\text{-}1\text{-}3 \\ 10\text{-}1\text{-}1 \end{array}$$

④ **진동길이** 18cm×3.4단=62단

  줄임코수 (98코−72코)÷2=13코

✻ 진동줄임 계산은 뒤판과 동일

⑤ **어깨경사** 3cm×3.4단=10단, 9.5cm×2.1코=20코

  10단÷2=5회

  20 ÷ 5 = 4 → 2-4-5

⑥ **주머니** (15cm×2.1코)+시접코 2코=33코

  12.5cm×3.4단=42단

  줄임단수 42단−12단=30단−2단(2단 평단)=28단

  줄임코수 33코−18코=15코

  28단에서 15코 줄임

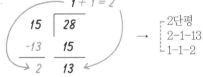

→ ⌈2단평
  ├2-1-13
  └1-1-2

⑦ **앞목줄임** 8cm×3.4단=28단, 8.5cm×2.1코=18코

  28단에 18코 줄임 → 18단에 13코 줄임

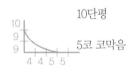

커브선 공식 10코에 대입

  4 . 3 . 2 . 1

13코 맞춤 → 4 . 3 . 2 . 1 1 1 1

힛수 맞춤 → 3 . 2 . 2 . 1 . 1 . 1 . 1 . 1 . 1 . 1

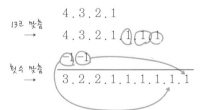

정리하면 ─ ⌈10단평
           ├2-1-6
           ├2-2-2
           ├2-3-1
           └5코 코막음

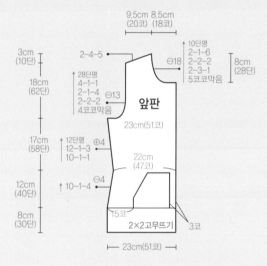

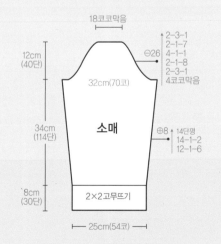

소매

① **소매시작** (25cm×2.1코)+시접코 2코=54코

② **밑단** (8cm×3.4단)×1.1=30단

③ **소매옆선** 34cm×3.4단=114단

　　소매너비 (32cm×2.1코)+시접코 2코=70코

　　늘림코수 (70코−54코)÷2=8코

　　　　　　114단에서 8코 늘림

＊ 짝수단 계산

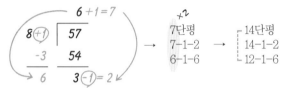

```
        6 +1 = 7              ×2
  8(+1) │ 57      →    7단평     →   14단평
    -3    54           7-1-2         14-1-2
  → 6     3(-1)= 2     6-1-6         12-1-6
```

④ **소매산길이** 12cm×3.4단=40단

　　소매산너비 70코×$\frac{1}{4}$=18코

　　줄임코수 (70코−18코)÷2=26코

　　　　　　40단에서 26코 줄임 → 30단에서 14코 줄임

18코 코막음　2-3-1
　　　　　　2-1-1

　　　　　　　　　2-1-1
　　　　　　　　　2-3-1
　　　　　　　　　4코 코막음 $<{1 \atop 3}$

＊ 짝수단 계산

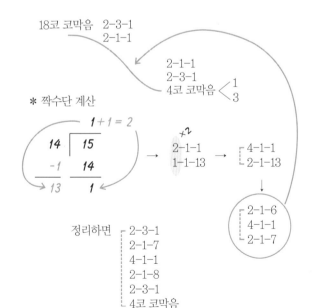

```
        1 +1 = 2
  14 │ 15        →    2-1-1     →   4-1-1
   -1   14            1-1-13        2-1-13
  → 13   1
```

　　　　　　　　　　　　↓

　　　　　　　　　　2-1-6
　　　　　　　　　　4-1-1
　　　　　　　　　　2-1-7

정리하면　2-3-1
　　　　　2-1-7
　　　　　4-1-1
　　　　　2-1-8
　　　　　2-3-1
　　　　　4코 코막음

후드

① **시작** (34cm×2.1코)+시접코 2코=72코

　　17cm×3.4단=58단

② **늘림** (39cm×2.1코)+시접코 2코=84코

　　(84코−72코)÷2=6코

　　58단에서 6코 늘림

＊ 짝수단 계산

```
        4 +1 = 5             ×2
  6(+1) │ 29      →   5단평     →   10단평
    -1    28          4-1-6         8-1-6
  → 6     1(-1)= 0
```

③ **줄임** 13.5cm×3.4단=46단−16단 (전체단의 $\frac{1}{3}$ 만큼 평단)=30단

　　30단에서 6코 줄임

　　완만하게 줄인다.

```
      5
  6 │ 30      →   5-1-6     →   2단평
      30                        2-1-1
      0                         4-1-2
                                6-1-3
```

늘림과 줄임을 정리하면　2단평
　　　　　　　　　　　2-1-1
　　　　　　　　　　　4-1-2
　　　　　　　　　　　6-1-3
　　　　　　　　　　　26단평
　　　　　　　　　　　8-1+6

되돌아뜨기　뒤쪽　2-4-1　　앞쪽　2-5-1
　　　　　　　　　2-3-1　　　　2-2-1
　　　　　　　　　2-2-2

집업스타일 후드카디건

M 사이즈

<u>완성치수</u>	옷길이 60cm, 가슴둘레 96cm, 소매길이 55cm
<u>재료</u>	노빌레사 아이보리 400g 진핑크 250g 블랙 25g, 빔사 체리핑크 25g
	대바늘 3.5mm 4.0mm 4.5mm, 무지개 플라스틱 지퍼 110cm
<u>게이지</u>	메리야스뜨기 21코×34단

h o w   t o   m a k e

뒤판뜨기

1 4mm대바늘을 사용하여 나중에 풀어낼 실로 52코를 잡는다. 노빌레사 진핑크로 끌어올리기 고무단코잡기로 102코를 만든다. 시작과 끝을 모두 겉뜨기로 2코가 되게 하고 진핑크, 블랙, 진핑크 순서로 배색을 넣으면서 2×2고무뜨기로 30단을 뜬다.

2 4.5mm대바늘로 바꾸어 뒤판의 무늬로 진핑크, 아이보리, 진핑크 순서로 배색을 넣으면서 무늬뜨기로 102단을 뜬다. 이때 도안과 같이 5코 줄이고, 다시 5코를 늘리면서 뜬다.

3 양옆 진동은 도안과 같이 12코씩을 줄이면서 64단을 뜬다.

4 어깨코는 26코를 뜬 후 뒤로 돌려 2-2-2, 2단평으로 줄이고 도안과 같이 어깨경사뜨기를 한다. 남은 코는 쉼코로 둔다.

5 목둘레 첫코에 새 실을 걸어 26코를 코막음하고 오른쪽과 대칭이 되게 뜬다. 남은코는 쉼코로 둔다.

앞판뜨기

1 4mm대바늘을 사용하여 나중에 풀어낼 실로 27코를 잡는다. 노빌레사 진핑크로 끌어올리기 고무단코잡기로 53코를 만든다.

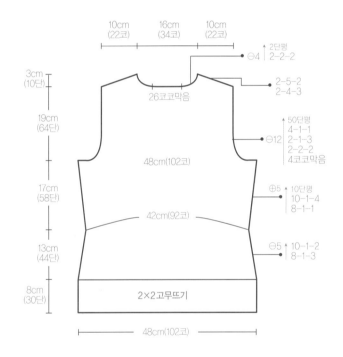

주머니 뜨기

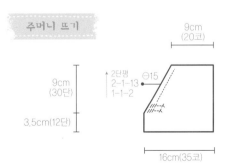

2 앞섶 쪽은 겉뜨기 3코, 옆선은 겉뜨기 2코가 되게 하고,
뒤판과 같은 배색을 넣으면서 2×2고무뜨기로 30단을
뜬다.

3 4.5mm대바늘로 바꾸어 전체코로 주머니 깊이만큼 12
단을 뜬다. 12단을 뜬 후 도안과 같이 주머니 사선줄임
을 하고 남은 20코는 안전핀에 걸어둔다.

4 주머니속은 중심부터 3코 남기고 4코째부터 총 35코를
주워 12단을 뜬 후 옆선의 남겨놓은 15코와 합쳐 주머
니단만큼 30단을 뜬다.

5 주머니 안과 겉을 합쳐 하나의 코로 만들어 진동 전까
지 뜬다.

6 진동은 도안과 같이 12코를 줄이고, 46단까지 뜬다. 47
단째부터 앞목줄임을 한다. 앞목줄임은 5코 코막음,
2-3-2, 2-2-1, 2-1-6, 10단평으로 줄인다. 이때 동시
에 어깨경사뜨기를 진행한다. 남은코는 쉼코로 둔다.

7 같은 방법으로 대칭이 되게 한 장을 더 뜬다.

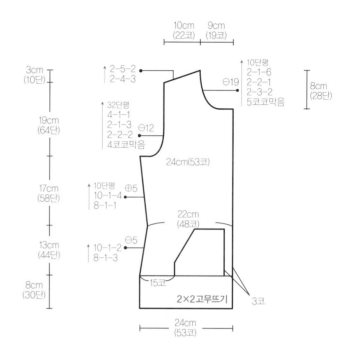

소매뜨기

1 4.5mm대바늘을 사용하여 나중에 풀어낼 실로 30코
를 잡는다. 노빌레사 진핑크로 끌어올리기 고무단코잡
기로 58코를 만든다. 시작과 끝이 겉뜨기 2코가 되게
한다.

2 4.5mm대바늘로 바꿔 진핑크, 블랙, 진핑크 순으로 배
색을 넣으며 2×2고무뜨기로 30단을 뜬다.

3 30단을 뜬 후 소매무늬의 코수로 배열하여 진핑크, 아이
보리, 진핑크의 배색 순서와 단수대로 114단을 뜬다.

4 소매산은 도안과 같이 양옆을 29코씩 줄이고 남은 20
코는 코막음한다.

5 같은 방법으로 한 장 더 뜬다.

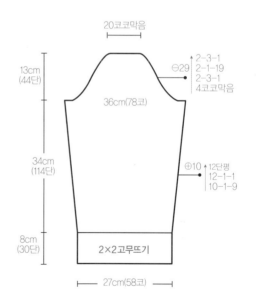

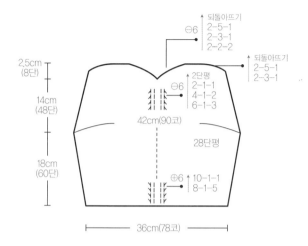

2.5cm
(8단)

14cm
(48단)

18cm
(60단)

⊖6 ↑되돌아뜨기
2-5-1
2-3-1
2-2-2

되돌아뜨기↗
2-5-1
2-3-1

2단평
2-1-1
4-1-2
6-1-3

⊖6

42cm(90코)

28단평

⊕6 ↑ 10-1-1
8-1-5

36cm(78코)

후드뜨기

1 몸판의 앞목에서 각각 23코씩, 뒷목에서 32코, 총 78코를 주워 배색을 하면서 메리야스뜨기로 116단을 뜬다. 뜨면서 도안과 같이 코늘림과 코줄임, 되돌아뜨기를 한다.

2 후드가 완성되면 반을 접어 맞대고 메리야스 잇기로 잇는다.

3 시접선을 감추기 위해 후드에서 목 부분 코를 주워서 안단을 만든다. 안단은 후드의 코를 잡은 안쪽코에서 코를 잡는다. 똑같이 78코를 잡아 6단을 뜨고 본코와 안쪽코를 함께 떠서 78코를 만들어 후드뜨기를 하면 된다.

마무리하기

1 앞·뒤판의 겉과 겉을 맞대고 어깨코를 코막음하여 잇는다.

2 앞판과 뒤판의 옆선을 돗바늘로 잇는다.

3 소매옆선을 돗바늘로 연결하여 원통형으로 만들어 준다.

4 몸판의 진동에 소매를 잘 맞추어 코바늘 빼뜨기로 연결한다.

5 4mm대바늘로 앞단과 후드단은 전체 둘레에서 456코를 잡아 2×2고무뜨기로 진핑크 3단, 검정 2단, 진핑크 3단을 뜬 후 돗바늘로 마무리한다.

6 앞단과 후드단의 안단은 빔사로 3.5mm바늘을 사용하여 안쪽 부분을 보고 코를 주워 메리야스뜨기로 8단을 뜬 후 코막음한다.

7 지퍼는 앞단과 안단 사이에 넣어 꿰매어 고정한다.

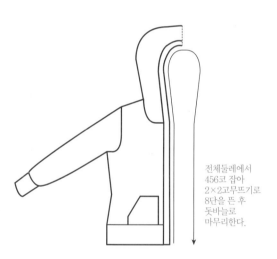

전체둘레에서
456코 잡아
2×2고무뜨기로
8단을 뜬 후
돗바늘로
마무리한다.

몸판무늬뜨기

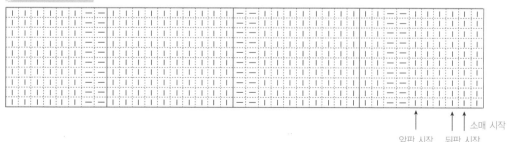

앞판 시작   뒤판 시작   소매 시작

몸판 (176단)

아이보리	14단
핑크	2단
아이보리	18단
핑크	2단
아이보리	16단
핑크	2단
아이보리	14단
핑크	2단
아이보리	12단
핑크	2단
아이보리	10단
핑크	2단
아이보리	8단
핑크	2단
아이보리	6단
핑크	2단
아이보리	4단
핑크	2단 } 5번 반복
아이보리	2단
핑크	4단
아이보리	2단
핑크	6단
아이보리	2단
핑크	8단
아이보리	2단
핑크	10단
아이보리	2단
핑크	2단

밑단 (30단)

핑크	16단
검정	2단
핑크	2단
검정	2단
핑크	8단

소매 (158단)

아이보리	16단
핑크	2단
아이보리	14단
핑크	2단
아이보리	12단
핑크	2단 } 2번 반복
아이보리	10단
핑크	2단
아이보리	8단
핑크	2단
아이보리	6단
핑크	2단
아이보리	4단
핑크	2단
아이보리	2단 } 3번 반복
핑크	4단
아이보리	2단
핑크	6단
아이보리	2단
핑크	8단
아이보리	2단
핑크	10단
아이보리	2단
핑크	12단
아이보리	2단

밑단 (30단)

핑크	16단
검정	2단
핑크	2단
검정	2단
핑크	8단

후드 (116단)

아이보리	2단
핑크	2단
아이보리	14단
핑크	2단
아이보리	14단
핑크	2단
아이보리	14단
핑크	2단
아이보리	14단
핑크	2단
아이보리	14단
핑크	2단
아이보리	14단
핑크	2단

진행 방향

진행 방향

뒤판

① **뒤판시작** (48cm×2.1코)+_{시접코} 2코=102코

② **밑단** (8cm×34단)×1.1=30단

③ **옆선** 13cm×3.4단=44단, 17cm×3.4단=58단

　　허리선코수 (43cm×2.1코)+_{시접코} 2코=92코

　　줄임코수 (102코-92코)÷2=5코, 44단에 5코 줄임

＊ 짝수단 계산

$$
\begin{array}{r}
4 + 1 = 5 \\
5 \,\overline{)\,22\,} \\
-2 \quad 20 \\
\hline
3 \quad\;\; 2
\end{array}
$$

$\rightarrow$ $\begin{array}{l}{}^{×2}\\ 5\text{-}1\text{-}2\\ 4\text{-}1\text{-}3\end{array}$ $\rightarrow$ $\begin{array}{l}10\text{-}1\text{-}2\\ 8\text{-}1\text{-}3\end{array}$

　　가슴둘레코수 (48cm×2.1코)+_{시접코} 2코=102코

　　늘림코수 (102코-92코)÷2=5코, 58단에 5코 늘림

＊ 짝수단 계산

$$
\begin{array}{r}
4 + 1 = 5 \\
5(+1) \,\overline{)\,29\,} \\
-5 \quad 24 \\
\hline
1 \quad 5(-1) = 4
\end{array}
$$

$\rightarrow$ $\begin{array}{l}{}^{×2}\\ 5단평\\ 5\text{-}1\text{-}4\\ 4\text{-}1\text{-}1\end{array}$ $\rightarrow$ $\begin{array}{l}10단평\\ 10\text{-}1\text{-}4\\ 8\text{-}1\text{-}1\end{array}$

④ **진동길이** 19cm×3.4단=64단

　　줄임코수 (102코-78코)÷2=12코

＊ 진동줄임 계산

$12코×\dfrac{1}{3}=4코 \rightarrow 4코 코막음 \rightarrow \overset{짝수단 변경}{4코 코막음}$
-4

$\dfrac{}{}$ $8코×\dfrac{1}{2}=4코 \rightarrow 1\text{-}1\text{-}4 \rightarrow 2\text{-}2\text{-}2$
-4

$\dfrac{}{}$ $4코×\dfrac{2}{3}=2코 \rightarrow 2\text{-}1\text{-}3 \rightarrow 2\text{-}1\text{-}3$
-2

$\dfrac{}{}$ $2 \rightarrow 3\text{-}1\text{-}2 \rightarrow \begin{array}{l}2\text{-}1\text{-}1\\4\text{-}1\text{-}1\end{array}$

정리하면 ┌ 4-1-1
　　　　├ 2-1-4
　　　　├ 2-2-2
　　　　└ 4코 코막음

⑤ **어깨경사** 3cm×3.4단=10단, 10cm×2.1코=22코

　　　　10단÷2=5회

$$
\begin{array}{r}
4 + 1 = 5 \\
5 \,\overline{)\,22\,} \\
-2 \quad 20 \\
\hline
3 \quad\;\; 2
\end{array}
$$

$\rightarrow$ $\begin{array}{l}2\text{-}5\text{-}2\\ 2\text{-}4\text{-}3\end{array}$

⑥ **뒷목줄임** 16cm×2.1코=34코, 2cm×3.4단=6단

　　17코　　I 6단　6단에 4코 줄임 ┌ 2단평
　　　　　　　　　　　　　　　　　　└ 2-2-2

　　코막음

앞판

① **앞판시작** (24cm×2.1코)+_{시접코} 2코=53코

② **밑단** (8cm×34단)×1.1=30단

③ **옆선** 13cm×3.4단=44단, 17cm×3.4단=58단

　　줄임코수 (22cm×2.1코)+_{시접코} 2코=48코

　　　　53코-48코=5코, 44단에 5코 줄임

＊ 짝수단 계산

$$
\begin{array}{r}
4 + 1 = 5 \\
5 \,\overline{)\,22\,} \\
-2 \quad 20 \\
\hline
3 \quad\;\; 2
\end{array}
$$

$\rightarrow$ $\begin{array}{l}{}^{×2}\\ 5\text{-}1\text{-}2\\ 4\text{-}1\text{-}3\end{array}$ $\rightarrow$ $\begin{array}{l}10\text{-}1\text{-}2\\ 8\text{-}1\text{-}3\end{array}$

　　늘림코수 (24cm×2.1코)+_{시접코} 2코=53코

　　　　53코-48코=5코, 58단에 5코 늘림

＊ 짝수단 계산

$$
\begin{array}{r}
4 + 1 = 5 \\
5(+1) \,\overline{)\,29\,} \\
-5 \quad 24 \\
\hline
1 \quad 5(-1) = 4
\end{array}
$$

$\rightarrow$ $\begin{array}{l}{}^{×2}\\ 5단평\\ 5\text{-}1\text{-}4\\ 4\text{-}1\text{-}1\end{array}$ $\rightarrow$ $\begin{array}{l}10단평\\ 10\text{-}1\text{-}4\\ 8\text{-}1\text{-}1\end{array}$

④ **진동길이** 19cm×3.4단=64단

　진동줄임 뒤판과 동일

⑤ **어깨경사** 3cm×3.4단=10단,　10cm×2.1코=22코

　　　　　　10단÷2=5회

$$
\begin{array}{r}
4+1=5 \\
5\,|\,\overline{22} \\
-2\quad 20 \\
\hline
3\quad 2-1=1
\end{array}
\rightarrow
\begin{array}{l}
2\text{-}5\text{-}2 \\
2\text{-}4\text{-}3
\end{array}
$$

⑥ **주머니** (16cm×2.1코)+시접코 2코=35코

　　　　12.5cm×3.4단=42단

　줄임단수 42단−12단=30단−2단(2단평단)=28단

　줄임코수 35코−20코=15코,　28단에서 15코 줄임

$$
\begin{array}{r}
1+1=2 \\
15\,|\,\overline{28} \\
-13\quad 15 \\
\hline
2\quad 13
\end{array}
\rightarrow
\begin{array}{l}
2\text{단평} \\
2\text{-}1\text{-}13 \\
1\text{-}1\text{-}2
\end{array}
$$

⑦ **앞목줄임** 8cm×3.4단=28단,　9cm×2.1코=19코

　　　　28단에 19코 줄임 → 18단에 14코 줄임

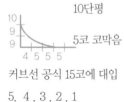

　　　　　　　　　　10단평

　　　　　　　　　　5코 코막음

　　　커브선 공식 15코에 대입

　　　　5. 4. 3. 2. 1

　　14리 맞춤
　　→　　−1

　　→　　4. 4. 3. 2. 1

　　헛수 맞춤
　　→

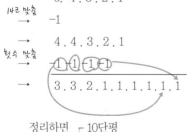

　　→　3. 3. 2. 1. 1. 1. 1. 1. 1. 1

　정리하면　┌ 10단평
　　　　　　├ 2-1-6
　　　　　　├ 2-2-1
　　　　　　├ 2-3-2
　　　　　　└ 5코 코막음

소매

① **소매시작** (27cm×2.1코)+시접코 2코=58코

② **밑단** (8cm×3.4단)×1.1=30단

③ **소매옆선** 34cm×3.4단=114단

　늘림코수 (78코−58코)÷2=10코

　　　　114단에 10코 늘림

* **짝수단 계산**

$$
\begin{array}{r}
5+1=6 \\
10+1\,|\,\overline{57} \\
-2\quad 55 \\
\hline
9\quad 2-1=1
\end{array}
\rightarrow
\begin{array}{l}
\times 2 \\
6\text{단평} \\
6\text{-}1\text{-}1 \\
5\text{-}1\text{-}9
\end{array}
\rightarrow
\begin{array}{l}
12\text{단평} \\
12\text{-}1\text{-}1 \\
10\text{-}1\text{-}9
\end{array}
$$

④ **소매산길이** 13cm×3.4단=44단

　소매산너비 78코×$\frac{1}{4}$=20코

　줄임코수 (78코−20)÷2=29코

　　　　44단에 29코 줄임 → 34단에 17코 줄임

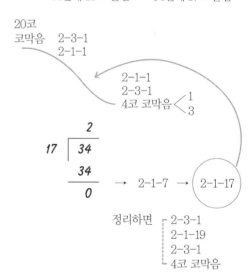

20코
코막음　2-3-1
　　　　2-1-1

2-1-1
2-3-1
4코 코막음 < 1
　　　　　　3

$$
\begin{array}{r}
2 \\
17\,|\,\overline{34} \\
34 \\
\hline
0
\end{array}
\rightarrow 2\text{-}1\text{-}7 \rightarrow \boxed{2\text{-}1\text{-}17}
$$

　정리하면　┌ 2-3-1
　　　　　　├ 2-1-19
　　　　　　├ 2-3-1
　　　　　　└ 4코 코막음

후드

① **시작** (36cm×2.1코)+시접코 2코 = 78코

　　18cm×3.4단 = 60단

② **늘림** (42cm×2.1코)+시접코 2코 = 90코

　　(90코−78코)÷2 = 6코

　　60단에서 6코 늘림

* 짝수단 계산

$$4 + 1 = 5$$

$$6 + 1 \overline{\smash{)}30} \quad \overset{\times 2}{\longrightarrow}$$
$$-2 \quad 28$$
$$5 \quad 2 - 1 = 1$$

→ 5단평　→　10단평
　 5-1-1　　 10-1-1
　 4-1-5　　 8-1-5

③ **줄임** 14cm×3.4단 = 48단−18단(평단분) = 30단

　　30단에서 6코 늘림

　　완만하게 늘린다.

$$6 \overline{\smash{)}\,\overset{5}{30}} \quad \longrightarrow \quad 5\text{-}1\text{-}6 \quad \longrightarrow$$
$$\underline{30}$$
$$0$$

→ ┌ 2단평
　 2-1-1
　 4-1-2
　└ 6-1-3

정리하면 ┌ 2단평
　　　　 2-1-1
　　　　 4-1-2
　　　　 6-1-3
　　　　 28단평
　　　　 10-1+1
　　　　└ 8-1+5

되돌아뜨기　　뒤쪽 ┌ 2-5-1　　앞쪽 ┌ 2-5-1
　　　　　　　　　 2-3-1　　　　　 └ 2-3-1
　　　　　　　　　└ 2-2-2

10cm(22코)　16cm(34코)　10cm(22코)

3cm(10단)

19cm(64단)

26코코막음

↑2단평
2-2-2
⊖4

2-5-2
2-4-3

48cm(102코)

뒤판

↑50단평
4-1-1
2-1-3
2-2-2
4코코막음
⊖12

17cm(58단)

42cm(92코)

⊕5 ┌10단평
　 10-1-4
　└ 8-1-1

13cm(44단)

⊖5 ┌10-1-2
　 └ 8-1-3

8cm(30단)

2×2고무뜨기

48cm(102코)

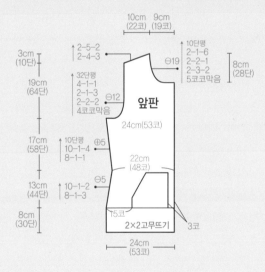

10cm(22코)　9cm(19코)

3cm(10단)

19cm(64단)

2-5-2
2-4-3

↑10단평
2-1-6
2-2-1
2-3-2
5코코막음
⊖19

8cm(28단)

↑32단평
4-1-1
2-1-3
2-2-2
4코코막음
⊖12

앞판

24cm(53코)

17cm(58단)

⊕5 ┌10단평
　 10-1-4
　└ 8-1-1

22cm(48코)

13cm(44단)

⊖5 ┌10-1-2
　 └ 8-1-3

15코

2×2고무뜨기　　3코

24cm(53코)

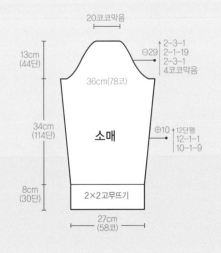

20코코막음

13cm(44단)

↑2-3-1
2-1-19
2-3-1
4코코막음
⊖29

36cm(78코)

34cm(114단)

소매

⊕10 ┌12단평
　　 12-1-1
　　└ 10-1-9

8cm(30단)

2×2고무뜨기

27cm(58코)

게이지 산출

집업스타일 후드카디건

L 사이즈

<u>완성치수</u> 옷길이 61cm, 가슴둘레 100cm, 소매길이 56cm

<u>재료</u> 노빌레사 아이보리 450g 진핑크 250g 블랙 25g, 빔사 체리핑크 25g

대바늘 3.5mm 4.0mm 4.5mm, 무지개 플라스틱 지퍼 110cm

<u>게이지</u> 메리야스뜨기 21코×34단

> h o w   t o   m a k e

뒤판뜨기

1 4mm대바늘을 사용하여 나중에 풀어낼 실로 54코를 잡는다. 노빌레사 진핑크로 끌어올리기 고무단코잡기로 106코를 만든다. 시작과 끝을 모두 겉뜨기로 2코가 되게 하고 진핑크, 블랙, 진핑크 순서로 배색을 넣으면서 2×2고무뜨기로 30단을 뜬다.

2 4.5mm대바늘로 바꾸어 뒤판의 무늬로 진핑크, 아이보리, 진핑크 순서로 배색을 넣으면서 무늬뜨기로 102단을 뜬다. 이때 도안과 같이 5코 줄이고, 다시 5코를 늘리면서 뜬다.

3 양옆 진동은 도안과 같이 좌우 각 13코씩을 줄이면서 68단을 뜬다.

4 어깨코는 26코를 뜬 후 뒤로 돌려 2-2-2, 2단평으로 줄이고 도안과 같이 어깨경사뜨기를 한다. 남은 코는 쉼코로 둔다.

5 목둘레 첫코에 새 실을 걸어 28코를 코막음하고 오른쪽과 대칭이 되게 뜬다. 남은코는 쉼코로 둔다.

앞판뜨기

1 4mm대바늘을 사용하여 나중에 풀어낼 실로 28코를 잡는다. 노빌레사 진핑크로 끌어올리기 고무단코잡기로 55코를 만든다.

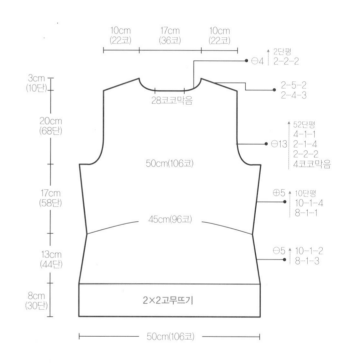

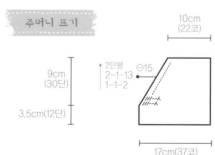

주머니 뜨기

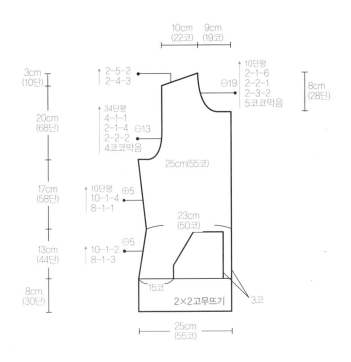

3cm
(10단)

20cm
(68단)

17cm
(58단)

13cm
(44단)

8cm
(30단)

10cm
(22코)　9cm
(19코)

↑2-5-2
　2-4-3

↑34단평
　4-1-1
　2-1-4
　2-2-2
　4코코막음

⊖13

↑10단평
　10-1-4
　8-1-1

⊕5

↑10-1-2
　8-1-3

⊖5

10단평
2-1-6
2-2-1
2-3-2
5코코막음

⊖19

8cm
(28단)

25cm(55코)

23cm
(50코)

15코

2×2고무뜨기

3코

25cm
(55코)

2 앞섶쪽은 겉뜨기 3코, 옆선은 겉뜨기 2코가 되게 하
고, 뒤판과 같은 배색을 넣으며 2×2고무뜨기로 30
단을 뜬다.

3 4.5mm대바늘로 바꾸어 전체코로 주머니 깊이만큼
12단을 뜬다. 12단을 뜬 후 도안과 같이 주머니 사선
줄임을 하고 남은 22코는 안전핀에 걸어둔다.

4 주머니속은 중심부터 3코 남기고 4번째 코부터 총
37코를 주워 12단을 뜬 후 옆선에 남겨놓은 15코와
합쳐 주머니단만큼 30단을 뜬다.

5 주머니 안과 겉을 합쳐 하나의 코로 만들어 진동 전
까지 뜬다.

6 진동은 도안과 같이 좌우 각 13코씩 줄이고 50단까
지 뜬 후 51단째부터 앞목줄임을 한다. 앞목줄임은
5코 코막음, 2-3-2, 2-2-1, 2-1-6, 10단평으로 줄
인다. 이때 동시에 어깨경사뜨기를 진행한다. 남은
코는 쉼코로 둔다.

7 같은 방법으로 대칭이 되게 한 장을 더 뜬다.

소매뜨기

1 4mm대바늘을 사용하여 나중에 풀어낼 실로 32코를
잡는다. 노빌레사 진핑크로 끌어올리기 고무단코잡
기로 62코를 만든다. 시작과 끝이 겉뜨기 2코가 되게
한다.

2 4.5mm대바늘로 바꾸어 진핑크, 블랙, 진핑크 순으
로 배색을 넣으며 2×2고무뜨기로 30단을 뜬다.

3 30단을 뜬 후 소매무늬의 코수로 배열하여 진핑크,
아이보리, 진핑크색의 배색 순서와 단수대로 114단
을 뜬다.

4 소매산은 도안과 같이 양옆을 29코씩 줄이고 남은
20코는 코막음한다.

5 같은 방법으로 한 장을 더 뜬다.

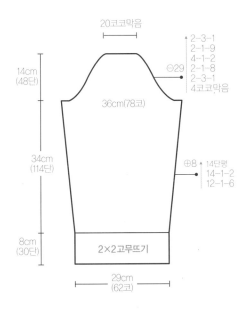

20코코막음

2-3-1
2-1-9
4-1-2
2-1-8
2-3-1
4코코막음

⊖29

14cm
(48단)

36cm(78코)

34cm
(114단)

⊕8　14단평
　　14-1-2
　　12-1-6

8cm
(30단)

2×2고무뜨기

29cm
(62코)

후드뜨기

1 몸판의 앞목에서 좌우 각 24코씩, 뒷목에서 36코, 총 84코를
주워 배색을 하면서 메리야스뜨기로 122단을 뜬다. 뜨면서
도안과 같이 코늘림과 코줄임을 하면서 되돌아뜨기를 한다.

2 후드가 완성되면 반을 접어 맞대고 메리야스 잇기로 잇는다.

3 시접선을 감추기 위해 후드에서 목부분 코를 주워서 안단을
만든다. 안단은 후드의 코를 잡은 안쪽코에서 코를 잡는다.
똑같이 84코를 잡아 6단을 뜨고 본코와 안쪽코를 함께 떠서
84코를 만들어 후드뜨기를 하면 된다.

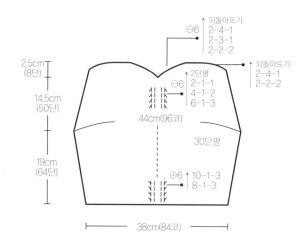

마무리하기

1 앞·뒤판의 겉과 겉을 맞대고 어깨코를 코막음하여 잇는다.

2 앞판과 뒤판의 옆선을 돗바늘로 잇는다.

3 소매옆선을 돗바늘로 연결하여 원통형으로 만들어 준다.

4 몸판의 진동에 소매를 잘 맞추어 코바늘 빼뜨기로 연결한다.

5 4mm대바늘로 앞단과 후드단은 전체 둘레에서 472코를 잡
아 2×2고무뜨기로 진핑크 3단, 검정 2단, 진핑크 3단을 뜬
후 돗바늘로 마무리한다.

6 앞단과 후드단의 안단은 빔사로 3.5mm바늘을 사용하여 안
쪽 부분을 보고 코를 주워 메리야스뜨기로 8단을 뜬 후 코막
음한다.

7 지퍼는 앞단과 안단 사이에 넣어 꿰매어 고정한다.

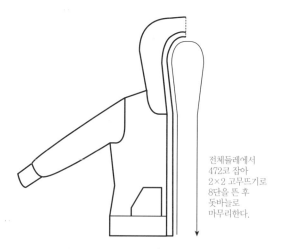

전체둘레에서
472코 잡아
2×2 고무뜨기로
8단을 뜬 후
돗바늘로
마무리한다.

몸판무늬뜨기

앞판,
소매시작

뒤판시작

배색 순서

몸판 (180단)		소매 (162단)		후드 (124단)	
아이보리	18단	아이보리	2단	아이보리	10단
핑크	2단	핑크	2단	핑크	2단
아이보리	18단	아이보리	16단	아이보리	14단
핑크	2단	핑크	2단	핑크	2단
아이보리	16단	아이보리	14단	아이보리	14단
핑크	2단	핑크	2단	핑크	2단
아이보리	14단	아이보리	12단 } 2번 반복	아이보리	14단
핑크	2단	핑크	2단	핑크	2단
아이보리	12단	아이보리	10단	아이보리	14단
핑크	2단	핑크	2단	핑크	2단
아이보리	10단	아이보리	8단	아이보리	14단
핑크	2단	핑크	2단	핑크	2단
아이보리	8단	아이보리	6단	아이보리	14단
핑크	2단	핑크	2단	핑크	2단
아이보리	6단	아이보리	4단		
핑크	2단	핑크	2단 } 3번 반복		
아이보리	4단	아이보리	2단		
핑크	2단 } 5번 반복	핑크	4단		
아이보리	2단	아이보리	2단		
핑크	4단	핑크	6단		
아이보리	2단	아이보리	2단		
핑크	6단	핑크	8단		
아이보리	2단	아이보리	2단		
핑크	8단	핑크	10단		
아이보리	2단	아이보리	2단		
핑크	10단	핑크	12단		
아이보리	2단	아이보리	2단		
핑크	2단				
밑단 (30단)		**밑단** (30단)			
핑크	16단	핑크	16단		
검정	2단	검정	2단		
핑크	2단	핑크	2단		
검정	2단	검정	2단		
핑크	8단	핑크	8단		

진행방향

113

뒤판

① **뒤판시작** (50cm×2.1코)+시접코 2코＝106코

② **밑단** (8cm×3.4단)×1.1＝30단

③ **옆선** 13cm×3.4단＝44단,　17cm×3.4단＝58단

　　허리선코수 (45cm×2.1코)+시접코 2코＝96코

　　줄임코수 (106코−96코)÷2＝5코,　44단에 5코 줄임

* **짝수단 계산**

```
        4 +1 = 5
   5 │ 22              →   5-1-2   →  ┌ 10-1-2
  -2   20          ×2      4-1-3      └ 8-1-3
 ─────────
   3    2
```

　　가슴둘레코수 (50cm×2.1코)+시접코 2코＝106코

　　늘림코수 (106코−96코)÷2＝5코,　58단에 5코 늘림

* **짝수단 계산**

```
        4 +1 = 5
  5(+1) │ 29             →   5단평     →  ┌ 10단평
   -5     24         ×2     5-1-3        │ 10-1-4
 ─────────              4-1-1        └ 8-1-1
   1    5(-1)= 4
```

④ **진동길이** 20cm×3.4단＝68단

　　줄임코수 (106코−80코)÷2＝13코

* **진동줄임 계산**

$$13코×\frac{1}{3} = 4코 \;\rightarrow\; 4코 코막음 \;\rightarrow\; 4코 코막음$$
$$-4$$
$$9코×\frac{1}{2} = 4코 \;\rightarrow\; 1-1-4 \;\rightarrow\; 2-2-2$$
$$-4$$
$$5코×\frac{2}{3} = 3코 \;\rightarrow\; 2-1-3 \;\rightarrow\; 2-1-3$$
$$-2$$
$$2 \;\rightarrow\; 3-1-2 \;\rightarrow\; \begin{array}{l}2-1-1\\4-1-1\end{array}$$

정리하면　┌ 4-1-1
　　　　　│ 2-1-4
　　　　　│ 2-2-2
　　　　　└ 4코 코막음

⑤ **어깨경사** 3cm×3.4단＝10단,　10cm×2.1코＝22코

　　10단÷2＝5회

```
        4 +1 = 5
   5 │ 22              →  ┌ 2-5-2
  -2   20                 └ 2-4-3
 ─────────
   3    2
```

⑥ **뒷목줄임** 17cm×2.1코＝36코,　2cm×3.4단＝6단

　　18코　　　　 ⌐6단　6단에 4코 줄임　┌2단평
　　5　5　　　△　　　　　　　　　　　　└2-2-2

　　　　코막음

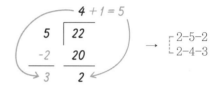

앞판

① **앞판시작** (25cm×2.1코)+시접코 2코＝55코

② **밑단** (8cm×3.4단)×1.1＝30단

③ **옆선** 13cm×3.4단＝44단,　17cm×3.4단＝58단

　　줄임코수 (23cm×2.1코)+시접코 2코＝50코

　　55코−50코＝5코,　44단에 5코 줄임

* **짝수단 계산**

```
        4 +1 = 5
   5 │ 22              →   5-1-2   →  ┌ 10-1-2
  -2   20          ×2      4-1-3      └ 8-1-3
 ─────────
   3    2
```

　　늘림코수 (25cm×2.1코)+시접코 2코＝55코

　　55코−50코＝5코,　58단에 5코 늘림

* **짝수단 계산**

```
        4 +1 = 5
  5(+1) │ 29             →   5단평     →  ┌ 10단평
   -5     24         ×2     5-1-3        │ 10-1-4
 ─────────              4-1-1        └ 8-1-1
   1    5(-1)= 4
```

④ **진동길이** 19cm×3.4단=64단

　　진동줄임 뒤판과 동일

⑤ **어깨경사** 3cm×3.4단=10단, 10cm×2.1=22코

　　　　　　　10단÷2=5회

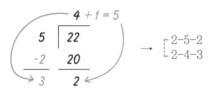

$$4+1=5$$
$$5 \overline{)22}$$
$$-2 \quad 20$$
$$3 \quad 2$$

$$\rightarrow \begin{array}{l} 2-5-2 \\ 2-4-3 \end{array}$$

⑥ **주머니** (17cm×2.1코)+시접코 2코=37코

　　　　　　12.5cm×3.4단=42단

　　줄임단수 42단-12단=30단-2단(2단 평단)=28단

　　줄임코수 37코-22코=15코, 28단에서 15코 줄임

$$1+1=2$$
$$15 \overline{)28}$$
$$-13 \quad 15$$
$$2 \quad 13$$

$$\rightarrow \begin{array}{l} 2단평 \\ 2-1-13 \\ 1-1-2 \end{array}$$

⑦ **앞목줄임** 8cm×3.4단=28단, 9cm×2.1코=19코

　　　　　　28단에 19코 줄임 → 18단에 14코 줄임

```
10 ┐        10단평
9 │
9 └        5코 코막음
  4 5 5 5
```

커브선 공식 15코에 대입

5 . 4 . 3 . 2 . 1

14코 맞춤
→ 　　　　　　−1

→ 　　4 . 4 . 3 . 2 . 1

횟수 맞춤
→ 　①①①①
　　3 . 3 . 2 . 1 . 1 . 1 . 1 . 1 . 1 . 1

정리하면 ┌ 10단평
　　　　 │ 2-1-6
　　　　 │ 2-2-1
　　　　 │ 2-3-2
　　　　 └ 5코 코막음

10cm(22코) 17cm(36코) 10cm(22코)
3cm(10단)
⊖4 2단평 2-2-2
2-5-2
2-4-3
28코코막음
20cm(68단)
⊖13 52단평
4-1-1
2-1-4
2-2-2
4코코막음
50cm(106코)
17cm(58단)
⊕5 10단평
10-1-4
8-1-1
45cm(96코)
13cm(44단)
⊖5 10-1-2
8-1-3
뒤판
8cm(30단)
2×2고무뜨기
50cm(106코)

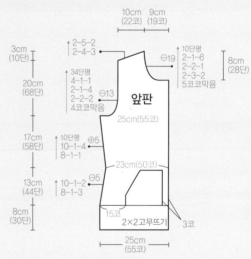

10cm(22코) 9cm(19코)
3cm(10단)
2-5-2
2-4-3
⊖19 10단평
2-1-6
2-2-1
2-3-2
5코코막음
8cm(28단)
20cm(68단)
34단평
4-1-1
2-1-4
2-2-2
4코코막음
⊖13
앞판
25cm(55코)
17cm(58단)
⊕5 10단평
10-1-4
8-1-1
23cm(50코)
13cm(44단)
10-1-2
8-1-3
⊖5
8cm(30단)
15코
2×2고무뜨기
3코
25cm(55코)

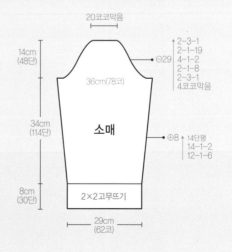

20코코막음
14cm(48단)
2-3-1
2-1-19
4-1-2
2-1-8
2-3-1
4코코막음
⊖29
36cm(78코)
34cm(114단)
소매
⊕8 14단평
14-1-2
12-1-6
8cm(30단)
2×2고무뜨기
29cm(62코)

게이지 산출

소매

① **소매시작** (29cm×2.1코)+시접코 2코=62코

② **밑단** (8cm×3.4단)×1.1=30단

③ **소매옆선** 34cm×3.4단=114단

   늘림코수 (78코−62코)÷2=8코

   114단에 8코 늘림

* 짝수단 계산

$$
\begin{array}{r|r}
 & 6+1=7 \\
8+1 & 57 \\
-3 & 54 \\
\hline
6 & 3-1=2
\end{array}
\quad \xrightarrow{\times 2}
\begin{array}{l}
7단평 \\
7-1-2 \\
6-1-6
\end{array}
\rightarrow
\begin{array}{l}
14단평 \\
14-1-2 \\
12-1-6
\end{array}
$$

④ **소매산길이** 14cm×3.4단=48단

   소매산너비 78코×$\frac{1}{4}$=20코

   줄임코수 (78코−20코)÷2=29코

      48단에 29코 줄임 → 38단에 17코 줄임

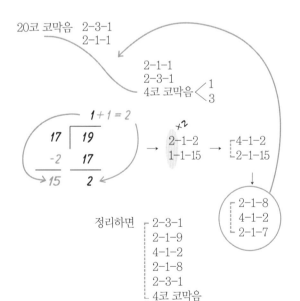

20코 코막음 2-3-1
             2-1-1

2-1-1
2-3-1
4코 코막음 $\Big\langle {1 \atop 3}$

$$
\begin{array}{r|r}
 & 1+1=2 \\
17 & 19 \\
-2 & 17 \\
\hline
15 & 2
\end{array}
\quad \xrightarrow{\times 2}
\begin{array}{l}
2-1-2 \\
1-1-15
\end{array}
\rightarrow
\begin{array}{l}
4-1-2 \\
2-1-15
\end{array}
$$

2-1-8
4-1-2
2-1-7

정리하면 ┌ 2-3-1
         │ 2-1-9
         │ 4-1-2
         │ 2-1-8
         │ 2-3-1
         └ 4코 코막음

후드

① **시작** (38cm×2.1코)+시접코 2코=84코

   19cm×3.4단=64단

② **늘림** (44cm×2.1코)+시접코 2코=96코

   (96코−84코)÷2=6코

   64단에서 6코 늘림

* 짝수단 계산

$$
\begin{array}{r|r}
 & 4+1=5 \\
6+1 & 32 \\
-4 & 28 \\
\hline
3 & 4-1=3
\end{array}
\quad \xrightarrow{\times 2}
\begin{array}{l}
5단평 \\
5-1-3 \\
4-1-3
\end{array}
\rightarrow
\begin{array}{l}
10단평 \\
10-1-3 \\
8-1-3
\end{array}
$$

③ **줄임** 14.5cm×3.4단 = 50단−20단(평단분) = 30단

   30단에서 6코 줄임

   완만하게 줄인다.

$$
\begin{array}{r|r}
 & 5 \\
6 & 30 \\
 & 30 \\
\hline
 & 0
\end{array}
\quad \rightarrow 5-1-6 \rightarrow
\begin{array}{l}
2단평 \\
2-1-1 \\
4-1-2 \\
6-1-3
\end{array}
$$

정리하면 ┌ 2단평
         │ 2-1-1
         │ 4-1-2
         │ 6-1-3
         │ 30단평
         │ 10−1+3
         └ 8−1+3

되돌아뜨기   뒤쪽 ┌ 2-4-1   앞쪽 ┌ 2-4-1
                  │ 2-3-1   └ 2-2-2
                  └ 2-2-2

되돌아뜨기 (뜨지 않고 남기는 방법)

왼쪽의 경우

좌

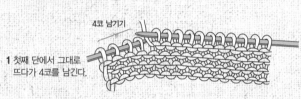

1 첫째 단에서 그대로 뜨다가 4코를 남긴다.

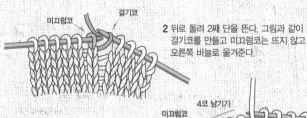

2 뒤로 돌려 2째 단을 뜬다. 그림과 같이 걸기코를 만들고 미끄럼코는 뜨지 않고 오른쪽 바늘로 옮겨준다.

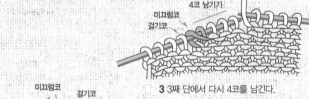

3 3째 단에서 다시 4코를 남긴다.

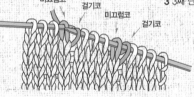

4 2째 단과 같은 방법으로 걸기코를 만들고 미끄럼코는 뜨지 않는다. 같은 방법으로 6째 단까지 뜬다.

5 그림과 같이 코의 위치를 바꾸어 준 후 화살표로 표시된 2코를 한꺼번에 뜨면서 정리 단을 뜬다.

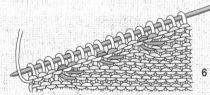

6 완성된 모습.

오른쪽의 경우

우

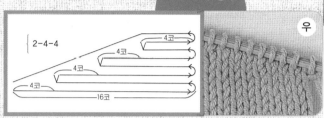

1 첫째 단에서 그대로 뜨다가 4코를 남긴다.

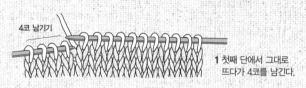

2 뒤로 돌려 2째 단을 뜬다. 그림과 같이 걸기코를 만들고 미끄럼코는 뜨지 않고 오른쪽 바늘로 옮겨준다.

3 3째 단에서 다시 4코를 남긴다.

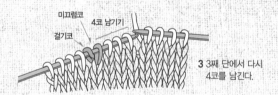

4 2째 단과 같은 방법으로 걸기코를 만들고 미끄럼코는 뜨지 않는다. 같은 방법으로 6째 단까지 뜬다.

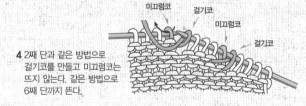

5 코의 위치를 바꾼 다음 그림에 표시된 것과 같이 걸기코와 미끄럼코 2코를 한꺼번에 뜨면서 정리 단을 뜬다.

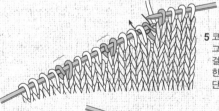

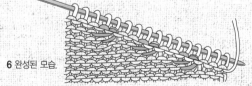

6 완성된 모습.

망토

3~4 세

완성치수	옷길이 54cm
재료	티니토츠사 200g, 대바늘 4.5mm, 단추
게이지	메리야스뜨기 22코×28단

> h o w t o m a k e

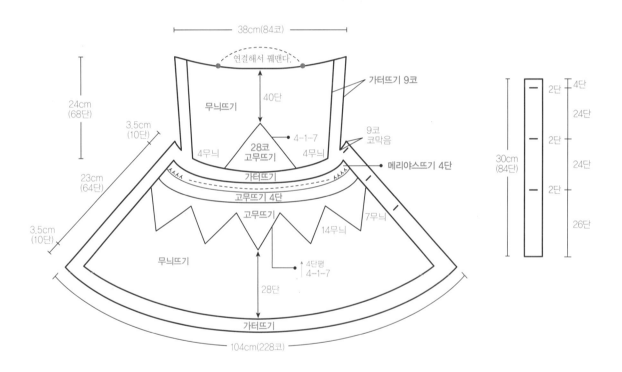

몸판 만들기

1 4.5mm대바늘을 사용하여 일반코잡기로 228코를 잡는다.

2 가터뜨기로 10단을 뜬다.

3 무늬뜨기로 28단을 뜬 후 도안과 같이 5등분하여 양쪽으로
4-1-7로 코를 줄여준다. 이때 무늬뜨기의 바늘비우기를 하

지 않으면 1코씩 줄어들면서 고무뜨기가 된다.

4 고무뜨기를 계속하다가 4단째 2코모아뜨기를 한다.

5 계속하여 메리야스뜨기로 4단을 뜨고 가터뜨기로 10단을 뜬다.

6 양쪽에서 9코씩 코막음한다. 그러면 70코가 남게 된다.

7 몸판을 뜨면서 단춧구멍도 낸다.

모자 만들기

1 남은 70코를 가지고 양쪽 9코씩은 가터뜨기를 하면서 4무늬를 뜬 후 가운뎃부분 28코는 고무뜨기를 한다.

2 4-1-7로 코를 늘려준다. 고무뜨기 사이에 바늘비우기를 넣어 주면 1코씩 늘어나면서 무늬뜨기가 된다.

3 무늬뜨기로 40단을 뜬 후 반을 접어 메리야스 잇기를 한다.

마무리

1 오른쪽 단춧구멍 주위에 버튼홀스티치를 해 단춧구멍 모양을 단단하게 만든다.

2 왼쪽은 단춧구멍 위치에 맞춰 단추를 단다. 이때 밑단추를 함께 달아주면 조직이 늘어나는 현상을 줄일 수 있다.

무늬뜨기

메리야스뜨기 게이지 = 22코, 28단

① **몸둘레** 104cm

104×2.2코＝228.8 (무늬뜨기를 3의 배수로 잡아야 하기 때문에 228코)

② **목둘레** 40cm

40×2.2코＝88 (88코)

③ **머리둘레** 38cm

38×2.2코＝83.6 (3의 배수로 하여 84코)

④ **옷 전체 길이** 54cm

54×2.8단＝151.2 (단수는 짝수로 맞춰야 하므로 152단)

⑤ **목까지의 길이** 30cm

30×2.8단＝84 (84단)

⑥ **머리 길이** 24cm

24×2.8단＝67.2 (68단)

⑦ **몸둘레 104cm에서 목둘레 40cm로 줄이기**

줄임은 어깨라인이 시작할 때쯤 여유 있게 줄여주되 양쪽 가터뜨기 부분은 변함이 없기 때문에 210코에서 70코로 줄여주는 계산식을 만든다. 우선 좌우 각 10곳에서 7코씩 70코를 줄이고 (140코가 됨) 메리야스뜨기하면서 2코모아뜨기를 하여 70코로 만들면 된다.

가로 단춧구멍 만들기

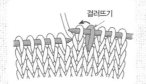

1 단춧구멍의 위치까지 뜨고 첫 코는 그냥 옮기고, 다음 코를 떠서 첫 코를 덮어씌운다.

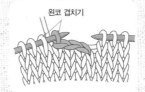

2 단춧구멍의 콧수만큼 덮어씌우기로 막고, 마지막 1코는 왼코 겹치기로 뜬다.

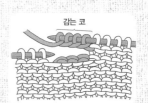

3 다음 단에서 단춧구멍의 콧수만큼 감아서 코를 만든다.

망토

5~6세

완성치수 옷길이 62cm
재료 티니토츠사 250g, 대바늘 4.5mm, 단추
게이지 메리야스뜨기 22코×28단

> h o w   t o   m a k e

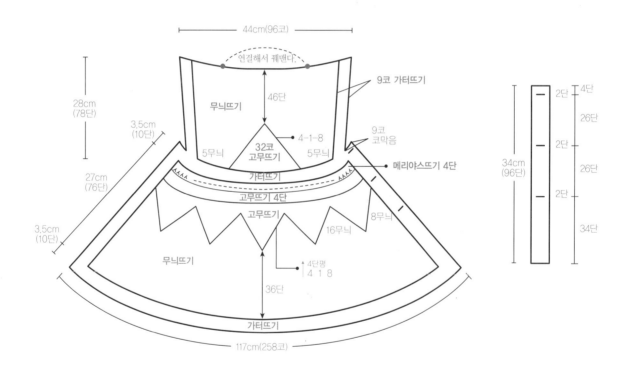

몸판 만들기

1 4.5mm대바늘을 사용하여 일반코잡기로 258코를 잡는다.

2 가터뜨기로 10단을 뜬다.

3 무늬뜨기로 36단을 뜬 후 도안과 같이 5등분하여 양쪽으로 4-1-8로 코를 줄여준다. 이때 무늬뜨기의 바늘비우기를 하

지 않으면 1코씩 줄어들면서 고무뜨기가 된다.

4 고무뜨기를 계속하다가 4단째 2코모아뜨기를 한다.

5 계속하여 메리야스뜨기로 4단을 뜨고 가터뜨기로 10단을 뜬다.

6 양쪽에서 9코씩 코막음한다. 그러면 80코가 남게 된다.

7 몸판을 뜨면서 단춧구멍도 낸다.

모자 만들기

1 남은 80코를 가지고 양쪽 9코씩은 가터뜨기를 하면서 5무늬를
  뜬 후 가운뎃부분 32코는 고무뜨기를 한다.

2 4-1-8로 코를 늘려준다. 고무뜨기 사이에 바늘비우기를 넣어
  주면 1코씩 늘어나면서 무늬뜨기가 된다.

3 무늬뜨기로 46단을 뜬 후 반을 접어 메리야스 잇기를 한다.

마무리

1 오른쪽 단춧구멍 주위에 버튼홀스티치를 해 단춧구멍의 모양
  을 단단하게 만든다.

2 왼쪽은 단춧구멍 위치에 맞춰 단추를 단다. 이때 밑단추를 함
  께 달아주면 조직이 늘어나는 현상을 줄일 수 있다.

무늬뜨기

메리야스뜨기 게이지 = 22코, 28단

① **몸둘레** 117cm

$117 \times 2.2코 = 257.4$ (무늬뜨기를 3의 배수로 잡아야 하기 때문에 258코)

② **목둘레** 45cm

$45 \times 2.2코 = 99$ (98코)

③ **머리둘레** 44cm

$44 \times 2.2코 = 96.8$ (3의 배수로 하여 96코)

④ **옷 전체 길이** 62cm

$62 \times 2.8단 = 173.6$ (단수는 짝수로 맞춰야 함으로 174단)

⑤ **목까지의 길이** 34cm

$34 \times 2.8단 = 95.2$ (96단)

⑥ **머리 길이** 28cm

$28 \times 2.8단 = 78.4$ (78단)

⑦ **몸둘레 117cm에서 목둘레 45cm로 줄이기**

줄임은 어깨라인이 시작할 때쯤 여유 있게 줄여주되 양쪽 가
터뜨기 부분은 변함이 없기 때문에 240코에서 80코로 줄여
주는 계산식을 만든다. 우선 좌우 각 10곳에서 8코씩 80코를
줄이고(160코가 됨) 메리야스뜨기하면서 2코모아뜨기를 하여 80
코로 만들어 주면 된다.

단춧구멍에 버튼홀스티치 하기

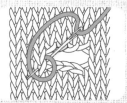

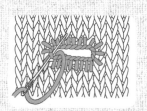

1 뜨기를 마친 후 실을 반으로 나눠
 겉에서 단춧구멍에 수를 놓는다.

2 그림과 같이 구멍에 스티치를
 한다.

3 한 바퀴 돌아서 시작한 스티치에
 바늘을 넣어 뒤쪽에서 처리한다.

망토

7~8세

완성치수 옷길이 75cm

재료 티니토츠사 300g, 대바늘 4.5mm, 단추

게이지 메리야스뜨기 22코×28단

> h ● w t ● m ● k e

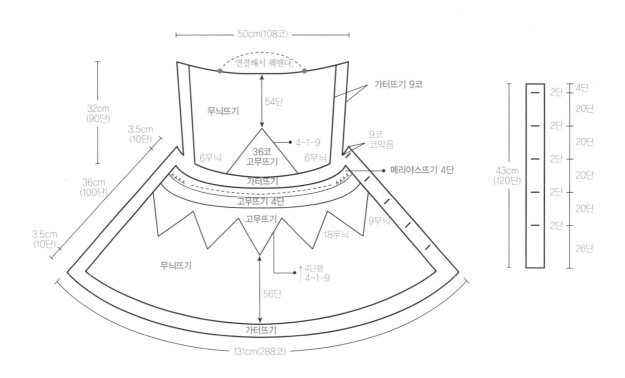

몸판 만들기

1 4.5mm대바늘을 사용하여 일반코잡기로 288코를 잡는다.

2 가터뜨기로 10단을 뜬다.

3 무늬뜨기로 56단을 뜬 후 도안과 같이 5등분하여 양쪽으로
   4-1-9로 코를 줄여준다. 이때 무늬뜨기의 바늘비우기를 하

지 않으면 1코씩 줄어들면서 고무뜨기가 된다.

4 고무뜨기를 계속하다가 4단째 2코모아뜨기를 한다.

5 계속하여 메리야스뜨기로 4단을 뜨고 가터뜨기로 10단을 뜬다.

6 양쪽에서 9코씩 코막음한다. 그러면 90코가 남게 된다.

7 몸판을 뜨면서 단춧구멍도 낸다.

모자 만들기

1 남은 90코를 가지고 양쪽 9코씩은 가터뜨기를 하면서 6무늬를
  뜬 후 가운뎃부분 36코는 고무뜨기를 한다.

2 4-1-9로 코를 늘려준다. 고무뜨기 사이에 바늘비우기를 넣어
  주면 1코씩 늘어나면서 무늬뜨기가 된다.

3 무늬뜨기로 54단을 뜬 후 반을 접어 메리야스 잇기를 한다.

마무리

1 오른쪽 단춧구멍 주위에 버튼홀스티치를 해 단춧구멍의 모양
  을 단단하게 만든다.

2 왼쪽은 단춧구멍 위치에 맞춰 단추를 단다. 이때 밑단추를 함
  께 달아주면 조직이 늘어나는 현상을 줄일 수 있다.

무늬뜨기

메리야스뜨기 게이지 = 22코, 28단

① **몸둘레** 131cm

　131×2.2코＝288.2 (무늬뜨기를 3의 배수로 잡아야 하기 때문에 288코)

② **목둘레** 49cm

　49×2.2코＝107.8 (108코)

③ **머리둘레** 50cm

　50×2.2코＝110 (3의 배수로 하여 108코)

④ **옷 전체 길이** 75cm

　75×2.8단＝210 (단수는 짝수로 맞춰야 함으로 210단)

⑤ **목까지의 길이** 43cm

　43×2.8단＝120.4 (120단)

⑥ **머리 길이** 32cm

　32×2.8단＝89.6 (90단)

⑦ **몸둘레 131cm에서 목둘레 49cm로 줄이기**

　줄임은 어깨라인이 시작할 때쯤 여유 있게 줄여주되 양쪽 가
　터뜨기 부분은 변함이 없기 때문에 270코에서 90코로 줄여
　주는 계산식을 만든다. 우선 좌우 각 10곳에서 9코씩 90코를
　줄이고 (180코가 됨) 메리야스뜨기하면서 2코모아뜨기를 하여 90
　코로 만들어 주면 된다.

세로 단춧구멍 만들기

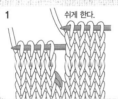
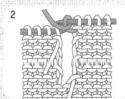
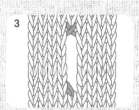

1 코를 좌우로 나눠 오른쪽 단춧구멍의 치수만큼 뜬 후 쉼코로 둔다. 왼쪽에 새로 실을 붙여 첫코를 왼코겹치기를 한 후
같은 단수만큼 뜬다. 2 안코로 되돌아 올 때 처음 쉬고 있던 오른쪽 코와 연이어 1코를 만들어서 좌우를 계속 뜬다.
3 완성된 모습.

세일러칼라 원피스

3~4세

완성치수 옷길이 40.5cm, 가슴둘레 64cm
재료 스위트사 아이보리 350g, 플로라사 핑크 조금, 대바늘 3mm 3.5mm 4mm, 돗바늘
게이지 메리야스뜨기 27코×36단

h o w   t o   m a k e

뒤판뜨기

1 아이보리색 스위트사 한 겹으로 3mm대바늘을 사용해 일반코잡기로 164코를 만들어 가터뜨기로 6단을 뜬다.

2 3.5mm대바늘을 사용해 핑크색 플로라사 두 겹으로 2단을 뜬다.

3 아이보리색 스위트사 한 겹으로 도안처럼 양쪽에서 6코를 줄여가며 78단을 뜬 후 주름을 잡으면서 한 단을 뜨고 80단째에서 코막음한다.(주름 부분:3겹을 겹쳐서 3코를 한번에 뜬다.)

4 코막음한 단에서 다시 88코를 주워 도안처럼 무늬뜨기를 8단 하고 겉뜨기로 4단을 더 뜬다.

5 진동은 양쪽에서 각 4코씩 코막음을 한 후 2-2-2, 2-1-2, 4-1-1로 줄이면서 46단까지 뜬다.

6 어깨는 18코를 2-9-2 되돌아뜨기하면서 경사를 만들고, 동시에 2-2-1, 2-1-1으로 뒷목줄임을 한다.

7 다른 한쪽도 같은 방법으로 줄이고, 남은코는 쉼코로 둔다.

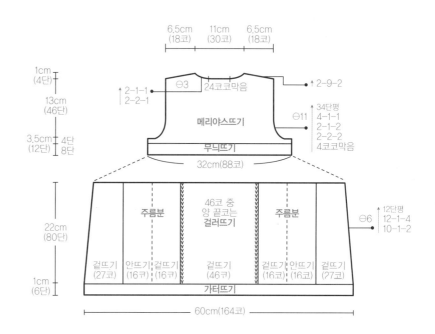

몸판무늬뜨기

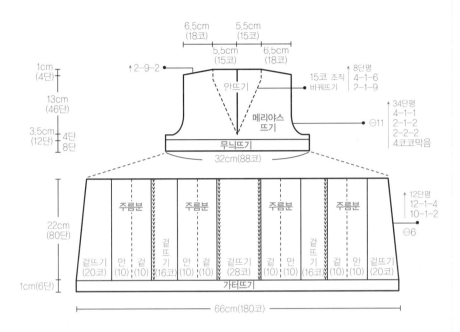

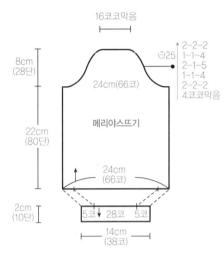

앞판뜨기

1 아이보리색 스위트사 한 겹으로 3mm대바늘을 사용해 일반코잡기로 180코를 만들어 가터뜨기로 6단을 뜬다.

2 3.5mm대바늘을 사용해 핑크색 플로라사 두 겹으로 2단을 뜬다.

3 아이보리색 스위트사 한 겹으로 도안처럼 양쪽에서 6코씩 줄여가며 78단을 뜬 후 주름을 집으면서 흰 단을 뜨고 80단째에서 코막음한다.(주름 부분:3섭을 섭서서 3코늘 한번에 뜬다.)

4 코막음한 단에서 다시 88코를 주워 도안처럼 무늬뜨기를 8단 하고 겉뜨기로 4단을 더 뜬다.

5 진동 들어가는 부분에서 왼쪽 44코는 안전핀에 옮겨 놓고, 오른쪽 44코에서 진동 줄임을 하며 동시에 세일러칼라 앞부분을 안뜨기 조직으로 2-1-9, 4-1-6, 8단평으로 바꿔주며 뜬 후 15코는 쉼코로 둔다.

6 어깨는 18코를 2-9-2로 되돌아뜨기하면서 경사를 만들고 남은코는 쉼코로 둔다.

7 남아 있는 왼쪽 44코도 같은 방법으로 뜬 후 남은코는 쉼코로 둔다.

소매뜨기

1 아이보리색 스위트사 한 겹으로 3.5mm대바늘을 사용해 일반코잡기로 66코를 만들어 메리야스뜨기로 80단을 뜬다.

2 소매산은 도안과 같이 줄이고 남은 16코는 코막음한다.

3 소매 입구는 핑크색 플로라사 두 겹으로 3mm대바늘을 사용해 66코 중 양쪽 5코는 한 코에 한 코씩, 중앙 56코는 두 코에 한 코씩 주워 총 38코를 만들어 가터뜨기로 4단을 뜨고 아이보리색 스위트사로 6단을 더 뜬 후 코막음한다.

4 돗바늘로 소매옆선을 잇는다.

5 같은 방법으로 소매를 한 장 더 뜬다.

잇기

1 앞·뒤판을 겉끼리 맞대고 어깨코를 코막음하여 잇는다.

2 앞·뒤판 옆선을 돗바늘로 연결한다.

3 몸판의 진동에 소매를 잘 맞추어 빼뜨기로 연결한다.

칼라뜨기

1 3.5mm대바늘로 뒷목둘레에서 38코, 앞목둘레에서 30코를
주워 메리야스뜨기로 20단을 뜨고 4mm대바늘로 바꿔서 20
단을 더 뜬다.

2 핑크색 플로라사 두 겹으로 3mm대바늘을 사용해서 가터뜨
기 4단, 아이보리색 스위트사 한 겹으로 가터뜨기 6단을 더
뜬 후 코막음한다.

3 세일러칼라 세로 부분에 핑크색 플로라사 두 겹으로 3mm대
바늘을 사용해서 4단마다 1코씩 걸러서 코를 잡는다. 150코
를 주워 가터뜨기 4단, 아이보리색 스위트사 한 겹으로 가터
뜨기 6단을 더 뜬 후 코막음한다.

마무리하기

1 앞목둘레에 붙여줄 바대는 3.5mm대바늘을 사용해 일반코잡
기로 12코를 만들고 양쪽에서 8코를 늘려가며 메리야스뜨기
로 18단을 뜬 후, 3mm대바늘로 바꿔 핑크색 플로라사 두 겹
으로 가터뜨기 4단, 아이보리색으로 6단을 떠서 코막음한다.

2 바대를 앞목둘레 중심에 놓고 돗바늘로 꿰매어 준다.

3 세일러칼라가 뒤집어지지 않도록 앞중심을 돗바늘로 두세
땀 꿰매어 고정시킨다.

4 원피스의 주름 윗부분 안쪽에서 3cm 정도를 돗바늘로 꿰매
어 주름이 가지런해지도록 한다.

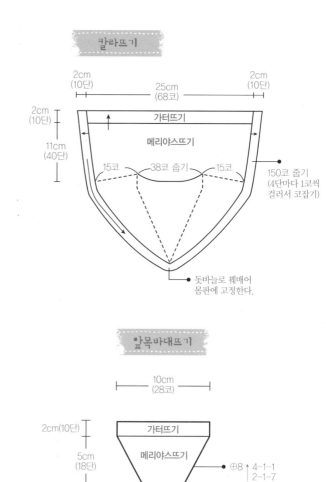

칼라뜨기

2cm
(10단)
25cm
(68코)
2cm
(10단)

2cm
(10단)

11cm
(40단)

가터뜨기

메리야스뜨기

15코 · 38코 줍기 · 15코

150코 줍기
(4단마다 1코씩
걸러서 코잡기)

돗바늘로 꿰매어
몸판에 고정한다.

앞목바대뜨기

10cm
(28코)

2cm(10단)

5cm
(18단)

가터뜨기

메리야스뜨기

⊕8 4-1-1
      2-1-7

4cm
(12코)

메리야스뜨기 게이지 = 27코, 36단

뒤판

① **뒤판시작** (60cm×2.7코)+시접코 2코=164코

② **치마밑단길이** 1cm×5단(가터뜨기 게이지)=6단

③ **치마옆선길이** 22cm×3.6단=80단

④ **치마허리부분폭** (55.5cm×2.7코)+시접코 2코=152코

⑤ **치마옆선줄임코수** (시작코 164코−허리부분 152코)÷2=6코

　　　　　　　80단에서 6코 줄임

* 짝수단 계산

$$5+1=6$$

$$(6+1) \quad 2 \,|\, \overline{40} \quad -5 \,\, \overline{\,35\,} \quad 2 \quad 5$$

→ ×2 6단평 → 12단평
6-1-4 → 12-1-4
5-1-2 10-1-2

⑥ **몸판허리부분** (32cm×2.7코)+시접코 2코=88코

⑦ **몸판옆선길이** 3.5cm×3.6단=12단

⑧ **진동길이** 13cm×3.6단=46단

　　줄임코수 (88코−등너비코수 66코)÷2=11코

* 진동줄임 계산

　　　　　　　　　　　짝수단 변경

11고ㅅ $\frac{1}{3}$ −4고 ➡ 4고 코막음 ➡ 4고 코막음
−4

7코× $\frac{1}{2}$ =4코 → 1-1-4 → 2-2-2
−4

3코× $\frac{2}{3}$ =2코 → 2-1-2 → 2-1-2
−2

1 → 3-1-1 → 4-1-1

정리하면 ┌ 4-1-1
　　　　　 2-1-2
　　　　　 2-2-2
　　　　 └ 4코 코막음

⑨ **어깨경사** 1cm×3.6단=4단,　6.5cm×2.7코=18코

　　　　　4단÷2=2회

$$2 \,|\, \overline{\begin{array}{c} 9 \\ 18 \\ 18 \\ \hline 0 \end{array}} \quad \rightarrow \quad 2\text{-}9\text{-}2$$

⑩ **뒷목줄임** 11cm×2.7코=30코,　1cm×3.6단=4단

　　15코

I 4단　4단에 3코 줄임 ↑ 2-1-1
　　　　　　　　　　　　　2-2-1
코막음

앞판

① **앞판시작** (66cm×2.7코)+시접코 2코=180코

② **치마밑단길이** 1cm×5단(가터뜨기 게이지)=6단

③ **치마옆선길이** 22cm×3.6단=80단

④ **치마허리부분폭** (61.5cm×2.7코) 2코=168코

⑤ **치마옆선줄임코수** (시작코 180코−허리부분 168코)÷2=6코

　　　　　　　80단에서 6코 줄임

* 짝수단 계산

$$5+1=6$$

$$(6+1) \quad 2 \,|\, \overline{40} \quad -5 \,\, \overline{\,35\,} \quad 2 \quad 5$$

→ ×2 6단평 → 12단평
6-1-4 → 12-1-4
5-1-2 10-1-2

⑥ **몸판허리부분** (32cm×2.7코)+시접코 2코=88코

⑦ **몸판옆선길이** 3.5cm×3.6단=12단 평단

⑧ **진동길이** 13cm×3.6단=46단 평단

　　줄임코수 (88코−등너비코수 66코)÷2=11코

* 진동줄임 계산

$$11코 \times \frac{1}{3} = 4코 \rightarrow 4코 코막음 \rightarrow 4코 코막음$$
$$-4$$

$$7코 \times \frac{1}{2} = 4코 \rightarrow 1-1-4 \rightarrow 2-2-2$$
$$-4$$

$$3코 \times \frac{2}{3} = 2코 \rightarrow 2-1-2 \rightarrow 2-1-2$$
$$-2$$

$$1 \rightarrow 3-1-1 \rightarrow 4-1-1$$

정리하면 ┌ 4-1-1
　　　　├ 2-1-2
　　　　├ 2-2-2
　　　　└ 4코 코막음

⑨ 어깨경사 $1cm \times 3.6단 = 4단$,　$6.5cm \times 2.7코 = 18코$

　　　　$4단 \div 2 = 2회$

　　　　$18코 \div 2회 = 9코 \rightarrow 2-9-2$

⑩ 앞목 중심을 나누어 겉메리야스를 안메리야스로 조직 바꾸기

　　앞목코수 $(11cm \times 2.7코) \div 2 = 15코$

　　앞목단수 진동단수 46단 + 어깨경사 4단 = 50단

　　평단분 $50단 \times \frac{1}{6} = 8단$

　　　　$50단 - 8단 = 42단$

　　　　42단에서 15코를 계산

* 짝수단 계산

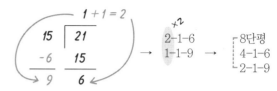

소매

① 소매시작 $(24cm \times 2.7코) + 시접코 2코 = 66코$

② 소매옆선 $22cm \times 3.6단 = 80단$

③ 소매산길이 $8cm \times 3.6단 = 28단$

　　소매산너비 $66코 \times \frac{1}{4} = 16코$

　　줄임코수 $(66코 - 16코) \div 2 = 25코$

　　　　28단에 25코 줄임 → 18단에 13코 줄임

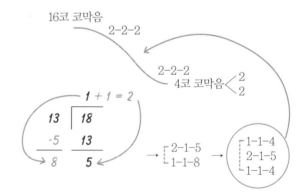

코바늘로 잇기

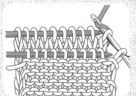

1 뜨는 편물을 겉과 겉이 마주
보도록 한 다음 코바늘을 첫 코에
넣어 실을 걸어 뺀다.

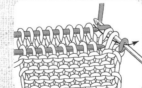

2 양쪽의 2째 코와 처음의
1코를 함께 하여 잡아 뺀다.

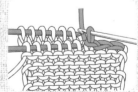

3 ②와 마찬가지로 실을 잡아 빼,
짧은뜨기 방법으로 덮어씌운다.

정리하면 　2-2-2
　　　　　1-1-4
　　　　　2-1-5
　　　　　1-1-4
　　　　　2-2-2
　　　　　4코 코막음

④ **소맷단길이** 2cm×5단(가터뜨기 게이지)=10단

　소맷단코수 (13.5cm×2.7코)+시접코 2코=38코

칼라

① **앞목+뒷목+앞목에서 코 만들기**

　15코+38코+15코＝68코(25cm×2.7코)

② **길이** 11cm×3.6단＝40단 평단

③ **칼라단** 4단마다 1코씩 걸러서 150코 잡기

　칼라단길이 2cm×5단(가터뜨기 게이지)=10단

앞목바대

① **시작** 4cm×2.7코＝12코

② **길이** 5cm×3.6단＝18단

③ **윗부분너비** 10cm×2.7코＝28코

　늘림코수 (28코-12코)÷2=8코

　　　18단에서 8코 늘림

* **짝수단 계산**

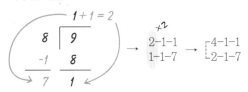

④ **단길이** 2cm×5단(가터뜨기 게이지)=10단

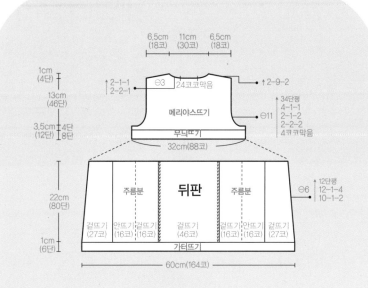

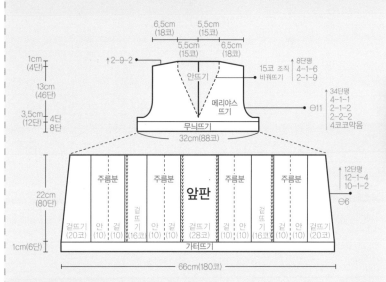

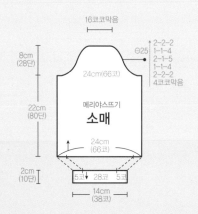

게이지산출

세일러칼라 원피스

5~6 세

완성치수 옷길이 49cm, 가슴둘레 72cm
재료 스위트사 아이보리 400g, 플로라사 핑크 조금, 대바늘 3mm 3.5mm 4mm, 돗바늘
게이지 메리야스뜨기 27코×36단

> **h o w   t o   m a k e**

뒤판뜨기

1 아이보리색 스위트사 한 겹으로 3mm대바늘을 사용해 일반코잡기로 184코를 만들어 가터뜨기로 6단을 뜬다.

2 핑크색 플로라사 두 겹으로 3.5mm대바늘을 사용해 2단을 뜬다.

3 아이보리색 스위트사 한 겹으로 도안처럼 양쪽에서 6코를 줄여가며 96단을 뜬 후 주름을 잡으면서 한 단을 뜨고 98단째에서 코막음한다.(주름 부분:3겹을 겹쳐서 3코를 한번에 뜬다.)

4 코막음한 단에서 다시 100코를 주워 도안처럼 무늬뜨기를 12단 하고 겉뜨기로 6단을 더 뜬다.

5 진동 들어가는 양쪽에서 4코를 코막음한 후 2-2-2, 2-1-4, 4-1-1로 줄이면서 54단까지 뜬다.

6 어깨는 20코를 2-10-2 되돌아뜨기하면서 경사를 만들고, 동시에 2-2-2로 뒷목을 파준다.

7 다른 한쪽도 같은 방법으로 줄이고, 남은코는 쉼코로 둔다.

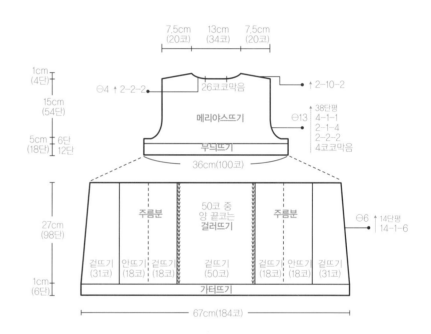

몸판무늬뜨기

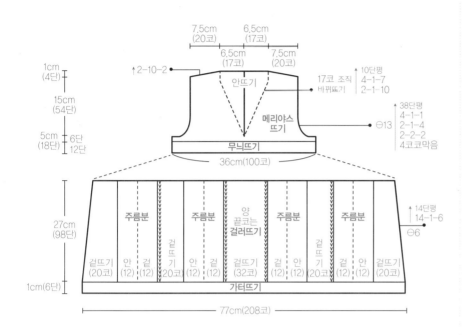

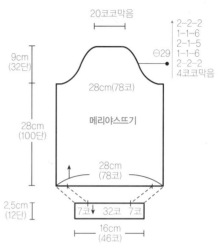

앞판뜨기

1 아이보리색 스위트사 한 겹으로 3mm대바늘을 사용해 일반코잡기로 208코를 만들어 가터뜨기 6단을 뜬다.

2 핑크색 플로라사 두 겹으로 3.5mm대바늘을 사용해 2단을 뜬다.

3 아이보리색 스위트사 한 겹으로 도안처럼 양쪽에서 6코를 줄여가며 96단을 뜬 후 주름을 잡으면서 한 단을 뜨고 98단째에서 코막음한다. (주름 부분:3겹을 겹쳐서 3코를 한번에 뜬다.)

4 코막음한 단에서 다시 100코를 주워 도안처럼 무늬뜨기를 12단 하고 겉뜨기로 6단을 더 뜬다.

5 진동 들어가는 부분에서 왼쪽 50코는 안전핀에 옮겨 놓고, 오른쪽 50코는 진동 줄임을 하는 동시에 세일러칼라 앞부분을 안뜨기 조직으로 2-1-10, 4-1-7, 10단평으로 바꿔주며 뜬 후 17코는 쉼코로 둔다.

6 어깨는 20코를 2-10-2로 되돌아뜨기하면서 경사를 만들고 남은코는 쉼코로 둔다.

7 남아 있는 왼쪽 50코도 같은 방법으로 뜬 후 남은코는 쉼코로 둔다.

소매뜨기

1 아이보리색 스위트사 한 겹으로 3.5mm대바늘을 사용해 일반코잡기로 78코를 만들어 메리야스뜨기 100단을 뜬다.

2 소매산은 도안과 같이 줄이고 남은 20코는 코막음한다.

3 소매 입구는 핑크색 플로라사 두 겹으로 3mm대바늘을 사용해 78코 중 양쪽 7코는 한 코에 한 코씩, 중앙 64코는 두 코에 한 코씩 주워 총 46코를 만들어 가터뜨기로 4단을 뜨고 아이보리색 스위트사로 6단을 더 뜬 후 코막음한다.

4 돗바늘로 소매옆선을 잇는다.

5 같은 방법으로 소매를 한 장 더 뜬다.

잇기

1 앞·뒤판을 겉끼리 맞대고 어깨코를 코막음하여 잇는다.

2 앞·뒤판 옆선을 돗바늘로 연결한다.

3 몸판의 진동에 소매를 잘 맞추어 빼뜨기로 연결한다.

칼라뜨기

1 3.5mm대바늘로 뒷목둘레에서 42코, 앞목둘레에서 34코를 주워 메리야스뜨기로 23단을 뜨고 4mm대바늘로 바꿔서 23단을 더 뜬다.

2 핑크색 플로라사 두 겹으로 3mm대바늘을 사용해서 가터뜨기 4단, 아이보리색 스위트사 한 겹으로 가터뜨기 6단을 더 뜬 후 코막음한다.

3 세일러칼라 세로 부분에 핑크색 플로라사 두 겹으로 3mm대바늘을 사용해서 4단마다 1코씩 걸러서 코를 잡는다. 160코를 주워 가터뜨기로 4단을 뜨고, 아이보리색 스위트사 한 겹으로 가터뜨기 6단을 더 뜬 후 코막음한다.

마무리하기

1 앞목둘레에 붙여줄 바대는 3.5mm대바늘을 사용해 일반코잡기로 14코를 만들고 양쪽에서 9코를 늘려가며 메리야스뜨기로 22단을 뜬 후, 3mm대바늘로 바꿔 핑크색 플로라사 두 겹으로 가터뜨기 4단, 아이보리색으로 6단을 떠서 코막음한다.

2 바대를 앞목둘레 중심에 놓고 돗바늘로 꿰매어 준다.

3 세일러칼라가 뒤집어지지 않도록 앞중심을 돗바늘로 두세 땀 꿰매어 고정한다.

4 원피스의 주름 윗부분 안쪽에서 3cm 정도를 돗바늘로 꿰매어 주름이 가지런해지도록 해준다.

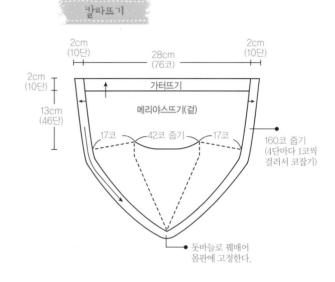

칼라뜨기

2cm (10단) 　28cm (76코) 　2cm (10단)

2cm (10단)

13cm (46단)

가터뜨기

메리야스뜨기(겉)

17코　42코 줍기　17코

160코 줍기
(4단마다 1코씩 걸러서 코잡기)

돗바늘로 꿰매어 몸판에 고정한다.

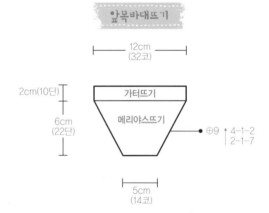

앞목바대뜨기

12cm (32코)

2cm(10단)

6cm (22단)

가터뜨기

메리야스뜨기

⊕9　4-1-2
2-1-7

5cm (14코)

메리야스뜨기 게이지 = 27코, 36단

뒤판

① **뒤판시작** (67cm×2.7코)+시접코 2코=184코

② **치마밑단길이** 1cm×5단(가터뜨기 게이지)=6단

③ **치마옆선길이** 27cm×3.6단=98단

④ **치마허리부분폭** (63cm×2.7코)+시접코 2코=172코

⑤ **치마옆선줄임코수** (시작코 184코−허리부분 172코)÷2=6코

　　　　　 98단에서 6코 줄임

* 짝수단 계산

$$6+1 \overline{)49} \quad 7$$
$$-1 \quad \overline{)49}$$
$$6 \quad 0$$

→ 7단평　→　14단평
　 7-1-6　　 14-1-6
　（×2）

⑥ **몸판허리부분** (36cm×2.7코)+시접코 2코=100코

⑦ **몸판옆선길이** 5cm×3.6단=18단

⑧ **진동길이** 15cm×3.6단=54단 평단

　　 줄임코수 (100코−등너비코수 74코)÷2=13코

* 진동줄임 계산　　　　　　　 짝수단 변경

$13코×\frac{1}{3}=4코$ → 4코 고막음 → 4코 코막음
−4

$9코×\frac{1}{2}=4코$ → 1-1-4　→　2-2-2
−4

$5코×\frac{2}{3}=3코$ → 2-1-3　→　2-1-3
−3

2　　　　　　→ 3-1-2　→　2-1-1
　　　　　　　　　　　　　　 4-1-1

　　　정리하면　4-1-1
　　　　　　　　2-1-4
　　　　　　　　2-2-2
　　　　　　　　4코 코막음

⑨ **어깨경사** 1cm×3.6단=4단,　7.5cm×2.7코=20코

　　　　 4단÷2=2회

$$2 \overline{)20} \quad 10$$
$$20$$
$$0$$

→　2-10-2

⑩ **뒷목줄임** 11cm×2.7코=30코,　1cm×3.6단=4단

17코

⌐4단　4단 4코 줄임　↑2-2-2
5 4 4

코막음

앞판

① **앞판시작** (77cm×2.7코)+시접코 2코=208코

② **치마밑단길이** 1cm×5단(가터뜨기 게이지)=6단

③ **치마옆선길이** 27cm×3.6단=98단

④ **치마허리부분폭** (72cm×2.7코)+시접코 2코=196코

⑤ **치마옆선줄임코수** (시작코 208코−허리부분 196코)÷2=6코

　　　　　 98단에서 6코 줄임

* 짝수단 계산

$$6+1 \overline{)49} \quad 7$$
$$-1 \quad \overline{)49}$$
$$6 \quad 0$$

→ 7단평　→　14단평
　 7-1-6　　 14-1-6
　（×2）

⑥ **몸판허리부분** (36cm×2.7코)+시접코 2코=100코

⑦ **몸판옆선길이** 5cm×3.6단=18단 평단

⑧ **진동길이** 15cm×3.6단=54단

　　 줄임코수 (100코−등너비코수 74코)÷2=13코

* 진동줄임 계산

$$13코 \times \frac{1}{3} = 4코 \rightarrow 4코 코막음 \rightarrow 4코 코막음$$
$$-4$$

짝수단 변경

$$9코 \times \frac{1}{2} = 4코 \rightarrow 1-1-4 \rightarrow 2-2-2$$
$$-4$$

$$5코 \times \frac{2}{3} = 3코 \rightarrow 2-1-3 \rightarrow 2-1-3$$
$$-3$$

$$2 \rightarrow 3-1-2 \rightarrow 2-1-1$$
$$4-1-1$$

정리하면
- 4-1-1
- 2-1-4
- 2-2-2
- 4코 코막음

⑨ **어깨경사** 1cm×3.6단=4단, 7.5cm×2.7코=20코

4단÷2=2회

20코÷2회=10코 → 2-10-2

⑩ **앞목** 중심을 나누어 겉메리야스를 안메리야스로 조직 바꾸기

앞목코수 (13cm×2.7코)÷2=17코

앞목단수 진동단수 54단+어깨경사 4단=58단

평단분 58단×$\frac{1}{6}$=10단평, 58단−10단=48단

48단에서 17코를 계산

* 짝수단 계산법

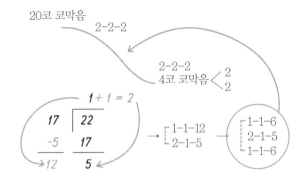

$$1+1=2$$

$$17 \overline{)\,24}$$
$$-7 \quad 17$$
$$10 \quad 7$$

$$\rightarrow \begin{array}{l} 2-1-7 \\ 1-1-10 \end{array} \rightarrow \begin{array}{l} 10단평 \\ 4-1-7 \\ 2-1-10 \end{array}$$

×2

소매

① **소매시작** (28cm×2.7코)+시접코 2코=78코

② **소매옆선** 28cm×3.6단=100단

③ **소매산길이** 9cm×3.6단=32단

소매산너비 78코×$\frac{1}{4}$=20코

줄임코수 (78코−20코)÷2=29코

32단에서 29코 줄임 → 22단에서 17코 줄임

20코 코막음

2-2-2

2-2-2
4코 코막음 < 2 , 2

$$1+1=2$$

$$17 \overline{)\,22}$$
$$-5 \quad 17$$
$$12 \quad 5$$

$$\rightarrow \begin{array}{l} 1-1-12 \\ 2-1-5 \end{array} \rightarrow \begin{array}{l} 1-1-6 \\ 2-1-5 \\ 1-1-6 \end{array}$$

대바늘로 잇기

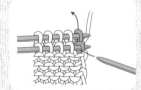

1 또는 편물을 겉과 겉이 마주보도록 놓은 다음 화살표 방향으로 바늘을 넣는다.

2 겉뜨기로 떠서 화살표 방향으로 실을 빼낸다.

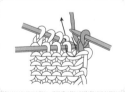

3 ①~②와 같은 방법으로 뜬 다음 2코가 되면 덮어씌우기 뜬다. 같은 방법으로 반복한다.

정리하면
┌ 2-2-2
├ 1-1-6
├ 2-1-5
├ 1-1-6
├ 2-2-2
└ 4코 코막음

④ **소맷단길이** 2cm×5단(가터뜨기 게이지)=10단

소맷단코수 (16cm×2.7코)+시접코 2코=46코

칼라

① **앞목+뒷목+앞목에서 코 만들기**

17코+42코+17코=76코

② **길이** 13cm×3.6단=46단 평단

③ **칼라단** 4단마다 1코씩 걸러서 160코 잡기

칼라단길이 2cm×5단(가터뜨기 게이지)=10단

앞목바대

① **시작** 5cm×2.7코=14코

② **길이** 6cm×3.6단=22단

③ **윗부분너비** 12cm×2.7코=32코

늘림코수 (32코−14코)÷2=9코

22단에서 9코 늘림

* **짝수단 계산**

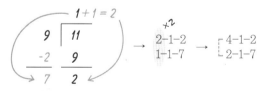

④ **단길이** 2cm×5단(가터뜨기 게이지)=10단

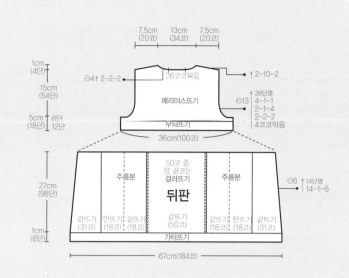

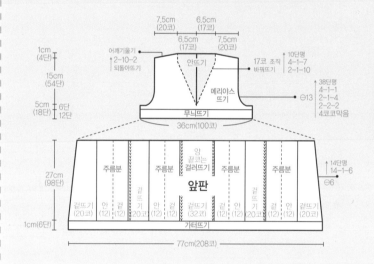

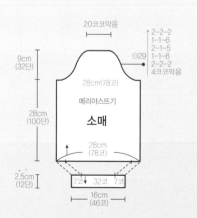

세일러칼라 원피스

7~8 세

완성치수 옷길이 60cm, 가슴둘레 80cm
재료 스위트사 아이보리 450g, 플로라사 핑크 조금, 대바늘 3mm 3.5mm 4mm, 돗바늘
게이지 메리야스뜨기 27코×36단

> h ● w   t ●   m a k e

뒤판뜨기

1 아이보리색 스위트사 한 겹으로 3mm대바늘을 사용해 일반코잡기로 208코를 만들어 가터뜨기로 6단을 뜬다.

2 핑크색 플로라사 두 겹으로 3.5mm대바늘을 사용해 2단을 뜬다.

3 아이보리색 스위트사 한 겹으로 도안처럼 양쪽에서 8코를 줄여가며 116단을 뜬 후 주름을 잡으면서 한 단을 뜨고 118단째에서 코막음한다.(주름 부분:3겹을 겹쳐서 3코를 한번에 뜬다.)

4 코막음한 단에서 다시 110코를 주워 도안처럼 무늬뜨기를 16단 하고 겉뜨기로 10단을 더 뜬다.

5 진동 들어가는 양쪽에서 4코 코막음을 한 후 2-3-1, 2-2-1, 2-1-4, 4-1-1로 줄이며 62단까지 뜬다.

6 어깨는 22코를 2-6-2, 2-5-2 되돌아뜨기 하면서 경사를 만들고, 동시에 2-2-2로 뒷목둘레를 줄인다.

7 다른 한쪽도 같은 방법으로 줄이고, 남은코는 쉼코로 둔다.

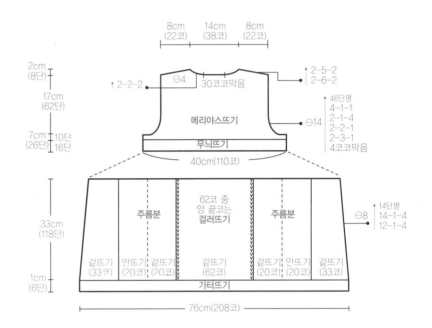

몸판무늬뜨기

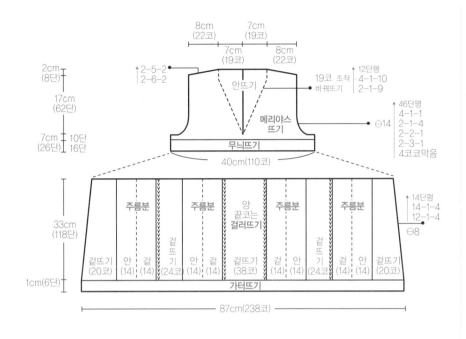

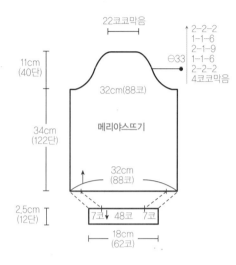

앞판뜨기

1 아이보리색 스위트사 한 겹으로 3mm대바늘을 사용해 일반코잡기로 238코를 만들어 가터뜨기 6단을 뜬다.

2 핑크색 플로라사 두 겹으로 3.5mm대바늘을 사용해 2단을 뜬다.

3 아이보리색 스위트사 한 겹으로 도안처럼 양쪽에서 8코를 줄여가며 116단을 뜬 후 주름을 잡으면서 한 단을 뜨고 118단째에서 코막음한다.(주름 부분:3겹을 겹쳐서 3코를 한 번에 뜬다.)

4 코막음한 단에서 다시 110코를 주워 도안처럼 무늬뜨기를 16단 하고 겉뜨기로 10단을 더 뜬다.

5 진동 들어가는 부분에서 왼쪽 55코는 안전핀에 옮겨 놓고, 오른쪽 55코에서 진동 줄임을 하며 동시에 세일러칼라 앞부분을 안뜨기 조직으로 2-1-9, 4-1-10, 12단평으로 바꿔가며 뜬 후 19코는 쉼코로 둔다.

6 어깨는 22코를 2-6-2, 2-5-2 되돌아뜨기 하면서 경사를 만들고 남은코는 쉼코로 둔다.

7 남아 있는 왼쪽 55코도 같은 방법으로 뜬 후 남은코는 쉼코로 둔다.

소매뜨기

1 아이보리색 스위트사 한 겹으로 3.5mm대바늘을 사용해 일반코잡기로 88코를 만들어 메리야스뜨기로 122단을 뜬다.

2 소매산은 도안과 같이 줄이고 남은 22코는 코막음한다.

3 소매 입구는 핑크색 플로라사 두 겹으로 3mm대바늘을 사용해 88코 중 양쪽 7코는 한 코에 한 코씩, 중앙 74코는 26코를 줄여 총 62코를 만들어 가터뜨기로 4단을 뜨고 아이보리색 스위트사로 6단을 더 뜬 후 코막음한다.

4 돗바늘로 소매옆선을 잇는다.

5 같은 방법으로 소매를 한 장 더 뜬다.

잇기

1 앞·뒤판을 겉끼리 맞대고 어깨코를 코막음하여 잇는다.

2 앞·뒤판 옆선을 돗바늘로 연결한다.

3 몸판의 진동에 소매를 잘 맞추어 빼뜨기로 연결한다.

칼라뜨기

1 3.5mm대바늘로 뒷목둘레에서 48코, 앞목둘레에서 38코를 주워 메리야스뜨기로 27단을 뜨고 4mm대바늘로 바꿔서 27단을 더 뜬다.

2 핑크색 플로라사 두 겹으로 3mm대바늘을 사용해서 가터뜨기 4단, 아이보리색 스위트사 한 겹으로 가터뜨기 6단을 더 뜬 후 코막음한다.

3 세일러칼라 세로 부분에 핑크색 플로라사 두 겹으로 3mm 대바늘을 사용해서 4단마다 1코씩 걸러서 코를 잡는다. 180 코를 주워 가터뜨기 4단, 아이보리색 스위트사 한 겹으로 가터뜨기 6단을 더 뜬 후 코막음한다.

마무리하기

1 앞목둘레에 붙여줄 바대는 3.5mm대바늘을 사용해 일반코잡 기로 18코를 만들고 양쪽에서 10코를 늘려가며 메리야스뜨기 28단을 뜬 후, 3mm대바늘로 바꿔 핑크색 플로라사 두 겹으로 가터뜨기 4단, 아이보리색으로 6단을 떠서 코막음한다.

2 바대를 앞목둘레 중심에 돗바늘로 꿰매어 준다.

3 세일러칼라가 뒤집어지지 않도록 앞중심을 돗바늘로 두세 땀 꿰매어 고정한다.

4 원피스의 주름 윗부분 안쪽에서 3cm 정도를 돗바늘로 꿰매 어 주름이 가지런해지도록 한다.

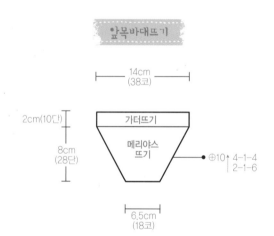

칼라뜨기

2cm
(10단)
32cm
(86코)
2cm
(10단)

2cm
(10단)

15cm
(54단)

가터뜨기

메리야스뜨기

19코   48코 줍기   19코

180코 줍기
(4단마다 1코씩
걸러서 코잡기)

돗바늘로 꿰매어
몸판에 고정한다.

앞목바대뜨기

14cm
(38코)

2cm(10단)

가더뜨기

8cm
(28단)

메리야스
뜨기

⊕10↑ 4-1-4
        2-1-6

6.5cm
(18코)

메리야스뜨기 게이지 = 27코, 36단

뒤판

① **뒤판시작** (76cm×2.7코)+시접코 2코=208코

② **치마밑단길이** 1cm×5단(가터뜨기 게이지)=6단

③ **치마옆선길이** 33cm×3.6단=118단

④ **치마허리부분폭** (70cm×2.7코)+시접코 2코=192코

⑤ **치마옆선줄임코수** (시작코 208코−허리부분 192코)÷2=8코

118단에서 8코 줄임

＊짝수단 계산

$$\frac{6+1=7}{8+1\,\big|\,\overline{\,59\,}} \quad -5 \quad \overline{54} \quad \rightarrow 4 \quad 5-1=4$$

×2

7단평
7-1-4
6-1-4

→

14단평
14-1-4
12-1-4

⑥ **몸판허리부분** (40cm×2.7코)+시접코 2코=110코

⑦ **몸판옆선길이** 7cm×3.6단=26단

⑧ **진동길이** 17cm×3.6단=62단 평단

줄임코수 (110코−등나비코수 82코)÷2=14코

＊진동줄임 계산

짝수단 변경

$14코×\frac{1}{3}=4코$ → 4코 코막음 → 4코 코막음

−4

$10코×\frac{1}{2}=5코$ → 1-1-5 →
2-3-1
2-2-1

−5

$5코×\frac{2}{3}=3코$ → 2-1-3 → 2-1-3

−3

2 → 3-1-2 →
2-1-1
4-1-1

정리하면
4-1-1
2-1-4
2-2-1
2-3-1
4코 코막음

⑨ **어깨경사** 2cm×3.6단=8단, 8cm×2.7코=22코

8단÷2=4회

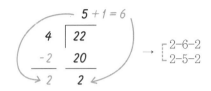

$$\frac{5+1=6}{4\,\big|\,\overline{\,22\,}} \quad -2 \quad \overline{20} \quad 2 \quad 2$$

→
2-6-2
2-5-2

⑩ **뒷목줄임** 14cm×2.7코=38코

1cm×3.6단=4단

19코

5 5 5

4단

코막음

4단에 4코 줄임 ↑ 2-2-2

앞판

① **앞판시작** (87cm×2.7코)+시접코 2코=238코

② **치마밑단길이** 1cm×5단(가터뜨기 게이지)=6단

③ **치마옆선길이** 33cm×3.6단=118단

④ **치마허리부분폭** (81.5cm×2.7코) 2코=222코

⑤ **치마옆선줄임코수** (시작코 238코−허리부분 222코)÷2=8코

118단에서 8코 줄임

＊짝수단 계산

$$\frac{6+1=7}{8+1\,\big|\,\overline{\,59\,}} \quad -5 \quad \overline{54} \quad \rightarrow 4 \quad 5-1=4$$

×2

7단평
7-1-4
6-1-4

→

14단평
14-1-4
12-1-4

⑥ **몸판허리부분** (40cm×2.7코)+시접코 2코=110코

⑦ **몸판옆선길이** 7cm×3.6단=26단 평단

⑧ **진동길이** 17cm×3.6단=62단

줄임코수 (110코−등너비코수 82코)÷2=14코

＊ 진동줄임 계산

좁수단 변경

$14코 × \frac{1}{3} = 4코$ → 4코 코막음 → 4코 코막음

-4

$10코 × \frac{1}{2} = 5코$ → 1-1-5 →

2-3-1
2-2-1

-5

$5코 × \frac{2}{3} = 3코$ → 2-1-3 → 2-1-3

-3

2 → 3-1-2 →

2-1-1
4-1-1

정리하면
┌ 4-1-1
│ 2-1-4
│ 2-2-1
│ 2-3-1
└ 4코 코막음

⑨ 어깨경사 $2cm × 3.6단 = 8단$, $8cm × 2.7코 = 22코$

$8단 ÷ 2 = 4회$

$5 + 1 = 6$

4 | 22

-2 | 20

2 | 2

→ ┌ 2-6-2
└ 2-5-2

⑩ 앞목 중심을 나누어 겉메리야스를 안메리야스로 조직 바꾸기

앞목코수 $(14cm × 2.7코) ÷ 2 = 19코$

앞목단수 진동단수 62단 + 어깨경사 8단 = 70단

평단분 $70단 × \frac{1}{6} = 12단$, 70단 - 12단 = 58단

58단에서 19코 계산

＊ 짝수단 계산

$1 + 1 = 2$

19 | 29

-10 | 19

9 | 10

→ 2-1-10
1-1-9

×2

→ ┌ 12단평
│ 4-1-10
└ 2-1-9

소매

① 소매시작 $(32cm × 2.7코) +$시접코 2코 = 88코

② 소매옆선 $34cm × 3.6단 = 122단$

③ 소매산길이 $11cm × 3.6단 = 40단$

소매산너비 $88코 × \frac{1}{4} = 22코$

줄임코수 $(88코 - 22코) ÷ 2 = 33코$

40단에서 33코 줄임 → 30단에서 21코 줄임

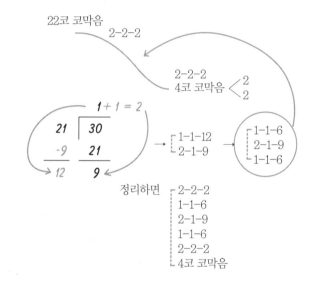

22코 코막음

2-2-2

2-2-2

4코 코막음 < 2
2

$1 + 1 = 2$

21 | 30

-9 | 21

12 | 9

→ 1-1-12
2-1-9

→ ┌ 1-1-6
│ 2-1-9
└ 1-1-6

정리하면
┌ 2-2-2
│ 1-1-6
│ 2-1-9
│ 1-1-6
│ 2-2-2
└ 4코 코막음

④ 소매단길이 $2cm × 5단$(가터뜨기 게이지)$= 10단$

소맷단코수 $(18cm × 2.7코) +$시접코 2코 = 62코

칼라

① 앞목 + 뒷목 + 앞목에서 코 만들기

19코 + 48코 + 19코 = 86코

② 길이 $15cm × 3.6단 = 54단$ 평단

③ 칼라단 4단마다 1코씩 걸러서 180코 잡기

칼라단길이 $2cm × 5단$(가터뜨기 게이지)$= 10단$

앞목바대

① **시작** 6.5cm×2.7코=18코

② **길이** 8cm×3.6단=28단

③ **윗부분너비** 14cm×2.7코=38코

   늘림코수 (38코−18코)÷2=10코

   28단에서 10코 늘림

* 짝수단 계산

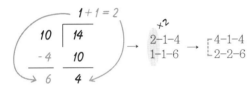

④ **단길이** 2cm×5단(가터뜨기 게이지)=10단

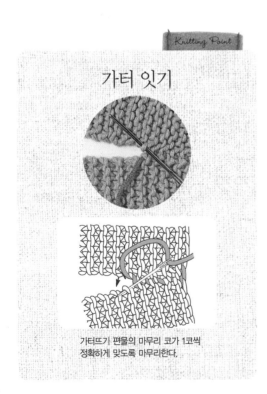

Knitting Point

가터 잇기

가터뜨기 편물의 마무리 코가 1코씩
정확하게 맞도록 마무리한다.

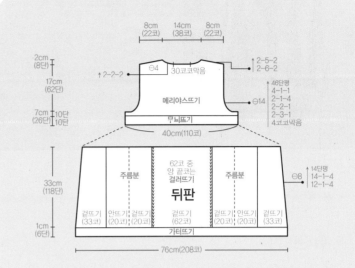

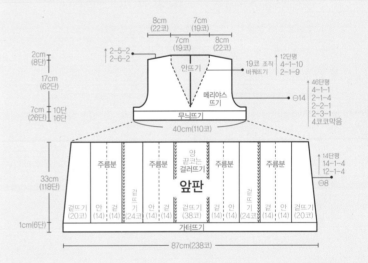

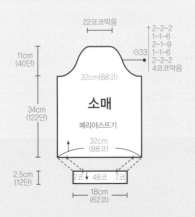

기본 브이넥 카디건

S 사이즈

완성치수 옷길이 64.5㎝ 가슴둘레 101cm, 소매길이 59cm
재료 스키얀사 블루 530g 베이지 90g 브라운 조금, 대바늘 4mm 4.5mm, 돗바늘, 단추 5개
게이지 메리야스뜨기 22.5코×30단

> **h o w   t o   m a k e**

뒤판뜨기

1 나중에 풀어낼 실로 일반코잡기로 58코를 잡는다. 스키얀사 두 겹으로 4mm대바늘을 사용하여 끌어올리기 고무단코잡기로 114코를 만들어 2×2고무뜨기로 26단을 뜬다.

2 4.5mm대바늘로 바꾸어 메리야스뜨기로 96단을 뜬다.

3 양옆 진동은 3코 코막음, 2-2-1, 2-1-3, 4-1-2로 10코를 줄이고 50단을 더 뜬다.

4 어깨코는 33코를 뜬 후 뒤로 돌려 도안과 같이 줄이고, 이와 동시에 2-8-1, 2-7-3로 어깨경사뜨기를 한다. 남은코는 쉼코로 둔다.

5 뒷목둘레 첫코에 새 실을 걸어 28코를 코막음하고 오른쪽과 대칭이 되게 뜬다. 남은코는 쉼코로 둔다.

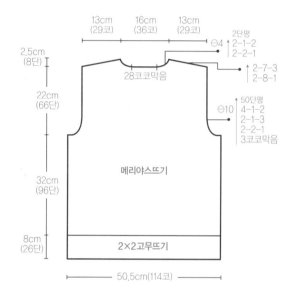

앞판뜨기

1 나중에 풀어낼 실로 일반코잡기로 30코를 잡는다. 스키얀사 두 겹으로 4mm대바늘을 사용하여 끌어올리기 고무단코잡기로 59코를 만들어 2×2고무뜨기로 26단을 뜬다.

2 4.5mm대바늘로 바꾸어 메리야스뜨기로 뜨면서 무늬색으로 아가일무늬를 넣어준다.

3 주머니는 40단을 뜨고 주머니 자리를 만든다. 14코를 뜨고 주머니 만들 30코는 옷핀에 걸어놓는다. 14코 뜬 바늘에 버림실로 감아코 30코를 만들고 남아 있는 15코를 뜬다. 계속해서 56단을 평단으로 더 뜬다.

4 진동은 도안과 같이 10코를 줄이고 50단을 더 뜬다.

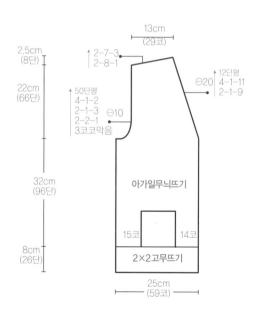

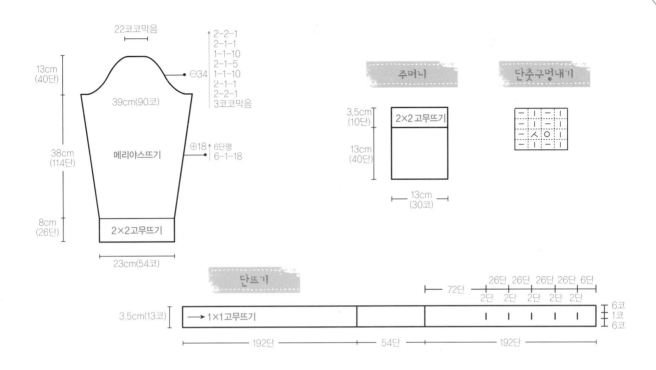

앞단뜨기

1 나중에 풀어낼 실로 일반코잡기로 7코를 잡는다. 스키얀사
두 겹으로 4mm대바늘을 사용하여 끌어올리기 고무단코잡
기로 13코를 만들어 1×1고무뜨기로 318단을 뜬다.

2 319단부터는 도안과 같이 단춧구멍을 5개 만들면서 뜬다.

3 마지막 단춧구멍을 내고 6단을 더 뜬 후 돗바늘로 마무리
한다.

마무리하기

1 앞·뒤판을 겉끼리 맞대고 어깨코를 코막음하여 잇는다.

2 돗바늘로 앞·뒤판의 옆선을 연결한다.

3 돗바늘로 소매통을 연결한다.

4 몸판 진동에 소매를 잘 맞추어 코바늘 빼뜨기로 연결한다.

5 떠 놓은 앞단은 몸판에 맞추어 꿰맨다.

6 마름모무늬 위에 돗바늘로 메리야스 덧수를 한다.

7 앞판 오른쪽에 단추를 단다.

5 진동을 줄이면서 동시에 앞목 브이넥도 2-1-9, 4-1-11로
20코를 줄이고 12단을 더 뜬다.

6 어깨경사는 진동 66단을 뜬 후 되돌아뜨기를 한다.

7 옷핀에 걸어둔 주머니코 30코를 4mm대바늘에 걸어서 2×2
고무뜨기로 10단을 뜬 후 돗바늘로 마무리한다. 버림실을 풀
어내고, 4.5mm바늘에 걸어서 메리야스뜨기로 40단을 뜬
다. 돗바늘로 앞판 안쪽에 연결한다.

8 같은 방법으로 대칭이 되게 한 장을 더 뜬다.

소매뜨기

1 나중에 풀어낼 실로 일반코잡기로 28코를 잡는다. 스키얀사
두 겹으로 4mm대바늘을 사용하여 끌어올리기 고무단코잡
기로 54코를 만들어 2×2고무뜨기로 26단을 뜬다.

2 4.5mm대바늘로 바꾸어 메리야스뜨기를 하면서 옆선을 6-
1-18로 18코를 늘려주고 6단을 더 뜬다.

3 소매산은 도안처럼 34코를 줄이고 남은 22코는 코막음한다.

4 같은 방법으로 한 장을 더 뜬다.

아가일무늬뜨기

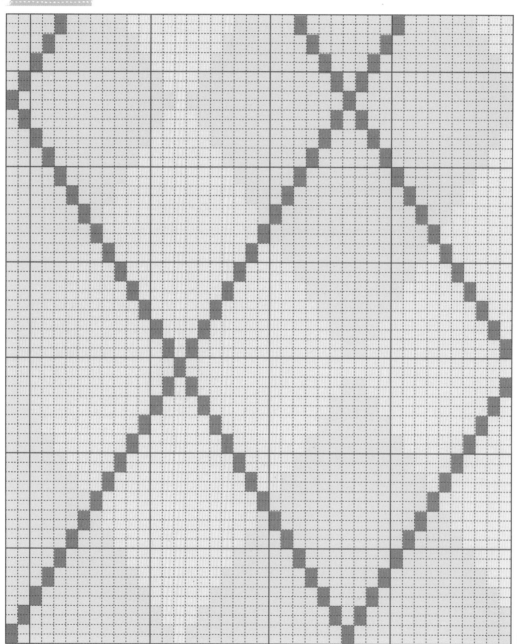

■ = 덧수

주머니(옆으로 만드는) 만들기

★ 몸판 완성 후 뜨는 경우

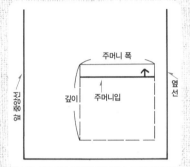

① 주머니 위치를 정하여 주머니 폭의 가운뎃부분 코를 가로로 잘라서 주머니 폭만큼 1코씩 풀어간다. 그 다음 아래위로 나눠진 코를 대바늘로 줍는다.

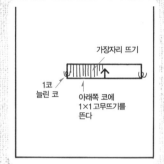

② 아래쪽 코의 양 끝 시접분으로 감아코로 1코씩 늘리고 1×1고무뜨기를 하여 주머니입 모양을 뜬다.

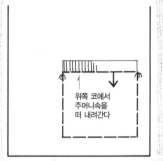

③ 위쪽 코의 양 끝에서 1코씩을 잡아 겉뜨기로 주머니속을 떠 내려간다. 아래쪽에서 코를 잡아 주머니속이 겉으로 나오지 않도록 하여 1×1고무뜨기로 주머니 입구를 뜬다.

★ 몸판과 같이 뜨는 경우

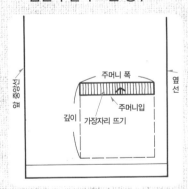

① 몸판을 주머니입까지 뜨고 쉬게 한다.

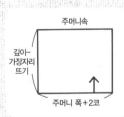

② 주머니 폭에 시접분으로 2코를 더해 주머니속을 뜬다.

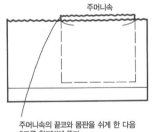

③ 몸판의 주머니입 폭을 쉬게 하고 몸판 쉬는 코의 양 끝코와 주머니속 양 끝 1코씩을 한꺼번에 뜨고 몸판은 계속해서 뜬다.

메리야스뜨기 게이지 = 22.5코, 30단

뒤판

① **뒤판시작** (50.5cm×2.25코)+시접코 2코=114코

② **밑단** (8cm×3단)×1.1=26단

③ **옆선길이** 32cm×3단=96단

④ **진동길이** 22cm×3단=66단

줄임코수 (시작코114코−등너비94코)÷2=10코

*진동줄임 계산

$$10코 \times \frac{1}{3} = 3코 \rightarrow 3코 코막음 \rightarrow 3코 코막음$$
$$-3$$

$$7코 \times \frac{1}{2} = 3코 \rightarrow 1-1-3 \rightarrow \begin{matrix} 2-2-1 \\ 2-1-1 \end{matrix}$$
$$-3$$

$$4코 \times \frac{2}{3} = 2코 \rightarrow 2-1-2 \rightarrow 2-1-2$$
$$-2$$

$$2 \rightarrow 3-1-2 \rightarrow \begin{matrix} 2-1-1 \\ 4-1-1 \end{matrix} \text{ or } 4-1-2$$

정리하면 ┌ 4-1-2
        ┊ 2-1-3
        ┊ 2-2-1
        └ 3코 코막음

⑤ **어깨경사** 2.5cm×3단=8단,   13cm×2.25코=29코

8단÷2=4회

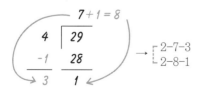

┌ 2-7-3
└ 2-8-1

⑥ **뒷목줄임** 16cm×2.25코=36코,   2.5cm×3단=8단

18코
5 5 4   ⊥8단   8단에 4코 줄임↑ 2단평
코막음   2-1-2
                                   2-2-1

앞판

① **앞판시작** (25cm×2.25코)+시접코 2코=58코+1(무늬중심)
                                   =59코

②~⑤ 뒤판과 동일

⑥ **앞목줄임** 24.5cm×3단=74단

평단분 74단×$\frac{1}{6}$=12단평

줄임단수 74단-12단=62단

줄임코수 시작코59코 − 진동줄임코10코 − 어깨코29코=20코

62단에서 20코 줄임

*짝수단 계산

```
        1+1=2
  20 | 31              ×2        ┌12단평
 -11 | 20    →   2-1-11   →   │4-1-11
────────         1-1-9        └2-1-9
   9 | 11
```

주머니

① **너비** 13cm×2.25코=30코

② **길이** 13cm×3단=40단

③ **단길이** 3.5cm×3단=10단

소매

① **소매시작** (23cm×2.25코)+시접코 2코=54코

② **밑단** (8cm×3단)×1.1=26단

③ **옆선길이** 38cm×3단=114단

  늘림코수 (90코-54코)÷2=18코+1(평단분)

    114단에 18코 늘림

* **짝수단 계산**

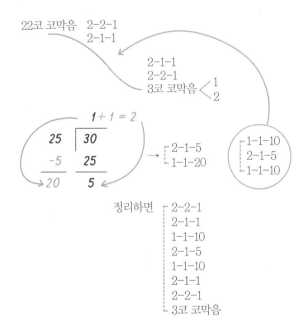

$$18 \oplus 1 \enspace\overline{\smash{\big)}\ 57} \quad {\times 2}$$

→ 3단평 → 6단평
  3-1-18   6-1-18

④ **소매산길이** 13cm×3단=40단

  소매산너비 90코×$\frac{1}{4}$=22코 코막음

  줄임코수 (90코-22코)÷2=34코

    40단에 34코 줄임 → 30단에 25코 줄임

22코 코막음 2-2-1
        2-1-1

        2-1-1
        2-2-1
      3코 코막음 $\langle \begin{smallmatrix} 1 \\ 2 \end{smallmatrix}$

$1+1=2$

$$25 \enspace\overline{\smash{\big)}\ 30}$$

→ 2-1-5
  1-1-20

1-1-10
2-1-5
1-1-10

정리하면 ┌ 2-2-1
      │ 2-1-1
      │ 1-1-10
      │ 2-1-5
      │ 1-1-10
      │ 2-1-1
      │ 2-2-1
      └ 3코 코막음

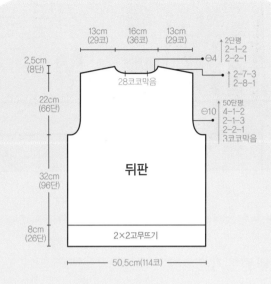

뒤판

13cm(29코) 16cm(36코) 13cm(29코)
2.5cm(8단)
28코코막음
2단평 2-1-2 / 2-2-1
2-7-3 / 2-8-1
⊖4
22cm(66단)
⊖10
50단평 4-1-2 / 2-1-3 / 2-2-1 / 3코코막음
32cm(96단)
8cm(26단) 2×2고무뜨기
50.5cm(114코)

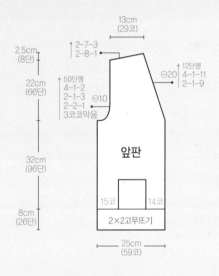

앞판

13cm(29코)
2.5cm(8단)
2-7-3 / 2-8-1
50단평 4-1-2 / 2-1-3 / 2-2-1 / 3코코막음
⊖10
⊖20
12단평 4-1-11 / 2-1-9
22cm(66단)
32cm(96단)
15코 14코
8cm(26단) 2×2고무뜨기
25cm(59코)

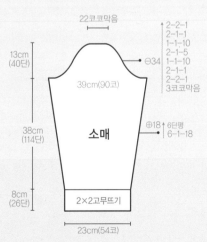

소매

22코코막음
2-2-1 / 2-1-1 / 1-1-10 / 2-1-5 / 1-1-10 / 2-1-1 / 2-2-1 / 3코코막음
⊖34
13cm(40단)
39cm(90코)
38cm(114단)
⊕18
6단평 6-1-18
8cm(26단) 2×2고무뜨기
23cm(54코)

기본 브이넥 카디건

Ⓜ 사이즈

완성치수 옷길이 67.5cm 가슴둘레 105cm, 소매길이 59.5cm
재료   스키얀사 블루 550g 베이지 100g 브라운 조금, 대바늘 4mm 4.5mm, 돗바늘, 단추 5개
게이지   메리야스뜨기 22.5코×30단

> **h o w   t o   m a k e**

뒤판뜨기

1 나중에 풀어낼 실로 일반코잡기로 61코를 잡는다. 스키얀사
  두 겹으로 4mm대바늘을 사용하여 끌어올리기 고무단코잡
  기로 120코를 만들어 2×2고무뜨기로 26단을 뜬다.

2 4.5mm대바늘로 바꾸어 메리야스뜨기로 102단을 뜬다.

3 양옆 진동은 3코 코막음, 2-2-2, 2-1-2, 4-1-2로 11코를
  줄이고 52단을 더 뜬다.

4 어깨코는 34코를 뜬 후 뒤로 돌려 도안과 같이 줄이고, 이와
  동시에 2-8-2, 2-7-2로 어깨경사뜨기를 한다. 남은코는 쉼
  코로 둔다.

5 뒷목둘레 첫코에 새 실을 걸어 30코를 코막음하고 오른쪽과
  대칭이 되게 뜬다. 남은코는 쉼코로 둔다.

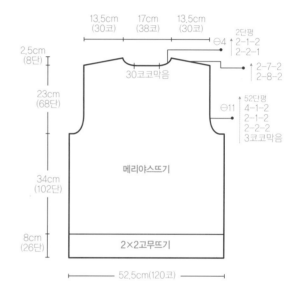

13.5cm (30코) 17cm (38코) 13.5cm (30코)
2.5cm (8단)
2단평 ⊝4 ↑ 2-1-2 / 2-2-1
30코코막음
↑ 2-7-2 / 2-8-2
23cm (68단)
⊝11 52단평 4-1-2 / 2-1-2 / 2-2-2 / 3코코막음
메리야스뜨기
34cm (102단)
8cm (26단) 2×2고무뜨기
52.5cm(120코)

앞판뜨기

1 나중에 풀어낼 실로 일반코잡기로 31코를 잡는다. 스키얀사
  두 겹으로 4mm대바늘을 사용하여 끌어올리기 고무단코잡
  기로 61코를 만들어 2×2고무뜨기로 26단을 뜬다.

2 4.5mm대바늘로 바꾸어 메리야스뜨기로 뜨면서 무늬색으로
  아가일무늬를 넣어준다.

3 주머니는 40단을 뜨고 주머니 자리를 만든다. 15코를 뜨고
  주머니 만들 30코는 옷핀에 걸어놓는다. 15코를 뜬 바늘에
  버림실로 감아코 30코를 만들고 남아 있는 16코를 뜬다. 계
  속해서 62단을 평단으로 더 뜬다.

4 진동은 도안과 같이 11코를 줄이고 52단을 더 뜬다.

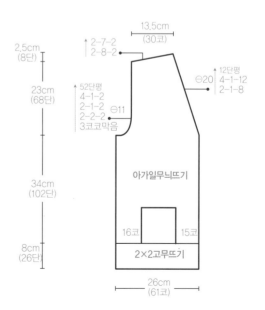

2.5cm (8단)
↑ 2-7-2 / 2-8-2
13.5cm (30코)
23cm (68단)
52단평 4-1-2 / 2-1-2 / 2-2-2 / 3코코막음 ⊝11
12단평 ⊝20 4-1-12 / 2-1-8
아가일무늬뜨기
34cm (102단)
16코 15코
8cm (26단) 2×2고무뜨기
26cm (61코)

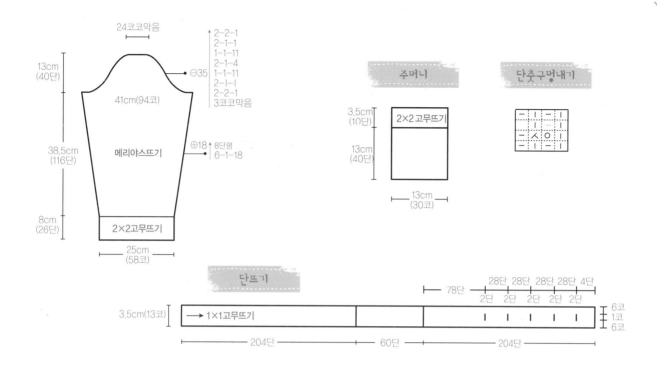

소매뜨기

5 진동을 줄이면서 동시에 앞목 브이넥도 2-1-8, 4-1-12로
20코를 줄이고 12단을 더 뜬다.

6 어깨경사는 진동 68단을 뜬 후 되돌아뜨기를 한다.

7 옷핀에 걸어둔 주머니코 30코를 4mm대바늘에 걸어서 2×2
고무뜨기로 10단을 뜬 후 돗바늘로 마무리한다. 버림실을 풀
어내고, 4.5mm바늘에 걸어서 메리야스뜨기로 40단을 뜬
다. 돗바늘로 앞판 안쪽에 연결한다.

8 같은 방법으로 대칭이 되게 한 장을 더 뜬다.

소매뜨기

1 나중에 풀어낼 실로 일반코잡기로 30코를 잡는다. 스키얀사
두 겹으로 4mm대바늘을 사용하여 끌어올리기 고무단코잡
기로 58코를 만들어 2×2고무뜨기로 26단을 뜬다.

2 4.5mm대바늘로 바꾸어 메리야스뜨기를 하면서 옆선을
6-1-18로 18코를 늘려주고 8단을 더 뜬다.

3 소매산은 도안처럼 35코를 줄이고 남은 24코는 코막음한다.

4 같은 방법으로 한 장을 더 뜬다.

앞단뜨기

1 나중에 풀어낼 실로 일반코잡기로 7코를 잡는다. 스키얀사
두 겹으로 4mm대바늘을 사용하여 끌어올리기 고무단코잡
기로 13코를 만들어 1×1고무뜨기로 342단을 뜬다.

2 343단부터는 도안과 같이 단춧구멍을 5개 만들면서 뜬다.

3 마지막 단춧구멍을 내고 4단을 더 뜬 후 돗바늘로 마무리
한다.

마무리하기

1 앞·뒤판을 겉끼리 맞대고 어깨코를 코막음하여 잇는다.

2 돗바늘로 앞·뒤판의 옆선을 연결한다.

3 돗바늘로 소매통을 연결한다.

4 몸판 진동에 소매를 잘 맞추어 코바늘 빼뜨기로 연결한다.

5 떠 놓은 앞단은 몸판에 맞추어서 꿰맨다.

6 마름모무늬 위에 돗바늘로 메리야스 덧수를 한다.

7 앞판 오른쪽에 단추를 단다.

●아가일무늬뜨기

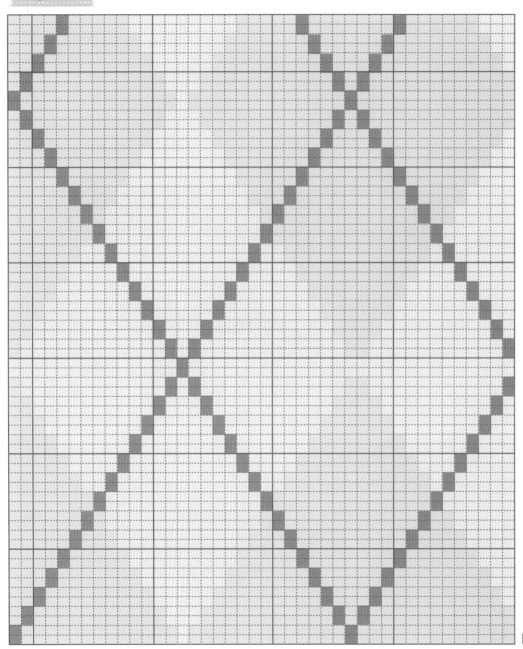

150

■ = 덧수

배색하기

★ 뒤에 실을 걸치지 않는 경우

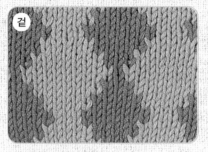
겉

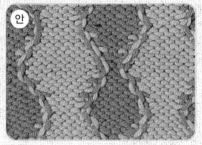
안

★ 뒤에 실을 걸치는 경우

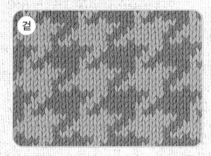
겉

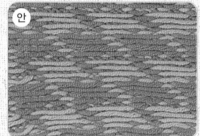
안

실 연결하기

★ 편물 끝에서 잇기

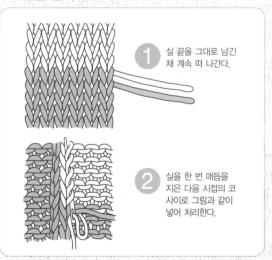

1 실 끝을 그대로 남긴 채 계속 떠 나간다.

2 실을 한 번 매듭을 지은 다음 시접의 코 사이로 그림과 같이 넣어 처리한다.

★ 편물 도중에 잇기

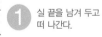

1 실 끝을 남겨 두고 떠 나간다.

2 남은 실을 왼쪽 방향의 코에 넣어 통과시킨다.

메리야스뜨기 게이지 = 22.5코, 30단

뒤판

① **뒤판시작** (52.5cm×2.25코)+시접코 2코=120코

② **밑단** (8cm×3단)×1.1=26단

③ **옆선길이** 34cm×3단=102단

④ **진동길이** 23cm×3단=68단

　　줄임코수 (시작코 120코−등너비 98코)÷2=11코

* **진동줄임 계산**

　　　　　　　　　　　　　　짝수단 변경

$$11코×\frac{1}{3}=3코 \rightarrow 3코 코막음 \rightarrow 3코 코막음$$
$$-3$$
$$\overline{}$$
$$8코×\frac{1}{2}=4코 \rightarrow 1-1-4 \rightarrow 2-2-2$$
$$-4$$
$$\overline{}$$
$$4코×\frac{2}{3}=2코 \rightarrow 2-1-2 \rightarrow 2-1-2$$
$$-2$$
$$\overline{}$$
$$2 \rightarrow 3-1-2 \rightarrow 4-1-2 \ or \begin{cases} 2-1-1 \\ 4-1-1 \end{cases}$$

　　　　　　　　정리하면 ┌ 4-1-2
　　　　　　　　　　　　　├ 2-1-2
　　　　　　　　　　　　　├ 2-2-2
　　　　　　　　　　　　　└ 3코 코막음

⑤ **어깨경사** 2.5cm×3단=8단,　13.5cm×2.25코=30코

　　　　　　　8단÷2=4회

$$7+1=8$$
$$4 \overline{\smash{\big)}\, 30}$$
$$-2 28 \quad \rightarrow \begin{array}{l} 2-7-2 \\ 2-8-2 \end{array}$$
$$2 2$$

⑥ **뒷목줄임** 17cm×2.25코=38코,　2.5cm×3단=8단

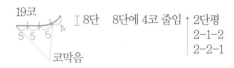

19코　　　　　I 8단　8단에 4코 줄임 ↑ 2단평
5 5 5　　　　　　　　　　　　　　　2-1-2
　　　　　　　　　　　　　　　　　2-2-1
　　　　코막음

앞판

① **앞판시작** (26cm×2.25코)+시접코 2코=60코+1(무늬중심)

　　　　　　　　　　　　　　　　　　　=61코

②~⑤ 뒤판과 동일

⑥ **앞목줄임** 25.5cm×3단=76단

　　평단분 76단×$\frac{1}{6}$=12단 평단

　　줄임단수 76단−12단=64단

　　줄임코수 시작코 61코−진동줄임코 11코−어깨코 30코=20코

　　　　　　　64단에서 20코 줄임

* **짝수단 계산**

$$1+1=2$$
$$20 \overline{\smash{\big)}\, 32}$$
$$-12 20 \quad \rightarrow \begin{array}{l} 2-1-12 \\ 1-1-8 \end{array} \xrightarrow{×2} \begin{array}{l} 12단평 \\ 4-1-12 \\ 2-1-8 \end{array}$$
$$8 12$$

주머니

① **너비** 13cm×2.25코=30코

② **길이** 13cm×3단=40단

③ **단길이** 3.5cm×3단=10단

소매

① **소매시작** (25cm×2.25코)+시접코 2코=58코

② **밑단** (8cm×3단)×1.1=26단

③ **옆선길이** 38.5cm×3단=116단

    늘림코수 (94코−58코)÷2=18코+1(평단분)

    116단에 18코 늘림

＊ 짝수단 계산

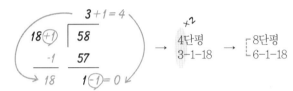

④ **소매산길이** 13cm×3단=40단

    소매산너비 94코×$\frac{1}{4}$=24코 코막음

    줄임코수 (94코−24코)÷2=35코

        40단에 35코 줄임 → 30단에 26코 줄임

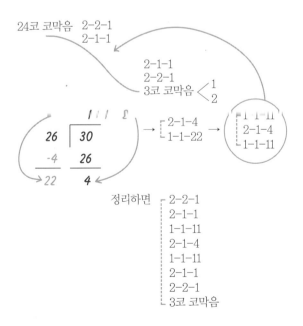

정리하면
- 2-2-1
- 2-1-1
- 1-1-11
- 2-1-4
- 1-1-11
- 2-1-1
- 2-2-1
- 3코 코막음

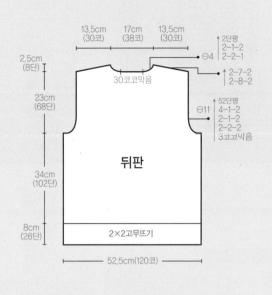

뒤판

13.5cm (30코)　17cm (38코)　13.5cm (30코)

2.5cm (8단)

30코코막음

↑2단평
2-1-2
2-2-1

⊖4

2-7-2
2-8-2

23cm (68단)

52단평
4-1-2
2-1-2
2-2-2
3코코막음

⊖11

34cm (102단)

8cm (26단)　2×2고무뜨기

52.5cm(120코)

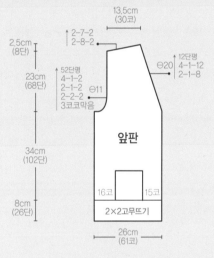

앞판

13.5cm (30코)

2.5cm (8단)

2-7-2
2-8-2

↑12단평
4-1-12
2-1-8

⊖20

23cm (68단)

52단평
4-1-2
2-1-2
2-2-2
3코코막음

⊖11

34cm (102단)

16코　15코

8cm (26단)　2×2고무뜨기

26cm (61코)

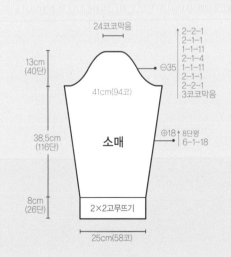

소매

24코코막음

2-2-1
2-1-1
1-1-11
2-1-4
1-1-11
2-1-1
2-2-1
3코코막음

13cm (40단)

41cm(94코)

⊖35

38.5cm (116단)

⊕18 ↑8단평
6-1-18

8cm (26단)　2×2고무뜨기

25cm(58코)

기본 브이넥 카디건

L 사이즈

완성치수 옷길이 70.5㎝ 가슴둘레 112cm, 소매길이 60cm
재료 스키얀사 블루 600g 베이지 150g 브라운 조금, 대바늘 4mm 4.5mm, 돗바늘, 단추 5개
게이지 메리야스뜨기 22.5코×30단

> **how to make**

뒤판뜨기

1 나중에 풀어낼 실로 일반코잡기로 65코를 잡는다. 스키얀사 두 겹으로 4mm대바늘을 사용하여 끌어올리기 고무단코잡기로 128코를 만들어 2×2고무뜨기로 26단을 뜬다.

2 4.5mm대바늘로 바꾸어 메리야스뜨기로 108단을 뜬다.

3 양옆 진동은 4코 코막음, 2-2-2, 2-1-2, 4-1-2로 12코를 줄이고 56단을 더 뜬다.

4 어깨코는 37코를 뜬 후 뒤로 돌려 도안과 같이 줄이고, 이와 동시에 2-8-4로 어깨경사뜨기를 한다. 남은코는 쉼코로 둔다.

5 뒷목둘레 첫코에 새 실을 걸어 30코를 코막음하고 오른쪽과 대칭이 되게 뜬다. 남은코는 쉼코로 둔다.

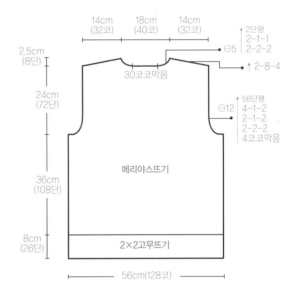

앞판뜨기

1 나중에 풀어낼 실로 일반코잡기로 33코를 잡는다. 스키얀사 두 겹으로 4mm대바늘을 사용하여 끌어올리기 고무단코잡기로 65코를 만들어 2×2고무뜨기로 26단을 뜬다.

2 4.5mm대바늘로 바꾸어 메리야스뜨기로 뜨면서 무늬색으로 아가일무늬를 넣어준다.

3 주머니는 40단을 뜨고 주머니 자리를 만든다. 17코를 뜨고 주머니 만들 30코는 옷핀에 걸어놓는다. 17코를 뜬 바늘에 버림실로 감아코 30코를 만들고 남아 있는 18코를 뜬다. 계속해서 68단을 평단으로 더 뜬다.

4 진동은 도안과 같이 12코를 줄이고 56단을 더 뜬다.

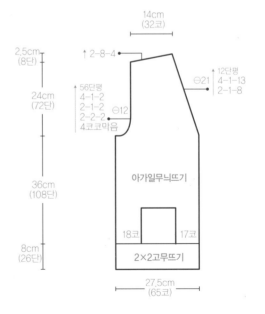

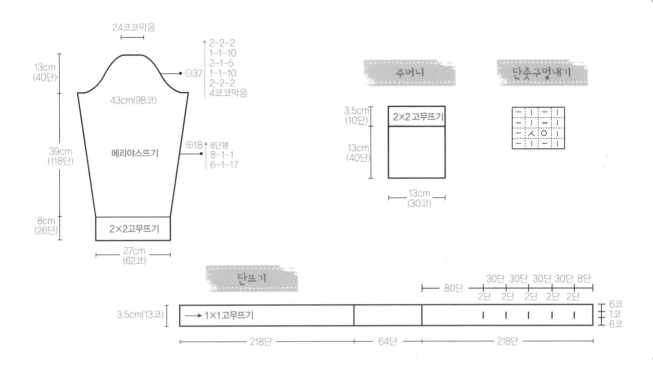

24코코막음

2-2-2
1-1-10
2-1-5
1-1-10
2-2-2
4코코막음

⊖37

13cm
(40단)

43cm(98코)

39cm
(118단)

메리야스뜨기

⊕18 8단평
8-1-1
6-1-17

8cm
(26단)

2×2고무뜨기

27cm
(62코)

주머니

3.5cm
(10단)

2×2 고무뜨기

13cm
(40단)

13cm
(30코)

단춧구멍내기

단뜨기

3.5cm(13코)

→ 1×1고무뜨기

218단

64단

80단

30단 30단 30단 8단
2단 2단 2단 2단 2단

6코
1코
6코

218단

---

5 진동을 줄이면서 동시에 앞목 브이넥도 2-1-8, 4-1-13로 21코를 줄이고 12단을 더 뜬다.

6 어깨경사는 진동 68단을 뜬 후 되돌아뜨기를 한다.

7 옷편에 걸어둔 주머니코 30코를 4mm대바늘에 걸어서 2×2 고무뜨기로 10단을 뜬 후 돗바늘로 마무리한다. 버림실을 풀어내고, 4.5mm바늘에 걸어서 메리야스뜨기로 40단을 뜬다. 돗바늘로 앞판 안쪽에 연결한다.

8 같은 방법으로 대칭이 되게 한 장을 더 뜬다.

소매뜨기

1 나중에 풀어낼 실로 일반코잡기로 32코를 잡는다. 스키얀사 두 겹으로 4mm대바늘을 사용하여 끌어올리기 고무단코잡기로 62코를 만들어 2×2고무뜨기로 26단을 뜬다.

2 4.5mm대바늘로 바꾸어 메리야스뜨기를 하면서 옆선을 6-1-17, 8-1-1로 18코를 늘려주고 8단을 더 뜬다.

3 소매산은 도안처럼 37코를 줄이고 남은 24코는 코막음한다.

4 같은 방법으로 한 장을 더 뜬다.

앞단뜨기

1 나중에 풀어낼 실로 일반코잡기로 7코를 잡는다. 스키얀사 두 겹으로 4mm대바늘을 사용하여 끌어올리기 고무단코잡기로 13코를 만들어 1×1고무뜨기로 362단을 뜬다.

2 363단부터는 도안과 같이 단춧구멍을 5개 만들면서 뜬다.

3 마지막 단춧구멍을 내고 8단을 더 뜬 후 돗바늘로 마무리한다.

마무리하기

1 앞·뒤판을 겉끼리 맞대고 어깨코를 코막음하여 잇는다.

2 돗바늘로 앞·뒤판의 옆선을 연결한다.

3 돗바늘로 소매통을 연결한다.

4 몸판 진동에 소매를 잘 맞추어 코바늘 빼뜨기로 연결한다.

5 떠 놓은 앞단은 몸판에 맞추어 꿰맨다.

6 마름모무늬 위에 돗바늘로 메리야스 덧수를 한다.

7 앞판 오른쪽에 단추를 단다.

아가일무늬뜨기

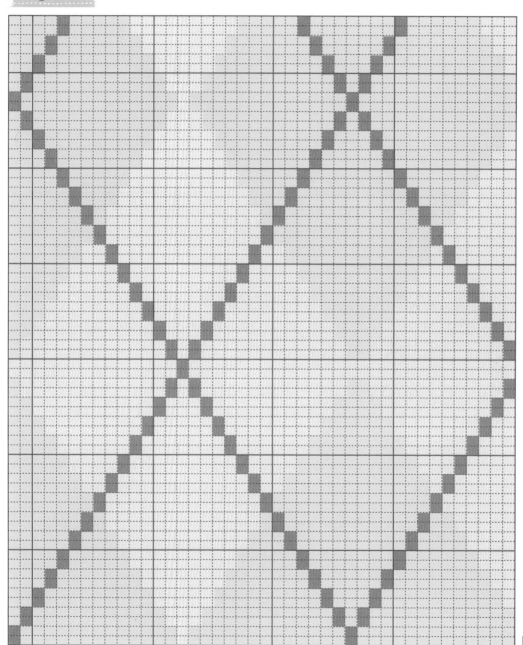

■ = 덧수

배색뜨기

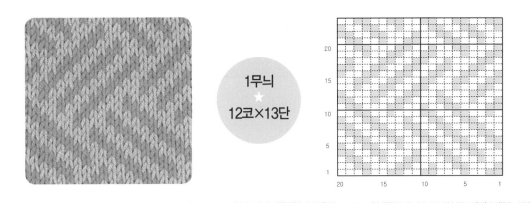

1무늬
★
12코×13단

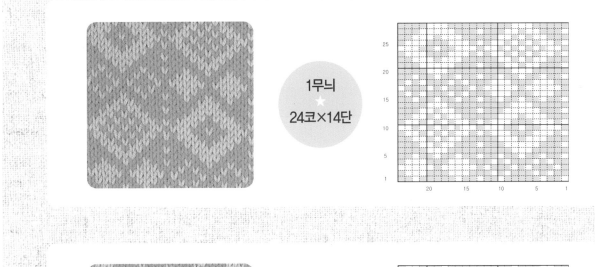

1무늬
★
24코×14단

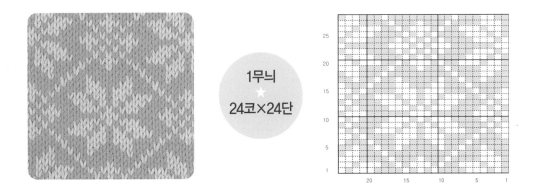

1무늬
★
24코×24단

메리야스뜨기 게이지 = 22.5코, 30단

뒤판

① **뒤판시작** (56cm×2.25코)+시접코 2코=128코

② **밑단** (8cm×3단)×1.1=26단

③ **옆선길이** 36cm×3단=108단

④ **진동길이** 24cm×3단=72단

　　줄임코수 (시작코 128코−등너비 104코)÷2=12코

＊ 진동줄임 계산　　　　　　　　　짝수단 면겹

$$12코 \times \frac{1}{3} = 4코 \rightarrow 4코\ 코막음 \rightarrow 4코\ 코막음$$
$$-4 \leftarrow$$
───────────────
$$8코 \times \frac{1}{2} = 4코 \rightarrow 1\text{-}1\text{-}4 \rightarrow 2\text{-}2\text{-}2$$
$$-4 \leftarrow$$
───────────────
$$4코 \times \frac{2}{3} = 2코 \rightarrow 2\text{-}1\text{-}2 \rightarrow 2\text{-}1\text{-}2$$
$$-2 \leftarrow$$
───────────────
$$2 \qquad \rightarrow 3\text{-}1\text{-}2 \rightarrow \begin{matrix} 2\text{-}1\text{-}1 \\ 4\text{-}1\text{-}1 \end{matrix}\ or\ 4\text{-}1\text{-}2$$

　　　　　　　　　정리하면 ┌ 4-1-2
　　　　　　　　　　　　　　 2-1-2
　　　　　　　　　　　　　　 2-2-2
　　　　　　　　　　　　　 └ 4코 코막음

⑤ **어깨경사** 2.5cm×3단=8단,　14cm×2.25코=32코

　　　　　　 8÷2=4회

$$4\ \overline{\smash{\big)}\ 32}^{\displaystyle 8}$$
$$\ \underline{32}$$
$$\ \ 0$$

　　　　　　　→ 2-8-4

⑥ **뒷목줄임** 18cm×2.25코=40코,　2.5cm×3단=8단

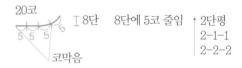

20코　　　Ⅰ8단　　8단에 5코 줄임　↑2단평
5 5 5 ⁄　　　　　　　　　　　　　　　2-1-1
　　코막음　　　　　　　　　　　　 2-2-2

앞판

① **앞판시작** (27.5cm×2.25코)+시접코 2코=64코+1(무늬중심)
　　　　　　　　　　　　　　　　　　　　　　　=65코

②~⑤ 뒤판과 동일

⑥ **앞목줄임** 26.5cm×3단=80단

　　평단분 80단×$\frac{1}{6}$=12단평

　　줄임단수 80단-12단=68단

　　줄임코수 시작코 65코 − 진동줄임코 12코 − 어깨코 35코=21코

　　　　　　 68단에서 21코 줄임

＊ 짝수단 계산

$$\begin{matrix} & 1+1=2 \\ 21 & \overline{)34} \\ \underline{-13} & 21 \\ 8 & 13 \end{matrix} \quad \xrightarrow{\times 2} \quad \begin{matrix} 2\text{-}1\text{-}13 \\ 1\text{-}1\text{-}8 \end{matrix} \rightarrow \begin{matrix} 12단평 \\ 4\text{-}1\text{-}13 \\ 2\text{-}1\text{-}8 \end{matrix}$$

주머니

① **너비** 13cm×2.25코=30코

② **길이** 13cm×3단=40단

③ **단길이** 3.5cm×3단=10단

소매

① **소매시작** (27cm×2.25코)+시접코 2코=62코

② **밑단** (8cm×3단)×1.1=26단

③ **옆선길이** 39cm×3단=118단

  늘림코수 (98코−62코)÷2=18코+1(평단분)

   118단에서 18코 늘림

＊ **짝수단 계산**

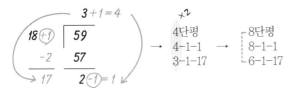

④ **소매산길이** 13cm×3단=40단

  소매산너비 98코×$\frac{1}{4}$=24코 코막음

  줄임코수 (98코−24코)÷2=37코

   40단에 37코 줄임 → 30단에 25코 줄임

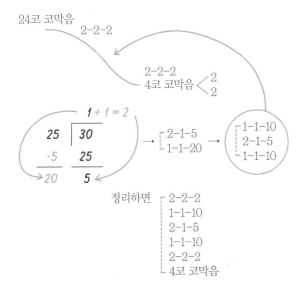

정리하면
```
┌ 2-2-2
│ 1-1-10
│ 2-1-5
│ 1-1-10
│ 2-2-2
└ 4코 코막음
```

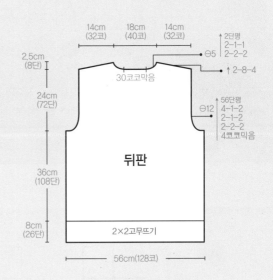

뒤판

14cm(32코) 18cm(40코) 14cm(32코)
2.5cm(8단)
30코코막음
2단평
2-1-1
2-2-2
↑2-8-4
24cm(72단)
56단평
4-1-2
1-1-2
2-2-2
4코코막음
⊖12
36cm(108단)
8cm(26단)
2×2고무뜨기
56cm(128코)

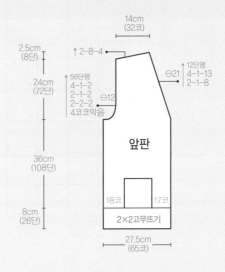

앞판

14cm(32코)
2.5cm(8단)
↑2-8-4
24cm(72단)
56단평
4-1-2
2-1-2
2-2-2
4코코막음
⊖12
12단평
4-1-13
2-1-8
⊖21
36cm(108단)
18코 17코
8cm(26단)
2×2고무뜨기
27.5cm(65코)

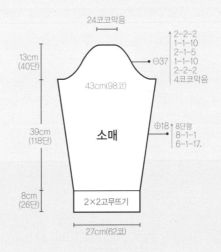

소매

24코코막음
13cm(40단)
43cm(98코)
2-2-2
1-1-10
2-1-5
1-1-10
2-2-2
4코코막음
⊖37
39cm(118단)
⊕18
8단평
8-1-1
6-1-17.
8cm(26단)
2×2고무뜨기
27cm(62코)

게이지 산출

159

사각모티브 조끼

S 사이즈

완성치수 옷길이 52cm, 가슴둘레 78cm
재료 스텝6사 300g, 대바늘 3.5mm, 돗바늘
게이지 가터뜨기 25코×50단

> h o w   t o   m a k e

A

19.5cm

| 84 | | 81 | | 80 | | 75 |

| 83 | 82 | | 79 | 78 | 77 | 76 | | 74 | 73 |

| 72 | 71 | 70 | 69 | 68 | 67 | 66 | 65 | 64 | 63 | 62 | 61 |

| 60 | 59 | 58 | 57 | 56 | 55 | 54 | 53 | 52 | 51 | 50 | 49 |

| 48 | | | | | | | | | | | 37 |

32.5cm

| 36 | | | | | | | | | | | 25 |

| 24 | | | | | | | | | | 14 | 13 |

| 12 | 11 | 10 | 9 | 8 | 7 | 6 | 5 | 4 | 3 | 2 | 1 |

c b a / a

78cm

뜨기

1 도안A와 같이 번호 순서대로 모티브를 뜬다. 1번 모티브는 3.5mm대바늘로 일반코잡기로 33코를 잡아서 겉뜨기로 1단을 뜬 다음 2단째부터 전체코의 중심에서 중심3코모아뜨기를 한다. 2단마다 모아뜨기를 하면서 1코가 남을 때까지 가터뜨기로 뜬다. 이때 첫코는 항상 뜨지 않고 겉뜨기로 빼준다.

2 모티브 2번은 도안B의 b부분에서 16코를 잡고 감아코로 17코를 만든다. 2단마다 중심3코모아뜨기를 하면서 1코 남을 때까지 뜬다. 같은 방법으로 12번까지 뜨고 실을 잘라낸다.

3 모티브 13번은 도안B를 참고로 일반코잡기로 16코를 잡고 1번 모티브의 윗부분 c에서 17코를 잡아 모티브를 뜬다. 25, 37, 49, 61, 65, 71, 73, 75, 76, 80, 81, 82, 84번 모티브도

같은 방법으로 뜬다.

4 나머지 모티브는 도안B와 같이 c와 d부분에서 각각 16코를 잡고 중심3코모아뜨기 부분에서 1코를 잡아 총 33코로 1코가 남을 때까지 줄이면서 모티브를 뜬다.

5 63, 64, 69, 70번의 삼각형 모티브는 도안C를 참고로 c부분에서(51, 52, 57, 58번 모티브 윗부분) 17코를 잡아(1코는 꿰매어 없어질 코) 한쪽에서만 2단마다 1코씩 줄여 1코가 남을 때까지 가터뜨기로 뜬다. 도안C의 a와 b부분을 돗바늘로 꿰맨다.

6 도안A의 어깨 부분을 같은 무늬끼리 돗바늘로 꿰맨다.

7 도안A의 점선 부분을 바깥방향으로 접어서 단추를 달아 고정한다.

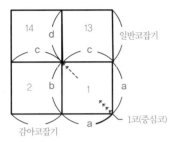

B

일반코잡기

감아코잡기

1코(중심코)

a, b, d = 16코
c = 17코

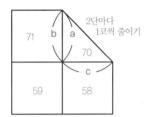

C

2단마다
1코씩 줄이기

가터뜨기 게이지 = 25코, 50단

① **몸판** 모티브 1장 크기 6.5cm×6.5cm

6.5cm×2.5코=16코

6.5cm×5단=32단

32단

6.5cm
(16코)

6.5cm(16코)

가슴둘레 78cm÷6.5cm=12장의 모티브가 필요함.

진동전길이 32.5cm÷6.5cm=5줄

② **진동** 19.5cm÷6.5cm=3줄

줄임치수 6.5cm÷6.5cm=1장

③ **어깨** 6.5cm÷6.5cm=1장

④ **앞목과 뒷목** 13cm÷6.5cm=2장

마지막코 처리하기

★ 끝코를 둥글게 하여 옮기는 경우

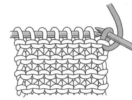 

1 실을 뜨는 편물의 뒤쪽에 두고
왼쪽 바늘의 첫 코를 오른쪽
바늘로 뜨지 않고 옮긴다.

2 왼쪽 바늘의 2째 코를
앞쪽에서 뒤쪽으로 넣어 떠
나간다.

★ 끝코를 겉코로 하여 옮기는 경우

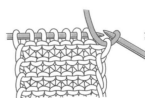 

1 실을 뜨는 편물의 앞쪽에 두고
왼쪽 바늘의 첫 코를 오른쪽
바늘로 안뜨기 방향으로 넣어
뜨지 않고 옮긴다.

2 실을 편물의 뒤쪽으로
옮겨준 후 겉뜨기 한다.

사각모티브 조끼

M 사이즈

완성치수   옷길이 60cm, 가슴둘레 90cm
재료   스텝6사 350g, 대바늘 3.5mm, 돗바늘
게이지   가터뜨기 25코×50단

> **h o w   t o   m a k e**

A

22.5cm										

그리드 도안:

★ 84 / ★ 81 / ● 80 / ● 75

83 | 82 | | 79 | 78 | 77 | 76 | | 74 | 73

72 | 71 | 70 | 69 | 68 | 67 | 66 | 65 | 64 | 63 | 62 | 61

60 | 59 | 58 | 57 | 56 | 55 | 54 | 53 | 52 | 51 | 50 | 49

48 | | 37

37.5cm

36 | | 25

24 | | 14 | 13

12 | 11 | 10 | 9 | 8 | 7 | 6 | 5 | 4 | 3 | 2 | c / b 1 a / a

90cm

뒤판뜨기

1 도안A와 같이 번호 순서대로 모티브를 뜬다. 1번 모티브는 3.5mm대바늘로 일반코잡기로 37코를 잡아서 겉뜨기로 1단을 뜬 다음 2단째부터 전체코의 중심3코모아뜨기를 한다. 2단마다 모아뜨기를 하면서 1코가 남을 때까지 가터뜨기로 뜬다. 이때 첫코는 항상 뜨지 않고 겉뜨기로 빼준다.

2 모티브 2번은 도안B의 b부분에서 18코를 잡고 감아코로 19코를 만든다. 2단마다 중심3코모아뜨기를 하면서 1코 남을 때까지 뜬다. 같은 방법으로 12번까지 뜨고 실을 잘라낸다.

3 모티브 13번은 도안B를 참고로 일반코잡기로 18코를 잡고 1번 모티브의 윗부분 c에서 19코를 잡아 모티브를 뜬다. 25, 37, 49, 61, 65, 71, 73, 75, 76, 80, 81, 82, 84번 모티브도

같은 방법으로 뜬다.

4 나머지 모티브는 도안B와 같이 c와 d부분에서 각각 18코를 잡고 중심3코모아뜨기 부분에서 1코를 잡아 총 37코로 1코가 남을 때까지 줄이면서 모티브를 뜬다.

5 63, 64, 69, 70번의 삼각형 모티브는 도안C를 참고로 c부분에서 (51, 52, 57, 58번 모티브 윗부분) 19코를 잡아 (1코는 꿰매어 없어질 코) 한쪽에서만 2단마다 1코씩 줄여 1코가 남을 때까지 가터뜨기로 뜬다. 도안C의 a와 b부분을 돗바늘로 꿰맨다.

6 도안A의 어깨 부분을 같은 무늬끼리 돗바늘로 꿰맨다

7 도안A의 점선 부분을 바깥방향으로 접어서 단추를 달아 고정한다.

B

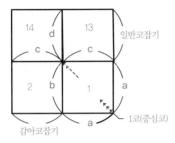

일반코잡기

1코(중심코)

감아코잡기

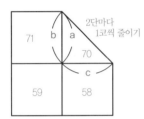 **C**

2단마다
1코씩 줄이기

a, b, d = 18코

c = 19코

가터뜨기 게이지 = 25코, 50단

① **몸판** 모티브 1장 크기 7.5cm×7.5cm

　　　　　　　　　　　　7.5cm×2.5코=18코

　　　　　　　　　　　　7.5cm×5단=36단

36단

7.5cm
(18코)

7.5cm(18코)

　가슴둘레 90cm÷7.5cm=12장의 모티브가 필요함.

　진동전길이 37.5cm÷7.5cm=5줄

② **진동** 22.5cm÷7.5cm=3줄

　줄임치수 7.5cm÷7.5cm=1장

③ **어깨** 7.5cm÷7.5cm=1장

④ **앞목과 뒷목** 15cm÷7.5cm=2장

마지막단 마무리하기

★ 대바늘을 사용한 겉뜨기의 경우

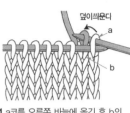

덮어씌운다

a

b

1 a코를 오른쪽 바늘에 옮긴 후 b의
코를 겉뜨기로 뜨고 왼쪽 바늘로
a의 코를 b의 코에 덮어씌운다.

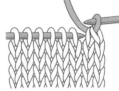

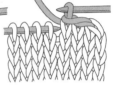

2 1코를 덮어씌운 모습.

3 1코씩 뜨면서 덮어씌우기를
반복한다.

★ 코바늘을 사용한 겉뜨기의 경우

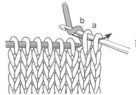

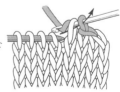

b a

1 실을 뒤쪽에 두고 a코를
코바늘에 옮기고 b코 앞쪽에서
코바늘을 넣어 실을 걸어
한꺼번에 뺀다.

2 마찬가지로 대바늘의 코를
1코씩 덮어씌운다.

Knitting Point

사각모티브 조끼

L 사이즈

완성치수 　옷길이 64cm, 가슴둘레 96cm
재료 　　　스텝6사 400g, 대바늘 3.5mm, 돗바늘
게이지 　　가터뜨기 25코×50단

> **h ● w　 t ● 　m a k e**

A

24cm

84		81			80		75
83	82		79	78	77	76		74	73
72	71	70	69	68	67	66	65	64	63	62	61
60	59	58	57	56	55	54	53	52	51	50	49
48											37
36											25
24										14	13
12	11	10	9	8	7	6	5	4	3	2	1

40cm

96cm

뜨기

1 도안A와 같이 번호 순서대로 모티브를 뜬다. 1번 모티브는 3.5mm대바늘로 일반코잡기로 41코를 잡아서 겉뜨기로 1단을 뜬 다음 2단째부터 전체코의 중심에서 중심3코모아뜨기를 한다. 2단마다 모아뜨기를 하면서 1코가 남을 때까지 가터뜨기로 뜬다. 이때 첫코는 항상 뜨지 않고 겉뜨기로 빼준다.

2 모티브 2번은 도안B의 b부분에서 20코를 잡고 감아코로 21코를 만든다. 2단마다 중심3코모아뜨기를 하면서 1코 남을 때까지 뜬다. 같은 방법으로 12번까지 뜨고 실을 잘라낸다.

3 모티브 13번은 도안B를 참고로 일반코잡기로 20코를 잡고 1번 모티브의 윗부분 c에서 21코를 잡아 모티브를 뜬다. 25, 37, 49, 61, 65, 71, 73, 75, 76, 80, 81, 82, 84번 모티브도

같은 방법으로 뜬다.

4 나머지 모티브는 도안B와 같이 c와 d부분에서 각각 20코를 잡고 중심3코모아뜨기 부분에서 1코를 잡아 총 41코로 1코가 남을 때까지 줄이면서 모티브를 뜬다.

5 63, 64, 69, 70번의 삼각형 모티브는 도안C를 참고로 c부분에서(51, 52, 57, 58번 모티브 윗부분) 21코를 잡아(1코는 꿰매어 없어질 코) 한쪽에서만 2단마다 1코씩 줄여 1코가 남을 때까지 가터뜨기로 뜬다. 도안C의 a와 b부분을 돗바늘로 꿰맨다.

6 도안A의 어깨 부분을 같은 무늬끼리 돗바늘로 꿰맨다

7 도안A의 점선 부분을 바깥방향으로 접어서 단추를 달아 고정한다.

B

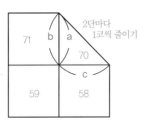

14	d		13
2		c	1
	b		

일반코잡기

1코(중심코)

감아코잡기

a

a

a, b, d＝20코
c＝21코

C

71 | b | a
| | 70
| | c
59 | 58

2단마다
1코씩 줄이기

가터뜨기 게이지 ＝ 25코, 50단

① **몸판** 모티브 1장 크기 8cm×8cm

　　　　　　　8cm×2.5코＝20코

　　　　　　　8cm×5단＝40단

40단
8cm
(20코)

8cm(20코)

　가슴둘레　96cm÷8cm＝12장의 모티브가 필요함.

　진동전길이　40cm÷8cm＝5줄

② **진동**　24cm÷8cm＝3줄

　줄임치수　8cm÷8cm＝1장

③ **어깨**　8cm÷8cm＝1장

④ **앞목과 뒷목**　16cm÷8cm＝2장

마지막단 마무리하기

★ 대바늘을 사용한 안뜨기의 경우

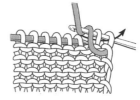

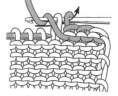

1 실을 앞쪽에 두고 그림과
같이 코바늘을 뒤쪽에서 넣어
화살표 방향으로 실을 뺀다.

2 코에 바늘을 넣어 ①과
같은 방법으로 1코씩
덮어씌워 마무리한다.

단에서 코줍기

★ 가터뜨기의 경우

●방법 A

●방법 B

1 가아터뜨기 높은 코에
화살표처럼 바늘을 넣어 다른
실을 떠 가면서 필요한
콧수를 줍는다.

2 가아터뜨기 낮은 코에
화살표처럼 바늘을 넣어 ①과
마찬가지로 다른 실을 떠
가면서 필요한 콧수를
줍는다.

구멍무늬 카디건

S 사이즈

완성치수 옷길이 51.5cm, 가슴둘레 90cm, 소매길이 58.5cm
재료 썸머울사 400g, 대바늘 3mm, 돗바늘
게이지 메리야스뜨기 23코×32단, 무늬뜨기 20코 40단

> h o w t o m a k e

뒤판뜨기

1 나중에 풀어낼 실로 3mm대바늘을 사용해 일반코잡기로 92코를 만든다. 썸머울사 한 겹으로 도안의 피코겹단무늬뜨기로 8단을 뜬다. 시작한 실을 풀어내고 코를 잡아 반을 접어 2코를 같이 떠서 겹단을 만든다.

2 무늬뜨기로 112단을 뜬다.

3 양옆 진동은 도안과 같이 11코를 줄이고 60단을 더 뜬다.

4 어깨코는 17코를 뜬 후 뒤로 돌려 도안의 뒷목줄임과 같이 2-2-2, 2-1-1, 2단평으로 줄이고 동시에 어깨경사뜨기를 해 준다. 남은코는 쉼코로 둔다.

5 목둘레 첫코에 새 실을 걸어 36코는 코막음을 하고 같은 방법으로 뒷목줄임과 어깨경사뜨기를 한 뒤 남은코는 쉼코로 둔다.

앞판뜨기

1 나중에 풀어낼 실로 3mm대바늘을 사용해 일반코잡기로 52코를 만든다. 썸머울사 한 겹으로 도안의 피코겹단무늬뜨기로 8단을 뜬다. 시작한 실을 풀어내고 코를 잡아 반을 접어 2코를 같이 떠서 겹단을 만든다.

2 무늬뜨기로 60단을 뜬다.

3 4-1-28, 6-1-1로 앞목줄임을 하고 10단을 더 뜬 후 어깨경사뜨기를 하면서 8단을 뜬다.

4 진동줄임은 무늬뜨기 112단을 뜬 후 11코를 줄이고 60단을 더 뜬다.

5 같은 방법으로 대칭이 되게 한 장을 더 뜬다.

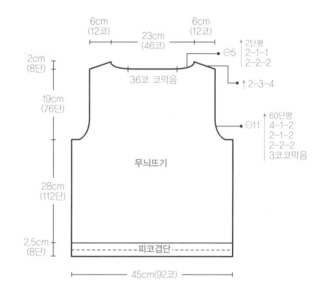

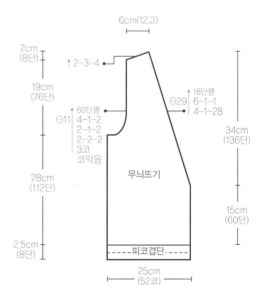

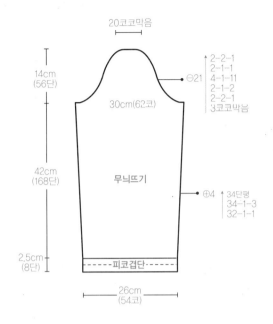

20코코막음

14cm
(56단)

2-2-1
2-1-1
4-1-11
2-1-2
2-2-1
3코코막음

⊖21

30cm(62코)

42cm
(168단)

무늬뜨기

⊕4 | 34단평
34-1-3
32-1-1

2.5cm
(8단)

피코겹단

26cm
(54코)

소매뜨기

1 나중에 풀어낼 실로 3mm대바늘을 사용해 일반코잡기로 54코를 만든다. 썸머울사 한 겹으로 도안의 피코겹단무늬뜨기로 8단을 뜬다. 시작한 실을 풀어내고 코를 잡아 반을 접어 2코를 같이 떠서 겹단을 만든다.

2 무늬뜨기로 뜨면서 옆선을 도안과 같이 4코씩 늘린다.

3 소매산은 도안과 같이 양쪽을 각 21코씩 줄이고 남은 20코는 코막음한다.

4 같은 방법으로 한 장을 더 뜬다.

마무리하기

1 앞·뒤판을 겉끼리 맞대고 어깨코를 코막음하여 잇는다.

2 돗바늘로 앞·뒤판의 옆선을 연결한다.

3 소매 옆선도 연결하여 원통형으로 만든다.

4 몸판 진동에 소매를 잘 맞추어 코바늘 빼뜨기로 연결한다.

5 앞단과 목둘레 부분에서 276코를 잡아 도안의 피코겹단무늬뜨기로 8단을 뜬 후 반을 접어 안쪽에서 감침질하여 마무리한다.

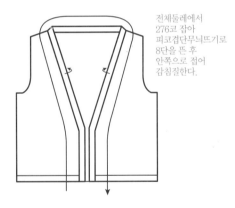

전체둘레에서
276코 잡아
피코겹단무늬뜨기로
8단을 뜬 후
안쪽으로 접어
감침질한다.

피코겹단무늬뜨기

□=|

몸판무늬뜨기

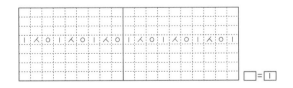

□=|

메리야스뜨기 게이지 = 23코, 32단 | 구멍무늬뜨기 = 20코, 40단

뒤판

① **뒤판시작** (45cm×2코)+시접코 2코=92코

② **겹단** 2.5cm×3.2단=8단

③ **옆선길이** 28cm×4단=112단

④ **진동길이** 19cm×4단=76단

  줄임코수 (시작코수 92코 − 등너비코수 70코)÷2=11코

＊ **진동줄임 계산**

$$11코×\frac{1}{3}=3코 \quad → \quad 3코 코막음 \quad → \quad \overset{짝수단 변경}{3코 코막음}$$
$$-3 \leftarrow$$
$$\overline{8코×\frac{1}{2}=4코} \quad → \quad 1\text{-}1\text{-}4 \quad → \quad 2\text{-}2\text{-}2$$
$$-4 \leftarrow$$
$$\overline{4코×\frac{2}{3}=2코} \quad → \quad 2\text{-}1\text{-}2 \quad → \quad 2\text{-}1\text{-}2$$
$$-2 \leftarrow$$
$$\overline{2} \quad → \quad 3\text{-}1\text{-}2 \quad → \quad 4\text{-}1\text{-}2$$

정리하면 ┌ 4-1-2
│ 2-1-2
│ 2-2-2
└ 3코 코막음

⑤ **어깨경사** 2cm×4단=8단, 8단÷2=4회

  어깨코수 6cm×2코=12코

    12코÷4회=3코 → 2-3-4

⑥ **뒷목줄임** 2cm×4단=8단, 23cm×2코=46코

23코
Ⅰ8단 8단에 5코 줄임 ↑2단평
5코 커브선공식 2-1-1
(2.2.1) 2-2-2
코막음

앞판

① **앞판시작** (25cm×2코)+시접코 2코=52코

② **겹단** 2.5cm×3.2단=8단

③ **앞단길이** 15cm×4단=60단

④ **옆선길이** 28cm×4단=112단

⑤ **진동길이** 19cm×4단=76단

  줄임코수 시작코수 52코 − 앞목.어깨코수 41코 =11코

＊ **진동줄임 계산**

$$11코×\frac{1}{3}=3코 \quad → \quad 3코 코막음 \quad → \quad \overset{짝수단 변경}{3코 코막음}$$
$$-3 \leftarrow$$
$$\overline{8코×\frac{1}{2}=4코} \quad → \quad 1\text{-}1\text{-}4 \quad → \quad 2\text{-}2\text{-}2$$
$$-4 \leftarrow$$
$$\overline{4코×\frac{2}{3}=2코} \quad → \quad 2\text{-}1\text{-}2 \quad → \quad 2\text{-}1\text{-}2$$
$$-2 \leftarrow$$
$$2 \quad → \quad 3\text{-}1\text{-}2 \quad → \quad 4\text{-}1\text{-}2$$

정리하면 ┌ 4-1-2
│ 2-1-2
│ 2-2-2
└ 3코 코막음

⑥ **어깨경사** 2cm×4단=8단, 8단÷2=4회

  어깨코수 6cm×2코=12코 12코÷4회=3코 → 2-3-4

⑦ **앞목줄임** 34cm×4단=136단

  평단 136×$\frac{1}{8}$(브이넥이 허리선부터 진행되므로)=17단 → $\overset{짝수단}{18단}$

  줄임단수 136단-18단=118단

  줄임코수 14.5cm×2코=29코

    118단에서 29코 줄임

$$4+1=5$$
$$29 \overline{)118}$$
$$-2 \quad 116$$
$$27 \quad 2$$

→ 18단평 ┌ 6-1-1
5-1-2 ⟨ 4-1-1
4-1-27 →

18단평 ┌ 6-1-1
6-1-1
└ 4-1-28

소매

① **소매시작** (26cm×2코)+시접코 2코 = 54코

② **겹단** 2.5cm×3.2단 = 8단

③ **소매옆선** 42cm×4단 = 168단

   소매너비 (30cm×2코)+시접코 2코 = 62코

   늘림코수 (62코−54코)÷2 = 4코

      168단에서 4코 늘림

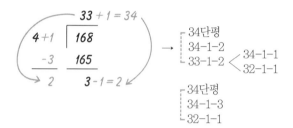

$$
\begin{array}{c}
33 + 1 = 34 \\
4+1 \enclose{longdiv}{168} \\
-3 \quad 165 \\
2 \quad 3-1 = 2
\end{array}
\rightarrow
\begin{array}{l}
34단평 \\
34\text{-}1\text{-}2 \\
33\text{-}1\text{-}2
\end{array}
\Big\langle
\begin{array}{l}
34\text{-}1\text{-}1 \\
32\text{-}1\text{-}1
\end{array}
$$

$$
\begin{array}{l}
34단평 \\
34\text{-}1\text{-}3 \\
32\text{-}1\text{-}1
\end{array}
$$

④ **소매산길이** 14cm×4단 = 56단

   소매산너비 62코×$\frac{1}{3}$ = 20코

   줄임코수 (62−20)÷2 = 21코

      56단에 21코 줄임 → 46단에 12코 줄임

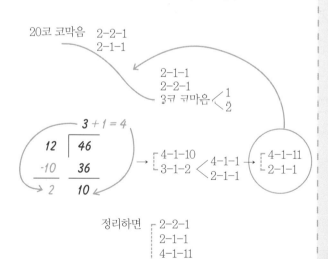

20코 코막음
2-2-1
2-1-1

2-1-1
2-2-1
3코 코마음 ⟨ 1
    2

$$
\begin{array}{c}
3 + 1 = 4 \\
12 \enclose{longdiv}{46} \\
-10 \quad 36 \\
2 \quad 10
\end{array}
\rightarrow
\begin{array}{l}
4\text{-}1\text{-}10 \\
3\text{-}1\text{-}2
\end{array}
\Big\langle
\begin{array}{l}
4\text{-}1\text{-}1 \\
2\text{-}1\text{-}1
\end{array}
\rightarrow
\begin{array}{l}
4\text{-}1\text{-}11 \\
2\text{-}1\text{-}1
\end{array}
$$

정리하면
2-2-1
2-1-1
4-1-11
2-1-2
2-2-1
3코 코막음

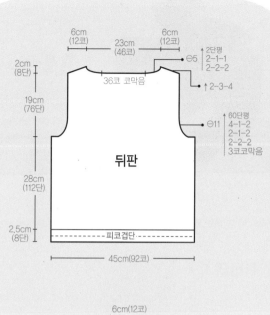

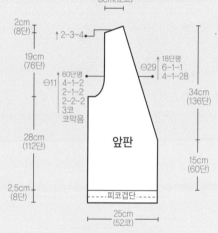

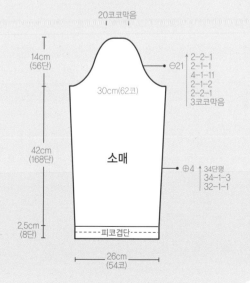

구멍무늬 카디건

M 사이즈

완성치수	옷길이 54.5cm, 가슴둘레 96cm, 소매길이 58.5cm
재료	썸머울사 450g, 대바늘 3mm, 돗바늘
게이지	메리야스뜨기 23코×32단, 무늬뜨기 20코 40단

h o w t o m a k e

뒤판뜨기

1 나중에 풀어낼 실로 3mm대바늘을 사용해 일반코잡기로 98코를
만든다. 썸머울사 한 겹으로 도안의 피코겹단무늬뜨기로 8단을
뜬다. 시작한 실을 풀어내고 코를 잡아 반을 접어 2코를 같이 떠
서 겹단을 만든다.

2 무늬뜨기로 120단을 뜬다.

3 양옆 진동은 도안과 같이 13코를 줄이고 62단을 더 뜬다.

4 어깨코는 18코를 뜬 후 뒤로 돌려 도안과 같이 2-2-2, 2-1-1,
2단평으로 줄이고 동시에 어깨경사뜨기를 해준다. 남은코는 쉼
코로 둔다.

5 목둘레 첫코에 새 실을 걸어 36코는 코막음을 하고 같은 방법
으로 뒷목줄임과 어깨경사뜨기를 한 뒤 남은코는 쉼코로 둔다.

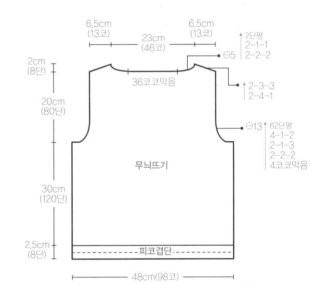

앞판뜨기

1 나중에 풀어낼 실로 3mm대바늘을 사용해 일반코잡기로 56코를
만든다. 썸머울사 한 겹으로 도안의 피코겹단무늬뜨기로 8단을
뜬다. 시작한 실을 풀어내고 코를 잡아 반을 접어 2코를 같이 떠
서 겹단을 만든다.

2 무늬뜨기로 68단을 뜬다.

3 4-1-26, 6-1-3으로 앞목줄임을 하고 10단을 더 뜬 후 어깨경
사뜨기를 하면서 8단을 뜬다.

4 진동줄임은 무늬뜨기 120단을 뜬 후 13코를 줄이고 62단을 더
뜬다.

5 같은 방법으로 대칭이 되게 한 장을 더 뜬다.

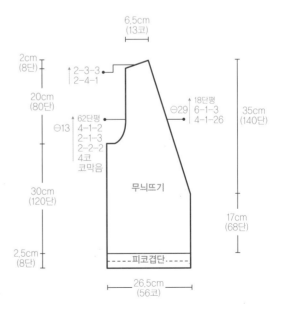

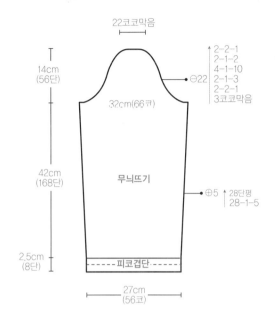

22코코막음

14cm
(56단)

2-2-1
2-1-2
4-1-10
2-1-3
2-2-1
3코코막음

⊖22

32cm(66코)

42cm
(168단)

무늬뜨기

⊕5 ↑ 28단평
28-1-5

2.5cm
(8단)

------ 피코겹단 ------

27cm
(56코)

소매뜨기

1 나중에 풀어낼 실로 3mm대바늘을 사용해 일반코잡기로 56
코를 만든다. 썸머울사 한 겹으로 도안의 피코겹단무늬뜨기로
8단을 뜬다. 시작한 실을 풀어내고 코를 잡아 반을 접어 2코를
같이 떠서 겹단을 만든다.

2 무늬뜨기로 뜨면서 옆선을 도안과 같이 5코씩 늘린다.

3 소매산은 도안과 같이 22코씩 줄이고 남은 22코는 코막음한
다.

4 같은 방법으로 한 장을 더 뜬다.

마무리하기

1 앞·뒤판을 겉끼리 맞대고 어깨코를 코막음하여 잇는다.

2 돗바늘로 앞·뒤판의 옆선을 연결한다.

3 소매 옆선도 연결하여 원통형으로 만든다.

4 몸판 진동에 소매를 잘 맞추어 코바늘 빼뜨기로 연결한다.

5 앞단과 목둘레 부분에서 290코를 잡아 도안의 피코겹단무늬
뜨기로 8단을 뜬 후 반을 접어 안쪽에서 감침질하여 마무리
한다.

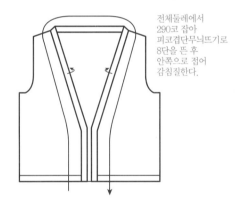

전체둘레에서
290코 잡아
피코겹단무늬뜨기로
8단을 뜬 후
안쪽으로 접어
감침질한다.

피코겹단무늬뜨기

몸판무늬뜨기

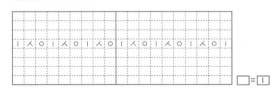

□=Ⅰ

메리야스뜨기 게이지 = 23코, 32단 | 구멍무늬뜨기 = 20코, 40단

뒤판

① **뒤판시작** (48cm×2코)+시접코 2코 = 98코

② **겹단** 2.5cm×3.2단 = 8단

③ **옆선길이** 30cm×4단 = 120단

④ **진동길이** 20cm×4단 = 80단

　줄임코수 (시작코수 98코−등너비코수 72코)÷2 = 13코

＊ **진동줄임 계산**

$$13코×\frac{1}{3} = 4코 \;\rightarrow\; 4코 코막음 \;\rightarrow\; \overset{\text{짝수단 변경}}{4코 코막음}$$
$$-4$$
$$\overline{9코×\frac{1}{2} = 4코} \;\rightarrow\; 1\text{-}1\text{-}4 \;\rightarrow\; 2\text{-}2\text{-}2$$
$$-4$$
$$\overline{5코×\frac{2}{3} = 3코} \;\rightarrow\; 2\text{-}1\text{-}3 \;\rightarrow\; 2\text{-}1\text{-}3$$
$$-3$$
$$\overline{2} \;\rightarrow\; 3\text{-}1\text{-}2 \;\rightarrow\; 4\text{-}1\text{-}2$$

정리하면 ┌ 4-1-2
　　　　　 2-1-3
　　　　　 2-2-2
　　　　 └ 4코 코막음

⑤ **어깨경사** 2cm×4단 = 8단,　8단÷2 = 4회

　어깨코수 6.5cm×2코 = 13코

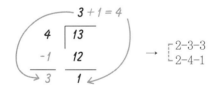

　　　　　　　　　→ ┌ 2-3-3
　　　　　　　　　　 └ 2-4-1

⑥ **뒷목줄임** 2cm×4단 = 8단,　23cm×2코 = 46코

23코 ⫩8단 | 8단에 5코 줄임 | ↑2단평
5코 커브선공식 | 2-1-1
(2.2.1) | 2-2-2

코막음

앞판

① **앞판시작** (26.5cm×2코)+시접코 2코 = 55코 → 56코

② **겹단** 2.5cm×3.2단 = 8단

③ **앞단길이** 17cm×4단 = 68단

④ **옆선길이** 30cm×4단 = 120단

⑤ **진동길이** 20cm×4단 = 80단

　줄임코수 시작코수 55코 − 앞목.어깨코수 42코 =13코

＊ **진동줄임 계산**

$$13코×\frac{1}{3} = 4코 \;\rightarrow\; 4코 코막음 \;\rightarrow\; \overset{\text{짝수단 변경}}{4코 코막음}$$
$$-4$$
$$\overline{9코×\frac{1}{2} = 4코} \;\rightarrow\; 1\text{-}1\text{-}4 \;\rightarrow\; 2\text{-}2\text{-}2$$
$$-4$$
$$\overline{5코×\frac{2}{3} = 3코} \;\rightarrow\; 2\text{-}1\text{-}3 \;\rightarrow\; 2\text{-}1\text{-}3$$
$$-3$$
$$\overline{2} \;\rightarrow\; 3\text{-}1\text{-}2 \;\rightarrow\; 4\text{-}1\text{-}2$$

정리하면 ┌ 4-1-2
　　　　　 2-1-3
　　　　　 2-2-2
　　　　 └ 4코 코막음

⑥ **어깨경사** 2cm×4난 = 8난,　8단÷2 = 4회

　어깨코수 6.5cm×2코 = 13코

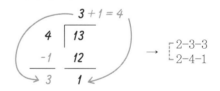

　　　　　　　　→ ┌ 2-3-3
　　　　　　　　　 └ 2-4-1

⑦ **앞목줄임** 35cm×4단 = 140단

　평단 140단×$\frac{1}{8}$ (브이넥이 허리선부터 진행되므로) = 18단

　줄임단수 140단-18단 = 122단

　줄임코수 14.5cm×2코 = 29코

　　122단에서 29코 줄임

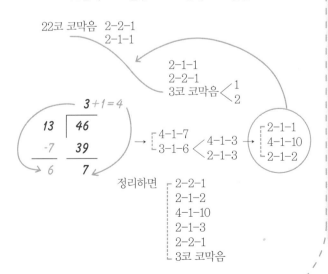

$$4 + 1 = 5$$

$$29 \overline{)\,122\,} \quad -6 \quad 116 \quad \to 23 \quad 6$$

→ 5-1-6 < 6-1-3 → 18단평
  4-1-23   4-1-3   6-1-3
                    4-1-26

소매

① 소매시작 (27cm×2코)+시접코 2코 = 56코

② 겹단 2.5cm×3.2단 = 8단

③ 소매옆선 42cm×4단 = 168단

   소매너비 (32cm×2코)+시접코 2코 = 66코

   늘림코수 (66코－56코)÷2＝5코, 168단에서 5코 늘림

$$28$$
$$5+1 \overline{)\,168\,} \quad -1 \quad 168 \quad \to 5 \quad 0$$

→ 28단평
  28-1-5

④ 소매산길이 14cm×4단＝56단

   소매산너비 66코×$\frac{1}{3}$＝22코

   줄임코수 (66코－22코)÷2＝22코

        56단에 22코 줄임 → 46단에 13코 줄임

22코 코막음 2-2-1
            2-1-1

  2-1-1
  2-2-1
  3코 코막음 < 1
              2

$$3 + 1 = 4$$
$$13 \overline{)\,46\,} \quad -7 \quad 39 \quad \to 6 \quad 7$$

→ 4-1-7 < 4-1-3 → 2-1-1
  3-1-6   2-1-3   4-1-10
                   2-1-2

정리하면 2-2-1
         2-1-2
         4-1-10
         2-1-3
         2-2-1
         3코 코막음

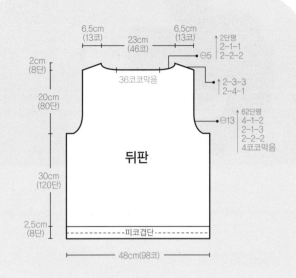

6.5cm(13코) 23cm(46코) 6.5cm(13코)
↑2단평 2-1-1 2-2-2
2cm(8단)
⊖5
36코코막음
2-3-3 2-4-1
20cm(80단)
⊖13 ↑62단평 4-1-2 2-1-3 2-2-2 4코코막음
뒤판
30cm(120단)
2.5cm(8단) ---피코겹단---
48cm(98코)

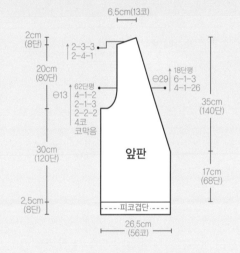

6.5cm(13코)
2cm(8단)
2-3-3 2-4-1
20cm(80단)
⊖13 ↑62단평 4-1-2 2-1-3 2-2-2 4코 코막음
⊖29 ↑18단평 6-1-3 4-1-26
35cm(140단)
30cm(120단)
앞판
17cm(68단)
2.5cm(8단) ---피코겹단---
26.5cm(56코)

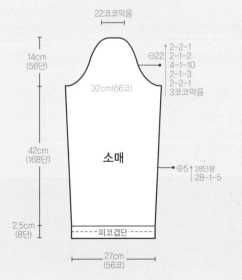

22코코막음
14cm(56단)
2-2-1 2-1-2 4-1-10 2-1-3 2-2-1 3코코막음
⊖22
32cm(66코)
소매
42cm(168단)
⊕5 ↑28단평 28-1-5
2.5cm(8단) ---피코겹단---
27cm(56코)

게이지 산출

구멍무늬 카디건

L 사이즈

완성치수 옷길이 57.5cm, 가슴둘레 100cm, 소매길이 58.5cm
재료 썸머울사 440g, 대바늘 3mm, 돗바늘
게이지 메리야스뜨기 23코×32단, 무늬뜨기 20코 40단

 h o w   t o   m a k e

뒤판뜨기

1 나중에 풀어낼 실로 3mm대바늘을 사용해 일반코잡기로 102코
를 만든다. 썸머울사 한 겹으로 도안의 피코겹단무늬뜨기로 8단
을 뜬다. 시작한 실을 풀어내고 코를 잡아 반을 접어 2코를 같이
떠서 겹단을 만든다.

2 무늬뜨기로 128단을 뜬다.

3 양옆 진동은 도안과 같이 14코를 줄이고 64단을 더 뜬다.

4 어깨코는 19코를 뜬 후 뒤로 돌려 도안과 같이 2-2-2, 2-1-1,
2단평으로 뒷목줄임을 하고 동시에 어깨경사뜨기를 해준다. 남
은코는 쉼코로 둔다.

5 목둘레 첫코에 새 실을 걸어 36코는 코막음을 하고 같은 방법
으로 뒷목줄임과 어깨경사뜨기를 한 뒤 남은코는 쉼코로 둔다.

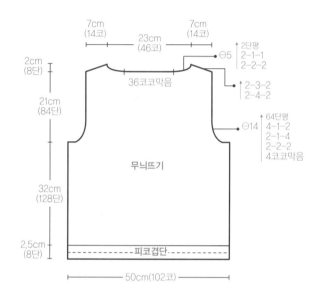

앞판뜨기

1 나중에 풀어낼 실로 3mm대바늘을 사용해 일반코잡기로 58코를
만든다. 썸머울사 한 겹으로 도안의 피코겹단무늬뜨기로 8단을
뜬다. 시작한 실을 풀어내고 코를 잡아 반을 접어 2코를 같이 떠
서 겹단을 만든다.

2 무늬뜨기로 76단을 뜬다.

3 4-1-27, 6-1-3로 앞목줄임을 하고 10단을 더 뜬 후 어깨경사
뜨기를 하면서 8단을 뜬다.

4 진동줄임은 무늬뜨기 128단을 뜬 후 14코를 줄이고 64단을 더
뜬다.

5 같은 방법으로 대칭이 되게 한 장을 더 뜬다.

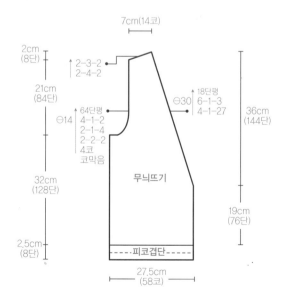

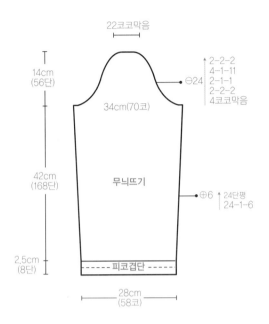

22코코막음

14cm
(56단)

34cm(70코)

2-2-2
4-1-11
2-1-1
2-2-2
4코코막음

⊖24

42cm
(168단)

무늬뜨기

⊕6 ↑ 24단평
24-1-6

2.5cm
(8단)

----- 피코겹단

28cm
(58코)

소매뜨기

1 나중에 풀어낼 실로 3mm대바늘을 사용해 일반코잡기로 58코를 만든다. 썸머울사 한 겹으로 도안의 피코겹단무늬뜨기로 8단을 뜬다. 시작한 실을 풀어내고 코를 잡아 반을 접어 2코를 같이 떠서 겹단을 만든다.

2 무늬뜨기로 뜨면서 옆선을 도안과 같이 6코씩 늘린다.

3 소매산은 도안과 같이 24코씩 줄이고 남은 22코는 코막음한다.

4 같은 방법으로 한 장을 더 뜬다.

마무리하기

1 앞·뒤판을 겉끼리 맞대고 어깨코를 코막음하여 잇는다.

2 돗바늘로 앞·뒤판의 옆선을 연결한다.

3 소매 옆선도 연결하여 원통형으로 만든다.

4 몸판 진동에 소매를 잘 맞추어 코바늘 빼뜨기로 연결한다.

5 앞단과 목둘레 부분에서 310코를 잡아 도안의 피코겹단무늬뜨기로 8단을 뜬 후 반을 접어 안쪽에서 감침질하여 마무리한다.

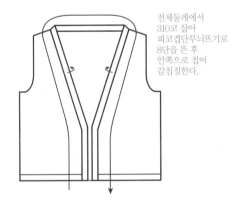

전체둘레에서
310코 잡아
피코겹단무늬뜨기로
8단을 뜬 후
안쪽으로 접어
감침질한다.

피코겹단무늬뜨기

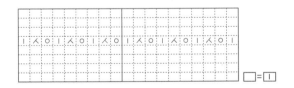

□=☐

몸판무늬뜨기

□=☐

| 메리야스뜨기 게이지 = 23코, 32단 | 구멍무늬뜨기 = 20코, 40단 |

뒤판

① **뒤판시작** (50cm×2코)+시접코 2코 = 102코

② **겹단** 2.5cm×3.2단 = 8단

③ **옆선길이** 32cm×4단 = 128단

④ **진동길이** 21cm×4단 = 84단

줄임코수 (시작코수 102코−등너비코수 74코)÷2 = 14코

＊ **진동줄임 계산**

$$14코 × \frac{1}{3} = 4코 \longrightarrow 4코 코막음 \xrightarrow{짝수단 변경} 4코 코막음$$
$$-4 \swarrow$$
$$\overline{10코 × \frac{1}{2} = 5코} \longrightarrow 1\text{-}1\text{-}5 \longrightarrow \begin{cases} 2\text{-}2\text{-}2 \\ 2\text{-}1\text{-}1 \end{cases}$$
$$-5 \swarrow$$
$$\overline{5코 × \frac{2}{3} = 3코} \longrightarrow 2\text{-}1\text{-}3 \longrightarrow 2\text{-}1\text{-}3$$
$$-3 \swarrow$$
$$\overline{2} \longrightarrow 3\text{-}1\text{-}2 \longrightarrow 4\text{-}1\text{-}2$$

정리하면
┌ 4-1-2
│ 2-1-4
│ 2-2-2
└ 4코 코막음

⑤ **어깨경사** 2cm×4단 = 8단, 8단÷2 = 4회

어깨코수 7cm×2코 = 14코

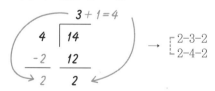

→ ┌ 2-3-2
　 └ 2-4-2

⑥ **뒷목줄임** 2cm×4단 = 8단, 23cm×2코 = 46코

23코

8단 8단에 5코 줄임 (2.2.1) ↑2단평 2-1-1 2-2-2

코막음

앞판

① **앞판시작** (27.5cm×2코)+시접코 2코 = 57코 → 58코

② **겹단** 2.5cm×3.2단 = 8단

③ **앞단길이** 19cm×4단 = 76단

④ **옆선길이** 32cm×4단 = 128단

⑤ **진동길이** 21cm×4단 = 84단

줄임코수 시작코수 58코 − 앞목,어깨코수 44코 = 14코

＊ **진동줄임 계산**

$$14코 × \frac{1}{3} = 4코 \longrightarrow 4코 코막음 \xrightarrow{짝수단 변경} 4코 코막음$$
$$-4 \swarrow$$
$$\overline{10코 × \frac{1}{2} = 5코} \longrightarrow 1\text{-}1\text{-}5 \longrightarrow \begin{cases} 2\text{-}2\text{-}2 \\ 2\text{-}1\text{-}1 \end{cases}$$
$$-5 \swarrow$$
$$\overline{5코 × \frac{2}{3} = 3코} \longrightarrow 2\text{-}1\text{-}3 \longrightarrow 2\text{-}1\text{-}3$$
$$-3 \swarrow$$
$$2 \longrightarrow 3\text{-}1\text{-}2 \longrightarrow 4\text{-}1\text{-}2$$

정리하면
┌ 4-1-2
│ 2-1-4
│ 2-2-2
└ 4코 코막음

⑥ **어깨경사** 2cm×4단 = 8단, 8단÷2 = 4회

어깨코수 7cm×2코 = 14코

3 + 1 = 4
4 ⟌ 14
-2　12
2　　2
→ ┌ 2-3-2
　 └ 2-4-2

⑦ **앞목줄임** 36cm×4단 = 144단

평단 144 × $\frac{1}{8}$ (브이넥이 허리선부터 진행되므로) = 18단

144단−18단 = 126단

줄임코수 15cm×2코 = 30코

126단에 30코 줄임

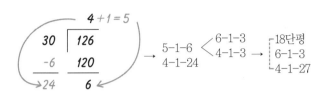

$$4 + 1 = 5$$

$$30 \overline{\smash{\big)}\, 126}$$
$$-6 \quad 120$$
$$24 \qquad 6$$

$\rightarrow$ $\begin{array}{l}5\text{-}1\text{-}6\\4\text{-}1\text{-}24\end{array}$ $<\begin{array}{l}6\text{-}1\text{-}3\\4\text{-}1\text{-}3\end{array}$ $\rightarrow$ $\begin{array}{l}18\text{단평}\\6\text{-}1\text{-}3\\4\text{-}1\text{-}27\end{array}$

소매

① 소매시작 (28cm×2코)+시접코 2코 = 58코

② 겹단 2.5cm×3.2단 = 8단

③ 소매옆선 42cm×4단 = 168단

   소매너비 (34cm×2코)+시접코 2코 = 70코

   늘림코수 (70코−58코)÷2 = 6코,   168단에 6코 늘림

$$24$$
$$6 + 1 \overline{\smash{\big)}\, 168}$$
$$-1 \quad 168$$
$$6 \qquad 0$$

$\rightarrow$ $\begin{array}{l}24\text{단평}\\24\text{-}1\text{-}6\end{array}$

④ 소매산길이 14cm×4단=56단

   소매산너비 70코×$\frac{1}{3}$=22코

   줄임코수 (70코−22코)÷2=24코

      56단에 24코 줄임 → 46단에 12코 줄임

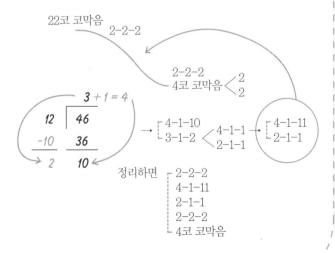

22코 코막음
2-2-2

2-2-2
4코 코막음 $<\begin{array}{l}2\\2\end{array}$

$$3 + 1 = 4$$
$$12 \overline{\smash{\big)}\, 46}$$
$$-10 \quad 36$$
$$2 \qquad 10$$

$\rightarrow$ $\begin{array}{l}4\text{-}1\text{-}10\\3\text{-}1\text{-}2\end{array}$ $<\begin{array}{l}4\text{-}1\text{-}1\\2\text{-}1\text{-}1\end{array}$ $\rightarrow$ $\begin{array}{l}4\text{-}1\text{-}11\\2\text{-}1\text{-}1\end{array}$

정리하면 $\begin{array}{l}2\text{-}2\text{-}2\\4\text{-}1\text{-}11\\2\text{-}1\text{-}1\\2\text{-}2\text{-}2\\4\text{코 코막음}\end{array}$

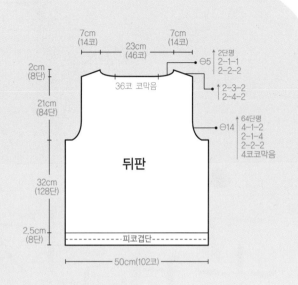

7cm
(14코) 23cm
(46코) 7cm
(14코) ⊖5 $\begin{array}{l}2\text{단평}\\2\text{-}1\text{-}1\\2\text{-}2\text{-}2\end{array}$

2cm
(8단) 36코 코막음 $\begin{array}{l}2\text{-}3\text{-}2\\2\text{-}4\text{-}2\end{array}$

21cm
(84단) ⊖14 $\begin{array}{l}64\text{단평}\\4\text{-}1\text{-}2\\2\text{-}1\text{-}4\\2\text{-}2\text{-}2\\4\text{코코막음}\end{array}$

뒤판

32cm
(128단)

2.5cm
(8단) ---피코겹단---

50cm(102코)

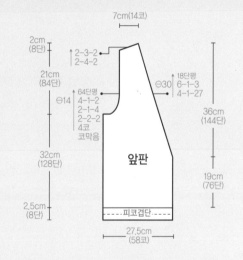

7cm(14코)

2cm
(8단) $\begin{array}{l}2\text{-}3\text{-}2\\2\text{-}4\text{-}2\end{array}$

21cm
(84단) ⊖14 $\begin{array}{l}64\text{단평}\\4\text{-}1\text{-}2\\2\text{-}1\text{-}4\\2\text{-}2\text{-}2\\4\text{코}\\코막음\end{array}$ ⊖30 $\begin{array}{l}18\text{단평}\\6\text{-}1\text{-}3\\4\text{-}1\text{-}27\end{array}$

36cm
(144단)

앞판

32cm
(128단)

19cm
(76단)

2.5cm
(8단) ---피코겹단---

27.5cm
(58코)

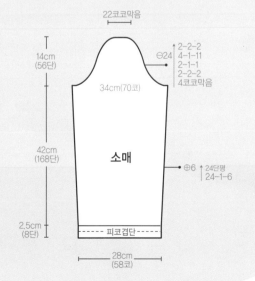

22코코막음

14cm
(56단) ⊖24 $\begin{array}{l}2\text{-}2\text{-}2\\4\text{-}1\text{-}11\\2\text{-}1\text{-}1\\2\text{-}2\text{-}2\\4\text{코코막음}\end{array}$

34cm(70코)

42cm
(168단) 소매 ⊕6 $\begin{array}{l}24\text{단평}\\24\text{-}1\text{-}6\end{array}$

2.5cm
(8단) ---피코겹단---

28cm
(58코)

step ● **three**

고급단계

계산법을 적용해서 디자인을 응용하는 단계이다. 어깨에만 응용했던 되돌아뜨기를 이용해 칼라를 뜬다든지, 직선소매에만 사용했던 사선계산법을 통해 곡선분해를 하는 것 등이 가능해진다. 꽈배기 무늬를 살려서 코트를 만들고, 다트를 넣어서 입체적인 정장스커트와 재킷도 만들어보자. 6폭 플레어스커트와 퍼프소매 티셔츠, 앞·뒤판을 통으로 뜨는 풀오버, 다트 넣은 바지와 조끼도 멋지게 완성할 수 있다.

여성용 숄칼라 카디건

S 사이즈

완성치수　옷길이 40.5cm, 가슴둘레 90cm, 소매길이 57cm
재료　모사(단색 160g 복합색 400g), 대바늘 4.5mm 5mm 5.5mm, 단추 3개
게이지　1코2단멍석뜨기 20코×24단

> **h o w　t o　m a k e**

뒤판뜨기

1 나중에 풀어낼 실로 일반코잡기로 47코를 잡는다. 단색 모사
로 4.5mm대바늘을 사용하여 끌어올리기 고무단코잡기로
92코를 만들어 1×1고무뜨기로 26단을 뜬다.

2 5mm대바늘로 바꾸고 복합색 모사로 바꾸어 1코2단멍석뜨
기로 26단을 뜬다.

3 양옆 진동은 3코 코막음, 2-2-2, 2-1-2, 4-1-1로 10코를
줄이고 32단을 더 뜬다.

4 어깨코는 22코를 뜬 후 뒤로 돌려 2-2-2로 줄이고, 이와 동
시에 2-9-2로 어깨경사뜨기를 한다. 남은코는 쉼코로 둔다.

5 뒷목둘레 첫코에 새 실을 걸어 28코 코막음을 하고 오른쪽과
대칭이 되게 뜬다. 남은코는 쉼코로 둔다.

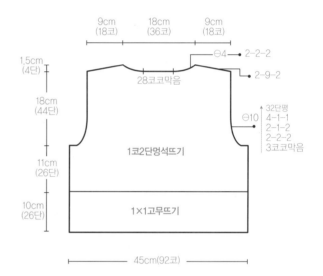

9cm
(18코)　18cm
(36코)　9cm
(18코)

1.5cm
(4단)

⊖4 ● 2-2-2

28코코막음

● 2-9-2

18cm
(44단)

⊖10　32단평
4-1-1
2-1-2
2-2-2
3코코막음

1코2단멍석뜨기

11cm
(26단)

10cm
(26단)　1×1고무뜨기

45cm(92코)

앞판뜨기

1 나중에 풀어낼 실로 일반코잡기로 24코를 잡는다. 단색 모사
로 4.5mm대바늘을 사용하여 끌어올리기 고무단코잡기로
47코를 만들어 1×1고무뜨기로 26단을 뜬다.

2 5mm대바늘로 바꾸고 복합색 모사로 바꾸어 1코2단멍석뜨
기로 26단을 뜬다.

3 진동을 도안과 같이 줄이고, 동시에 앞목도 줄인다. 마지막
코를 줄이고, 4단을 뜬 후 어깨경사뜨기를 한다.

4 남은코는 쉼코로 둔다.

5 같은 방법으로 대칭이 되게 한 장을 더 뜬다.

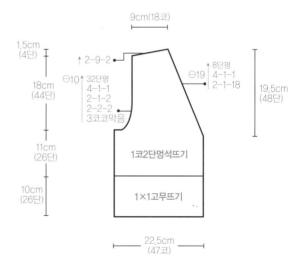

9cm(18코)

1.5cm
(4단)

↑ 2-9-2

18cm
(44단)

⊖10　32단평
4-1-1
2-1-2
2-2-2
3코코막음

⊖19　8단평
4-1-1
2-1-18

19.5cm
(48단)

1코2단멍석뜨기

11cm
(26단)

10cm
(26단)　1×1고무뜨기

22.5cm
(47코)

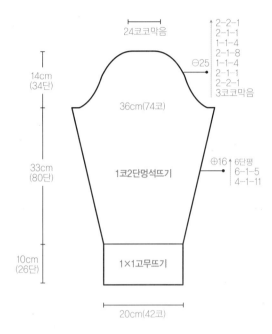

2-2-1
2-1-1
1-1-4
2-1-8
1-1-4
2-1-1
2-2-1
3코코막음

⊖25

24코코막음

14cm
(34단)

36cm(74코)

33cm
(80단)

1코2단멍석뜨기

⊕16 ↑ 6단평
6-1-5
4-1-11

10cm
(26단)

1×1고무뜨기

20cm(42코)

소매뜨기

1 나중에 풀어낼 실로 일반코잡기로 22코를 잡는다. 단색 모사로 4.5mm대바늘을 사용하여 끌어올리기 고무단코잡기로 42코를 만들어 1×1고무뜨기로 26단을 뜬다.

2 5mm대바늘로 바꾸고 복합색 모사로 바꾸어 1코2단멍석뜨기로 뜬다. 도안과 같이 옆선을 16코 늘리면서 80단을 뜬다.

3 소매산을 좌우 각 25코씩 줄이고 남은코는 코막음한다.

4 같은 방법으로 한 장을 더 뜬다.

마무리하기

1 앞·뒤판을 겉끼리 맞대고 어깨코를 코막음하여 잇는다.

2 돗바늘로 앞·뒤판의 옆선을 연결한다.

3 돗바늘로 소매옆선을 연결하여 원통형으로 만든다.

4 몸판 진동에 소매를 잘 맞추어 코바늘 빼뜨기로 연결한다.

5 앞단과 목둘레에서 도안과 같이 코를 잡아 1×1고무뜨기로 6단을 뜬 다음 도안과 같이 되돌아뜨기를 한다. 마지막 되돌아뜨기를 할 때 복합색 모사로 2단을 뜨고, 다시 단색 모사로 정리단 2단을 뜬다. 이때 도안과 같이 한쪽 앞단은 단춧구멍을 내면서 뜬다.(4.5mm대바늘로 8단, 5mm대바늘로 8단, 5.5mm대바늘로 6단을 뜬다.)

6 단추를 달아 마무리한다.

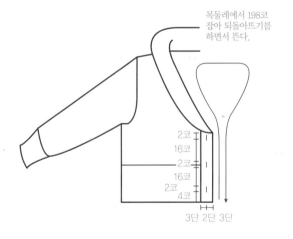

목둘레에서 198코
잡아 되돌아뜨기를
하면서 뜬다.

2코
16코
2코
16코
2코
4코

3단 2단 3단

1코2단멍석뜨기

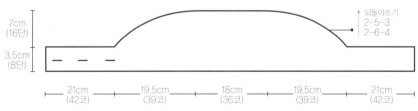

7cm
(16단)

3.5cm
(8단)

되돌아뜨기
2-5-3
2-6-4

21cm
(42코)

19.5cm
(39코)

18cm
(36코)

19.5cm
(39코)

21cm
(42코)

1코2단멍석뜨기 게이지 = 20코, 24단

뒤판

① 뒤판시작 (45cm×2코)+시접코 2코=92코

② 고무단 (10cm×2.4단)×1.1=26단

③ 옆선길이 11cm×2.4단=26단

④ 진동길이 18cm×2.4단=44단

　　줄임코수 (92코-72코)÷2=10코

＊진동줄임 계산

짝수단 변경

$$10코 \times \frac{1}{3} = 3코 \rightarrow 3코 \ 코막음 \rightarrow 3코 \ 코막음$$
$$-3$$
$$\overline{7코 \times \frac{1}{2} = 4코} \rightarrow 1-1-4 \rightarrow 2-2-2$$
$$-4$$
$$\overline{3코 \times \frac{2}{3} = 2코} \rightarrow 2-1-2 \rightarrow 2-1-2$$
$$-2$$
$$\overline{1} \rightarrow 3-1-1 \rightarrow 4-1-1$$

정리하면
- 4-1-1
- 2-1-2
- 2-2-2
- 3코 코막음

⑤ 어깨경사 (1.5cm×2.4단)÷2=2회, 　9cm×2코=18코

　　18÷2=9 → 2-9-2

⑥ 뒷목줄임 18cm×2코=36코

　　1.5cm×2.4단=4단

18코

$$\boxed{\text{I}} \ 4단 \quad 4단에 4코 줄임 \uparrow 2-2-2$$

코막음

앞판

① 앞판시작 (22.5cm×2코)+시접코 2코=47코

② 고무단 (10cm×2.4단)×1.1=26단

③ 옆선 11cm×2.4단=26단

④~⑤ 뒤판과 동일

⑥ 앞목 (브이넥) 줄임 진동단 44단+어깨경사단 4단=48단

　　평단분 48단×$\frac{1}{6}$=8단

　　줄임단수 48단-8단=40단

　　줄임코수 9.5cm×2코=19코

　　　　40단에 19코 줄임

＊짝수단 계산

$$1+1=2$$

19	20	
-1	19	
18	1	

×2 → 2-1-1 / 1-1-18 → 8단평 4-1-1 / 2-1-18

소매

① 소매시작 (20cm×2코)+시접코 2코=42코

② 고무단 (10cm×2.4단)×1.1=26단

③ 소매옆선 33cm×2.4단=80단

　　소매너비 (36cm×2코)+시접코 2코=74코

　　늘림코수 (74-42)÷2=16코

　　　　80단에 16코 늘림

＊짝수단 계산

$$2+1=3$$

16+1	40	
	-6	34
11	6-1=5	

×2 → 3단평 3-1-5 / 2-1-11 → 6단평 6-1-5 / 4-1-11

④ 소매산길이　14cm×2.4단=34단

소매산너비　74코×$\frac{1}{3}$=24코 코막음

줄임코수　(74코−24코)÷2=25코

34단에 25코 줄임 → 24단에 16코 줄임

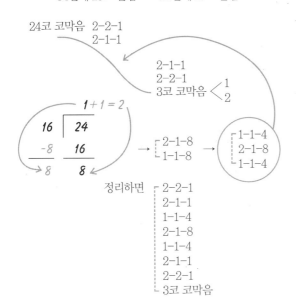

24코 코막음　2-2-1
　　　　　　 2-1-1

2-1-1
2-2-1
3코 코막음 $<\genfrac{}{}{0pt}{}{1}{2}$

2-1-8
1-1-8

1-1-4
2-1-8
1-1-4

정리하면　2-2-1
　　　　　 2-1-1
　　　　　 1-1-4
　　　　　 2-1-8
　　　　　 1-1-4
　　　　　 2-1-1
　　　　　 2-2-1
　　　　　 3코 코막음

숄칼라

① 칼라코 만들기

뒷목($\frac{1}{2}$)　9cm×2코=18코

브이넥부분　19.5cm×2코=39코

앞판부분　21cm×2코=42코

총 99코×2배=198코

② 평단길이　3.5cm×2.4단=8단

③ 되돌아뜨기

브이넥부분(코수)　39코

브이넥부분(단수)　7cm×2.4단=16단,　16단−정리단 2단=14단

14단÷2=7회

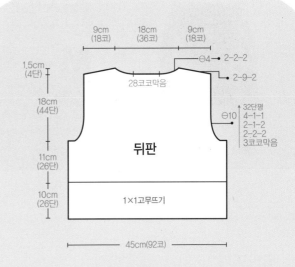

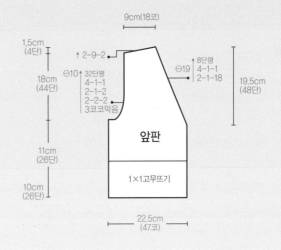

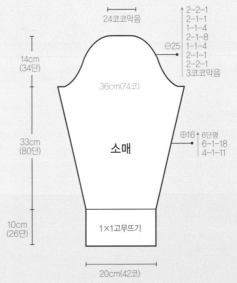

여성용 숄칼라 카디건

M 사이즈

완성치수	옷길이 42.5cm, 가슴둘레 96cm, 소매길이 57cm
재료	모사(단색 170g 복합색 450g), 대바늘 4.5mm 5mm 5.5mm, 단추 3개
게이지	1코2단멍석뜨기 20코×24단

> h o w t o m a k e

뒤판뜨기

1 나중에 풀어낼 실로 일반코잡기로 50코를 잡는다. 단색 모사로 4.5mm대바늘을 사용하여 끌어올리기 고무단코잡기로 98코를 만들어 1×1고무뜨기로 26단을 뜬다.

2 5mm대바늘로 바꾸고 복합색 모사로 바꾸어 1코2단멍석뜨기로 28단을 뜬다.

3 양옆 진동은 4코 코막음, 2-2-2, 2-1-2, 4-1-2로 12코를 줄이고 30단을 더 뜬다.

4 어깨코는 22코를 뜬 후 뒤로 돌려 2-2-2로 줄이고, 이와 동시에 2-9-2로 어깨경사뜨기를 한다. 남은코는 쉼코로 둔다.

5 뒷목둘레 첫코에 새 실을 걸어 30코를 코막음하고 오른쪽과 대칭이 되게 뜬다. 남은코는 쉼코로 둔다.

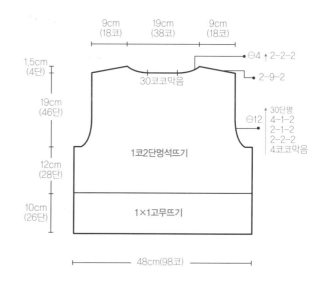

앞판뜨기

1 나중에 풀어낼 실로 일반코잡기로 26코를 잡는다. 단색 모사로 4.5mm대바늘을 사용하여 끌어올리기 고무단코잡기로 50코를 만들어 1×1고무뜨기로 26단을 뜬다.

2 5mm대바늘로 바꾸고 복합색 모사로 바꾸어 1코2단멍석뜨기로 28단을 뜬다.

3 진동을 도안과 같이 줄이고, 동시에 앞목도 줄인다. 마지막 코를 줄이고, 4단을 뜬 후 어깨경사뜨기를 한다.

4 남은코는 쉼코로 둔다.

5 같은 방법으로 대칭이 되게 한 장을 더 뜬다.

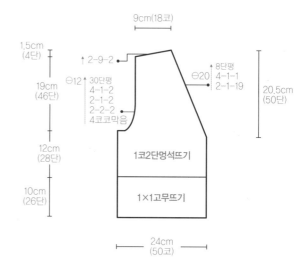

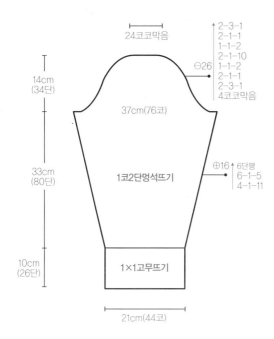

24코코막음

2-3-1
2-1-1
1-1-2
2-1-10
1-1-2
2-1-1
2-3-1
4코코막음
⊖26

14cm
(34단)

37cm(76코)

33cm
(80단)

1코2단멍석뜨기

⊕16 6단평
6-1-5
4-1-11

10cm
(26단)

1×1고무뜨기

21cm(44코)

소매뜨기

1 나중에 풀어낼 실로 일반코잡기로 23코를 잡는다. 단색 모사로 4.5mm대바늘을 사용하여 끌어올리기 고무단코잡기로 44코를 만들어 1×1고무뜨기로 26단을 뜬다.

2 5mm대바늘로 바꾸고 복합색 모사로 바꾸어 1코2단멍석뜨기로 뜬다. 도안과 같이 옆선을 16코 늘리면서 80단을 뜬다.

3 소매산을 좌우 각 26코씩 줄이고 남은코는 코막음한다.

4 같은 방법으로 한 장을 더 뜬다.

마무리하기

1 앞·뒤판을 겉끼리 맞대고 어깨코를 코막음하여 잇는다.

2 돗바늘로 앞·뒤판의 옆선을 연결한다.

3 돗바늘로 소매옆선을 연결하여 원통형으로 만든다.

4 몸판 진동에 소매를 잘 맞추어 코바늘 빼뜨기로 연결한다.

5 앞단과 목둘레에서 도안과 같이 코를 잡아 1×1고무뜨기로 6단을 뜬 다음 도안과 같이 되돌아뜨기를 한다. 마지막 되돌아뜨기를 할 때 복합색 모사로 2단을 뜨고, 다시 단색 모사로 정리단 2단을 뜬다. 이때 도안과 같이 한쪽 앞단은 단춧구멍을 내면서 뜬다.(4.5mm대바늘로 8단, 5mm대바늘로 8단, 5.5mm대바늘로 6단을 뜬다.)

6 단추를 달아 마무리한다.

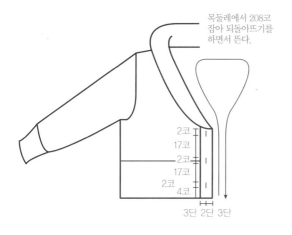

목둘레에서 208코 잡아 되돌아뜨기를 하면서 뜬다.

2코
17코
2코
17코
2코
4코

3단 2단 3단

1코2단 멍석뜨기

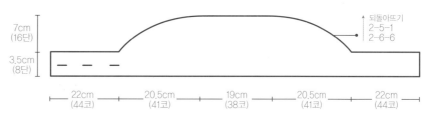

7cm
(16단)

3.5cm
(8단)

되돌아뜨기
2-5-1
2-6-6

22cm
(44코)

20.5cm
(41코)

19cm
(38코)

20.5cm
(41코)

22cm
(44코)

1코2단멍석뜨기 게이지 = 20코, 24단

뒤판

① **뒤판시작** $(48cm×2코)+시접코 2코=98코$

② **고무단** $(10cm×2.4단)×1.1=26단$

③ **옆선길이** $12cm×2.4단=28단$

④ **진동길이** $19cm×2.4단=46단$

  줄임코수 $(98코-등너비코수 74코)÷2=12코$

＊ 진동줄임 계산

$$12코×\frac{1}{3}=4코 \quad → \quad 4코 코막음 \quad → \quad \overset{짝수단 변경}{4코 코막음}$$
$$-4$$
$$\overline{8코×\frac{1}{2}=4코} \quad → \quad 1-1-4 \quad → \quad 2-2-2$$
$$-4$$
$$\overline{4코×\frac{2}{3}=2코} \quad → \quad 2-1-2 \quad → \quad 2-1-2$$
$$-2$$
$$\overline{2} \quad → \quad 3-1-2 \quad → \quad 4-1-2$$

정리하면 ┌ 4-1-2
         ├ 2-1-2
         ├ 2-2-2
         └ 4코 코막음

⑤ **어깨경사** $1.5cm×2.4단=4단, \quad 9cm×2코=18코$

  $4단÷2=2회$

  $18÷2=9 \quad → \quad 2-9-2$

⑥ **뒷목줄임** $19cm×2코=38코$

  $1.5cm×2.4단=4단$

  19코
  Ｉ4단 4단에 4코 줄임 → 2-2-2
  5 5 5
  코막음

앞판

① **앞판시작** $(24cm×2코)+시접코 2코=50코$

② **고무단** $(10cm×2.4단)×1.1=26단$

③ **옆선** $12cm×2.4단=28단$

④~⑤ **뒤판과 동일**

⑥ **앞목 (브이넥) 줄임** $진동단 46단+어깨경사단 4단=50단$

  평단분 $50단×\frac{1}{6}=8단$

  줄임단수 $50단-8단(평단분)=42단$

  줄임코수 $10cm×2코=20코$

    $42단에서 20코 줄임$

＊ 짝수단 계산

```
            1+1=2              ×2
    20 | 21          →   2-1-1   →  ┌ 8단평
    -1 | 20              1-1-19     ├ 4-1-1
    → 19 | 1                        └ 2-1-19
```

소매

① **소매시작** $(21cm×2코)+시접코 2코=44코$

② **고무단** $(10cm×2.4단)×1.1=26단$

③ **소매옆선** $33cm×2.4단=80단$

  소매너비 $(37cm×2코)+시접코 2코=76코$

  늘림코수 $(76코-시작코 44코)÷2=16코$

    $80단에서 16코 늘림$

＊ 짝수단 계산

```
            2+1=3              ×2
  16+1 | 40          →   3단평   →  ┌ 6단평
    -6 | 34              3-1-5      ├ 6-1-5
    → 11 | 6-1=5          2-1-11    └ 4-1-11
```

④ **소매산길이** 14cm×2.4단 =34단

　　소매산너비 76코×$\frac{1}{3}$ =24코

　　줄임코수 (76코−24코)÷2 =26코

　　　　34단에 26코 줄임 → 24단에 14코 줄임

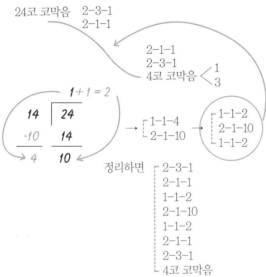

24코 코막음　　2-3-1
　　　　　　　　2-1-1

　　　　　　　　2-1-1
　　　　　　　　2-3-1
　　　　　　4코 코막음 $\langle\begin{matrix}1\\3\end{matrix}$

$1+1=2$

14	24
-10	14
4	10

→ ┌ 1-1-4
　 └ 2-1-10

┌ 1-1-2
│ 2-1-10
└ 1-1-2

정리하면　┌ 2-3-1
　　　　　│ 2-1-1
　　　　　│ 1-1-2
　　　　　│ 2-1-10
　　　　　│ 1-1-2
　　　　　│ 2-1-1
　　　　　│ 2-3-1
　　　　　└ 4코 코막음

숄칼라

① **칼라코 만들기**

　　뒷목($\frac{1}{2}$)　9.5cm×2코 =19코

　　브이넥부분 20.5cm×2코 =41코

　　앞판부분 22cm×2코 =44코

　　총 104코×2배 =208코

② **평단길이** 3.5cm×2.4단 =8단

③ **되돌아뜨기**

　　브이넥부분(코수) 41코

　　브이넥부분(단수) 7cm×2.4단 =16단,　16단−정리단 2단 =14단

　　　　　　14단÷2 =7회

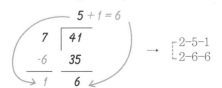

$5+1=6$

7	41
-6	35
1	6

→ ┌ 2-5-1
　 └ 2-6-6

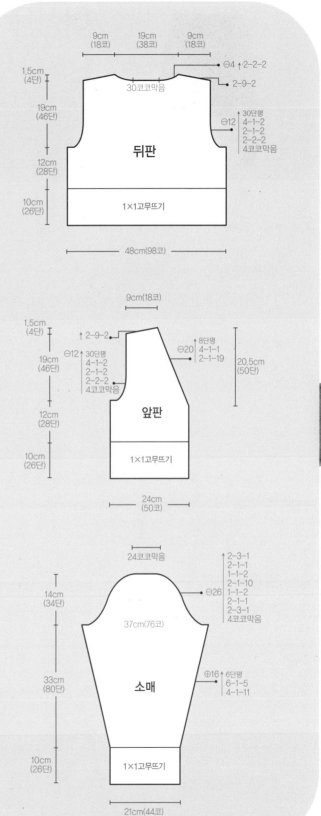

뒤판

9cm (18코)　19cm (38코)　9cm (18코)

1.5cm (4단)

30코코막음

⊖4 ↑2-2-2
2-9-2

19cm (46단)

⊖12 ↑30단평
4-1-2
2-1-2
2-2-2
4코코막음

12cm (28단)

1×1고무뜨기

10cm (26단)

48cm(98코)

앞판

9cm(18코)

1.5cm (4단)

↑2-9-2

⊖12 30단평
4-1-2
2-1-2
2-2-2
4코코막음

19cm (46단)

⊖20 ↑8단평
4-1-1
2-1-19

20.5cm (50단)

12cm (28단)

1×1고무뜨기

10cm (26단)

24cm (50코)

소매

24코코막음

2-3-1
2-1-1
1-1-2
2-1-10
1-1-2
2-1-1
2-3-1
4코코막음

⊖26

14cm (34단)

37cm(76코)

33cm (80단)

⊕16 6단평
6-1-5
4-1-11

1×1고무뜨기

10cm (26단)

21cm(44코)

여성용 숄칼라 카디건

L 사이즈

완성치수 옷길이 44.5cm, 가슴둘레 100cm, 소매길이 57cm
재료 모사(단색 180g 복합색 500g), 대바늘 4.5mm 5mm 5.5mm, 단추 3개
게이지 1코2단멍석뜨기 20코×24단

> h o w   t o   m a k e

뒤판뜨기

1 나중에 풀어낼 실로 일반코잡기로 52코를 잡는다. 단색 모사
　로 4.5mm대바늘을 사용하여 끌어올리기 고무단코잡기로
　102코를 만들어 1×1고무뜨기로 26단을 뜬다.

2 5mm대바늘로 바꾸고 복합색 모사로 바꾸어 1코2단멍석뜨
　기로 30단을 뜬다.

3 양옆 진동은 4코 코막음, 2-2-2, 2-1-3, 4-1-2로 13코를
　줄이고 30단을 더 뜬다.

4 어깨코는 23코를 뜬 후 뒤로 돌려 도안과 같이 줄이고, 이와 동
　시에 2-9-2로 어깨경사뜨기를 한다. 남은코는 쉼코로 둔다.

5 뒷목둘레 첫코에 새 실을 걸어 30코를 코막음하고 오른쪽과
　대칭이 되게 뜬다. 남은코는 쉼코로 둔다.

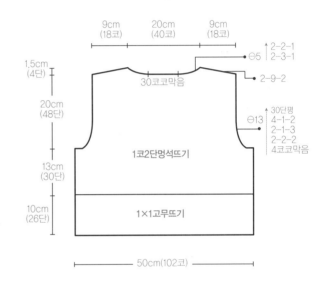

앞판뜨기

1 나중에 풀어낼 실로 일반코잡기로 27코를 잡는다. 단색 모사
　로 4.5mm대바늘을 사용하여 끌어올리기 고무단코잡기로
　52코를 만들어 1×1고무뜨기로 26단을 뜬다.

2 5mm대바늘로 바꾸고 복합색 모사로 바꾸어 1코2단멍석뜨
　기로 30단을 뜬다.

3 진동을 도안과 같이 줄이고, 동시에 앞목도 줄인다. 마지막
　코를 줄이고, 4단을 뜬 후 어깨경사뜨기를 한다.

4 남은코는 쉼코로 둔다.

5 같은 방법으로 대칭이 되게 한 장을 더 뜬다.

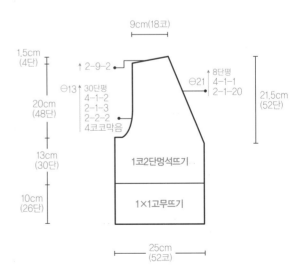

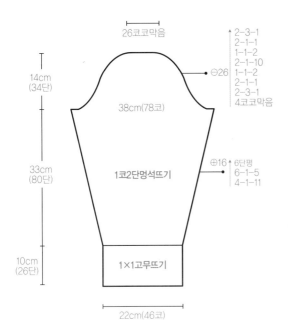

14cm
(34단)

26코코막음

2-3-1
2-1-1
1-1-2
2-1-10
1-1-2
2-1-1
2-3-1
4코코막음

⊖26

38cm(78코)

33cm
(80단)

1코2단멍석뜨기

⊕16 6단평
6-1-5
4-1-11

10cm
(26단)

1×1고무뜨기

22cm(46코)

소매뜨기

1 나중에 풀어낼 실로 일반코잡기로 24코를 잡는다. 단색 모사로 4.5mm대바늘을 사용하여 끌어올리기 고무단코잡기로 46코를 만들어 1×1고무뜨기로 26단을 뜬다.

2 5mm대바늘로 바꾸고 복합색 모사로 바꾸어 1코2단멍석뜨기로 뜬다. 도안과 같이 옆선을 16코 늘리면서 80단을 뜬다.

3 소매산을 좌우 각 26코씩 줄이고 남은코는 코막음한다.

4 같은 방법으로 한 장을 더 뜬다.

마무리하기

1 앞·뒤판을 겉끼리 맞대고 어깨코를 코막음하여 잇는다.

2 돗바늘로 앞·뒤판의 옆선을 연결한다.

3 돗바늘로 소매옆선을 연결하여 원통형으로 만든다.

4 몸판 진동에 소매를 잘 맞추어 코바늘 빼뜨기로 연결한다.

5 앞단과 목둘레에서 도안과 같이 코를 잡아 1×1고무뜨기로 6단을 뜬 다음 도안과 같이 되돌아뜨기를 한다. 마지막 되돌아뜨기를 할 때 복합색 모사로 2단을 뜨고, 다시 단색 모사로 정리단 2단을 뜬다. 이때 도안과 같이 한쪽 앞단은 단춧구멍을 내면서 뜬다.(4.5mm대바늘로 8단, 5mm대바늘로 8단, 5.5mm대바늘로 6단을 뜬다.)

6 단추를 달아 마무리한다.

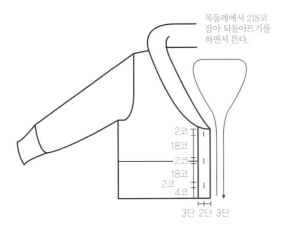

목둘레에서 218코
잡아 되돌아뜨기를
하면서 뜬다.

2코
18코
2코
18코
2코
4코

3단 2단 3단

1코 2단 멍석뜨기

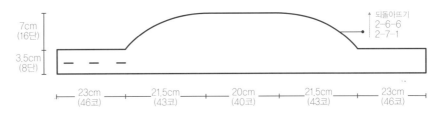

되돌아뜨기
2-6-6
2-7-1

7cm
(16단)

3.5cm
(8단)

23cm
(46코)

21.5cm
(43코)

20cm
(40코)

21.5cm
(43코)

23cm
(46코)

1코2단멍석뜨기 게이지 = 20코, 24단

뒤판

① 뒤판시작　(50cm×2코)+시접코 2코＝102코

② 고무단　(10cm×2.4단)×1.1＝26단

③ 옆선길이　13cm×2.4단＝30단

④ 진동길이　20cm×2.4단＝48단

　　줄임코수　(102코−등너비코수 76코)÷2＝13코

＊ 진동줄임 계산

$$13코×\frac{1}{3}=4코 \rightarrow 4코 코막음 \rightarrow 4코 코막음$$
$$−4$$
$$\overline{\qquad\qquad}$$

짝수단 변경

$$9코×\frac{1}{2}=4코 \rightarrow 1-1-4 \rightarrow 2-2-2$$
$$−4$$
$$\overline{\qquad\qquad}$$
$$5코×\frac{2}{3}=3코 \rightarrow 2-1-3 \rightarrow 2-1-3$$
$$−3$$
$$\overline{\qquad\qquad}$$
$$2 \rightarrow 3-1-2 \rightarrow 4-1-2$$

정리하면　┌ 4-1-2
　　　　　├ 2-1-3
　　　　　├ 2-2-2
　　　　　└ 4코 코막음

⑤ 어깨경사　(1.5cm×2.4단)＝4단,　9cm×2코＝18코

　　　　　4단÷2회＝2회

　　　　　18÷2＝9　→　2-9-2

⑥ 뒷목줄임　19cm×2코＝38코

　　　　　1.5cm×2.4단＝4단

20코

Ⅰ4단　4단에 5코 줄임　→　2-2-1
　　　　　　　　　　　　　　2-3-1

코막음

앞판

① 앞판시작　(25cm×2코)+시접코 2코＝52코

② 고무단　(10cm×2.4단)×1.1＝26단

③ 옆선　13cm×2.4단＝30단

④~⑤ 뒤판과 동일

⑥ 앞목(브이넥) 줄임　진동단 48단+어깨경사단 4단＝52단

　　평단분　52단×$\frac{1}{6}$＝8단

　　줄임단수　52단−8단(평단분)＝44단

　　줄임코수　10.5cm×2코＝21코

　　　　44단에서 21코 줄임

＊ 짝수단 계산

$$1+1=2$$

21	22
−1	21
20	1

×2

→　2-1-1　　┌ 8단평
　　1-1-20　├ 4-1-1
　　　　　　└ 2-1-20

소매

① 소매시작　(22cm×2코)+시접코 2코＝46코

② 고무단　(10cm×2.4단)×1.1＝26단

③ 소매옆선　33cm×2.4단＝80단

　　소매너비　(38cm×2코)+시접코 2코＝78코

　　늘림코수　(78코−46코)÷2＝16코

　　　　80단에서 16코 늘림

＊ 짝수단 계산

$$2+1=3$$

16+1	40
−6	34
11	6-1=5

×2

→　3단평　　┌ 6단평
　　3-1-5　├ 6-1-5
　　2-1-11 └ 4-1-11

④ **소매산길이** 14cm×2.4단=34단

소매산너비 78코×$\frac{1}{3}$=26코 코막음

줄임코수 (78코−26코)÷2=26코

34단에 26코 줄임 → 24단에 14코 줄임

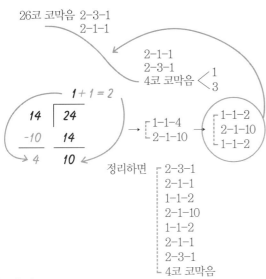

26코 코막음 2-3-1
2-1-1

2-1-1
2-3-1
4코 코막음 $<\begin{matrix}1\\3\end{matrix}$

$1+1=2$

$14\overline{)24}$
$-10 \quad 14$
$4 \quad 10$

→ 1-1-4
2-1-10

1-1-2
2-1-10
1-1-2

정리하면
2-3-1
2-1-1
1-1-2
2-1-10
1-1-2
2-1-1
2-3-1
4코 코막음

숄칼라

① **칼라코 만들기**

뒷목($\frac{1}{2}$) 10cm×2코=20코

브이넥부분 21.5cm×2코=43코

앞판부분 23cm×2코=46코

총 109코×2배=218코

② **평단길이** 3.5cm×2.4단=8단

③ **되돌아뜨기**

브이넥부분(코수) 43코

브이넥부분(단수) 7cm×2.4단=16단, 16단−정리단2단=14단

14단÷2=7회

$6+1=7$

$7\overline{)43}$
$-1 \quad 42$
$6 \quad 1$

→ 2-6-6
2-7-1

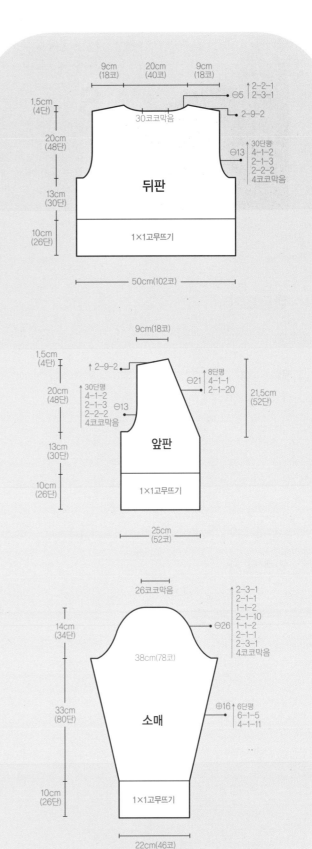

뒤판

9cm(18코) 20cm(40코) 9cm(18코)

1.5cm(4단)

↑2-2-1
2-3-1
⊖5

30코코막음

2-9-2

20cm(48단)

⊖13 ↑30단평
4-1-2
2-1-3
2-2-2
4코코막음

13cm(30단)

10cm(26단) 1×1고무뜨기

50cm(102코)

앞판

9cm(18코)

1.5cm(4단)

↑2-9-2

30단평
4-1-2
2-1-3
2-2-2
4코코막음 ⊖13

⊖21 ↑8단평
4-1-1
2-1-20

20cm(48단)

21.5cm(52단)

13cm(30단)

10cm(26단) 1×1고무뜨기

25cm(52코)

소매

26코코막음

↑2-3-1
2-1-1
1-1-2
2-1-10
1-1-2
2-1-1
2-3-1
4코코막음 ⊖26

14cm(34단)

38cm(78코)

33cm(80단)

⊕16 ↑6단평
6-1-5
4-1-11

10cm(26단) 1×1고무뜨기

22cm(46코)

남성용 숄칼라 카디건

S 사이즈

완성치수　옷길이 67cm, 가슴둘레 104cm, 소매길이 60cm
재료　양모사 680g, 대바늘 3.5mm 4.5mm
게이지　메리야스뜨기 18코×26단, 가터뜨기 20코×40단

how to make

뒤판뜨기

1 3.5mm대바늘을 사용하여 일반코잡기로 96코를 잡아 가터
뜨기로 28단을 뜬다.

2 4.5mm대바늘로 바꾸어 메리야스뜨기로 90단을 뜬다.

3 양옆 진동은 12코씩 줄이고 44단을 더 뜬다.

4 어깨코는 25코를 뜬 후 뒤로 돌려 도안과 같이 줄이고, 이와
동시에 2-8-1, 2-7-2로 어깨경사뜨기를 한다. 남은코는 쉼
코로 둔다.

5 뒷목둘레 첫코에 새 실을 걸어 22코를 코막음하고 오른쪽과
대칭이 되게 뜬다. 남은코는 쉼코로 둔다.

앞판뜨기

1 3.5mm대바늘을 사용하여 일반코잡기로 48코를 잡아 가터
뜨기로 28단을 뜬다.

2 4.5mm대바늘로 바꾸어 메리야스뜨기로 90단을 뜬다.

3 진동을 도안과 같이 줄이고, 동시에 앞목도 줄인다. 마지막
코를 줄이고, 4단을 뜬 후 어깨경사뜨기를 한다.

4 남은코는 쉼코로 둔다.

5 같은 방법으로 대칭이 되게 한 장을 더 뜬다.

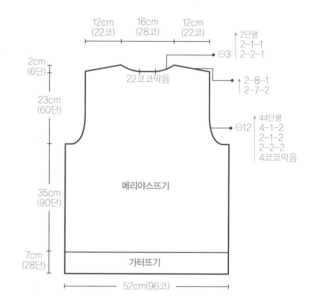

12cm (22코)　16cm (28코)　12cm (22코)

2cm (6단)

2단평
2-1-1
2-2-1

⊖3

22코코막음

2-8-1
2-7-2

23cm (60단)

44단평
4-1-2
2-1-2
2-2-2
4코코막음

⊖12

메리야스뜨기

35cm (90단)

7cm (28단)　가터뜨기

52cm(96코)

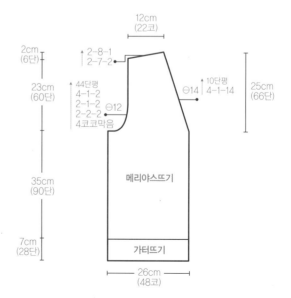

12cm (22코)

2cm (6단)

2-8-1
2-7-2

23cm (60단)

44단평
4-1-2
2-1-2
2-2-2
4코코막음

⊖12

10단평
4-1-14

⊖14

25cm (66단)

35cm (90단)

메리야스뜨기

7cm (28단)　가터뜨기

26cm (48코)

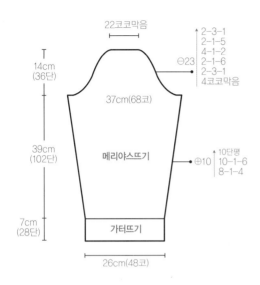

22코코막음

14cm
(36단)

2-3-1
2-1-5
4-1-2
2-1-6
2-3-1
4코코막음

⊖23

37cm(68코)

39cm
(102단)

메리야스뜨기

⊕10

10단평
10-1-6
8-1-4

7cm
(28단)

가터뜨기

26cm(48코)

소매뜨기

1 3.5mm대바늘을 사용하여 일반코잡기로 48코를 잡아 가터뜨기로 28
단을 뜬다.

2 4.5mm대바늘로 바꾸어 메리야스뜨기로 102단을 뜬다. 이때 도안과
같이 옆선을 늘리면서 뜬다.

3 소매산은 좌우 각 23코씩 줄이고 남은코는 코막음한다.

4 같은 방법으로 한 장을 더 뜬다.

칼라뜨기

1 3.5mm대바늘을 사용하여 나중에 풀어낼 실로 30코를 잡는다. 진행
실로 바꾸어 가터뜨기로 36단을 뜬다. 37단째부터는 2-3-10번 되돌
아뜨기를 하고 양 옆선을 12-1-5, 10-1-4로 줄이면서 뜬다. 12코가
되면 도안과 같이 단춧구멍을 내면서 168단을 뜬다.

2 처음 잡은 실을 풀어내고 코를 잡아 대칭이 되게 뜬다. 이때 반대쪽은
단춧구멍을 내지 않고 뜬다.

마무리하기

1 앞·뒤판을 겉끼리 맞대고 코막음하여 어깨코를 잇는다.

2 돗바늘로 앞·뒤판의 옆선을 연결한다.

3 돗바늘로 소매옆선을 연결하여 원통형으로 만든다.

4 몸판 진동에 소매를 잘 맞추어 코바늘 빼뜨기로 연결한다.

5 떠 놓은 칼라를 뒷 중심선에 맞추고 몸판의 앞목둘레에 맞추어 꿰맨다.

6 오른쪽 단에 단추를 달아 완성한다.

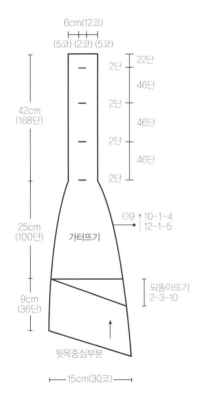

6cm(12코)

(5코) (2코) (5코)

42cm
(168단)

2단 22단
46단
2단
46단
2단
46단
2단

25cm
(100단)

가터뜨기

⊖9
10-1-4
12-1-5

9cm
(36단)

되돌아뜨기
2-3-10

뒷목중심부분

15cm(30코)

앞단둘레에
맞춰 칼라를
꿰매어 단다.

메리야스뜨기 게이지 = 18코, 26단   가터뜨기 게이지 = 20코, 40단

뒤판

① **뒤판시작** (52cm×1.8코)+시접코 2코=96코

② **밑단** 7cm×4단=28단

③ **옆선** 35cm×2.6단=90단

④ **진동길이** 23cm×2.6단=60단

　줄임코수 (96코−등너비코수 72코)÷2=12코

* 진동줄임 계산

$$12코 × \frac{1}{3} = 4코 \rightarrow 4코 코막음 \rightarrow 4코 코막음$$
$$-4$$
_____
$$8코 × \frac{1}{2} = 4코 \rightarrow 1-1-4 \rightarrow 2-2-2$$
$$-4$$
_____
$$4코 × \frac{2}{3} = 2코 \rightarrow 2-1-2 \rightarrow 2-1-2$$
$$-2$$
_____
$$2 \rightarrow 3-1-2 \rightarrow 4-1-2$$

정리하면 ┌ 4-1-2
　　　　　│ 2-1-2
　　　　　│ 2-2-2
　　　　　└ 4코 코막음

⑤ **어깨경사** 2cm×2.6단=6단,　12cm×1.8코=22코

　　　　　6단÷2=3회

$$\begin{array}{r|l} 7+1=8 \\ 3 & 22 \\ -1 & 21 \\ \hline 2 & 1 \end{array} \rightarrow \begin{array}{l} 2-8-1 \\ 2-7-2 \end{array}$$

⑥ **뒷목줄임** 16cm×1.8코=28코,　2cm×2.6단=6단

14코

6단에 3코 줄임　↑2단평
　　　　　　　　2-1-1
　　　　　　　　2-2-1

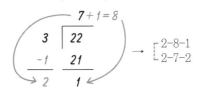

코막음

앞판

① **앞판시작** (26cm×1.8코)+시접코 2코=48코

② **밑단** 7cm×4단=28단

③ **옆선** 35cm×2.6단=90단

④ **진동길이** 23cm×2.6단=60단

　줄임코수 48코−36코=12코

* 진동줄임 계산은 뒤판과 동일

⑤ **어깨경사** 뒤판과 동일

⑥ **앞목**(브이네)**줄임**

　진동단 60단+어깨경사 6단=66단

　평단분 66단×$\frac{1}{6}$=10단평

　줄임코수 8cm×1.8코=14코

　줄임단수 66단−10단=56단

　　　56단에서 14코 줄임

$$\begin{array}{r|l} & 4 \\ 14 & 56 \\ & 56 \\ \hline & 0 \end{array} \rightarrow \begin{array}{l} 10단평 \\ 4-1-14 \end{array}$$

소매

① **소매시작** (26cm×1.8코)+시접코 2코=48코

② **밑단** 7cm×4단=28단

③ **옆선** 39cm×2.6단=102단

　소매너비 (37cm×1.8코)+시접코 2코=68코

　늘림코수 (68코−48코)÷2=10코

　　　102단에서 10코 늘림

*짝수단 계산

$$\begin{array}{r|l} 4+1=5 \\ 10+1 & 51 \\ -7 & 44 \\ \hline 4 & 7-1=6 \end{array} \rightarrow \begin{array}{l} 5단평 \\ 5-1-6 \\ 4-1-4 \end{array} \xrightarrow{×2} \begin{array}{l} 10단평 \\ 10-1-6 \\ 8-1-4 \end{array}$$

④ **소매산길이** 14cm×2.6단=36단

  소매산너비 68코×$\frac{1}{3}$=22코 코막음

  줄임코수 (68코−22코)÷2=23코

    36단에 23코 줄임 → 26단에 11코 줄임

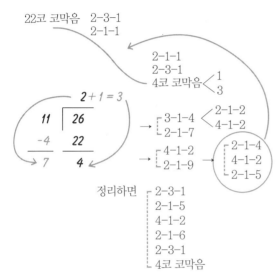

22코 코막음   2−3−1
              2−1−1

4코 코막음 < 1
            3

$$\begin{array}{r} 2+1=3 \\ 11 \overline{\smash)26} \\ -4 \quad 22 \\ \hline 7 \quad \quad 4 \end{array}$$

→ 3−1−4 < 2−1−2
  2−1−7   4−1−2

→ 4−1−2 → 2−1−4
  2−1−9   4−1−2
            2−1−5

정리하면 ┌ 2−3−1
         │ 2−1−5
         │ 4−1−2
         │ 2−1−6
         │ 2−3−1
         └ 4코 코막음

칼라

① **칼라뒷중심시작** 15cm×2코=30코,   9cm×4단=36단

② **되돌아뜨기** 5cm×4단=20단,   20단÷2=10회

  되돌아뜨기할 코수 30코÷10=3코

  그러므로 2−3−10으로 되돌아뜨기 해서 바깥 부분을 넓힌다.

③ **앞단**(브이넥) **부분** 25cm×4단=100단

  줄임코수 (30코−12코(6cm×2코))÷2=9코

    100단에 9코 줄임

＊짝수단 계산

$$\begin{array}{r} 5+1=6 \\ 9 \overline{\smash)50} \\ -5 \quad 45 \\ \hline 4 \quad \quad 5 \end{array}$$

→ ×2
  5−1−4 → ┌ 10−1−4
  6−1−5   └ 12−1−5

④ **앞단** 6cm×2코=12코,   42cm×4단=168단

⑤ 다시 칼라 뒷중심부터 시작해서 ①~④를 대칭되게 뜬다.

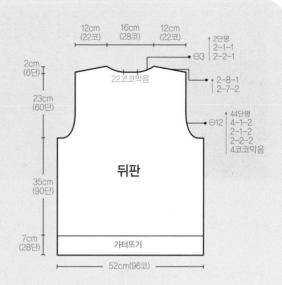

뒤판

12cm(22코) 16cm(28코) 12cm(22코)

2cm(6단)

23cm(60단)

35cm(90단)

7cm(28단)

가터뜨기

52cm(96코)

22코코막음

⊖3

↑2단평
2−1−1
2−2−1

↑2−8−1
│2−7−2

⊖12

↑44단평
4−1−2
2−1−2
2−2−2
4코코막음

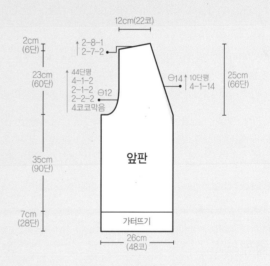

앞판

12cm(22코)

2cm(6단)

23cm(60단)

35cm(90단)

7cm(28단)

가터뜨기

26cm(48코)

↑2−8−1
│2−7−2

44단평
4−1−2
2−1−2 ⊖12
2−2−2
4코코막음

⊖14 ↑10단평
     4−1−14

25cm(66단)

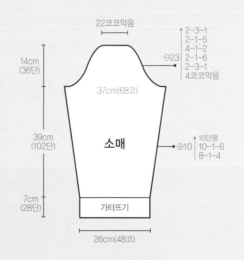

소매

22코코막음

14cm(36단)

37cm(68코)

39cm(102단)

7cm(28단)

가터뜨기

26cm(48코)

⊖23

2−3−1
2−1−5
4−1−2
2−1−6
2−3−1
4코코막음

⊕10 ↑10단평
     10−1−6
     8−1−4

게이지 산출

남성용 숄칼라 카디건

M 사이즈

완성치수 옷길이 71cm, 가슴둘레 110cm, 소매길이 61cm
재료 양모사 700g, 대바늘 3.5mm 4.5mm
게이지 메리야스뜨기 18코×26단, 가터뜨기 20코×40단

> **how to make**

뒤판뜨기

1 3.5mm대바늘을 사용하여 일반코잡기로 100코를 잡아 가터
  뜨기로 28단을 뜬다.

2 4.5mm대바늘로 바꾸어 메리야스뜨기로 98단을 뜬다.

3 양옆 진동은 각 12코씩 줄이고 46단을 더 뜬다.

4 어깨코는 26코를 뜬 후 뒤로 돌려 도안과 같이 줄이고, 이와
  동시에 2-7-2, 2-8-1로 어깨경사뜨기를 한다. 남은코는 쉼
  코로 둔다.

5 뒷목둘레 첫코에 새 실을 걸어 24코를 코막음하고 오른쪽과
  대칭이 되게 뜬다. 남은코는 쉼코로 둔다.

앞판뜨기

1 3.5mm대바늘을 사용하여 일반코잡기로 50코를 잡아 가터
  뜨기로 28단을 뜬다.

2 4.5mm대바늘로 바꾸어 메리야스뜨기로 98단을 뜬다.

3 진동을 도안과 같이 줄이고, 동시에 앞목도 줄인다. 마지막
  코를 줄이고, 4단을 뜬 후 어깨경사뜨기를 한다.

4 남은코는 쉼코로 둔다.

5 같은 방법으로 대칭이 되게 한 장을 더 뜬다.

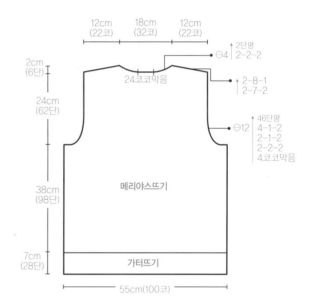

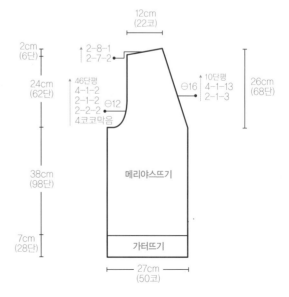

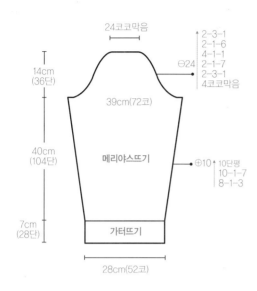

24코코막음

2-3-1
2-1-6
4-1-1
⊖24
2-1-7
2-3-1
4코코막음

14cm
(36단)

39cm(72코)

40cm
(104단)

메리야스뜨기

⊕10 10단평
10-1-7
8-1-3

7cm
(28단)

가터뜨기

28cm(52코)

소매뜨기

1 3.5mm대바늘을 사용하여 일반코잡기로 52코를 잡아 가터뜨기로 28단을 뜬다.

2 4.5mm대바늘로 바꾸어 메리야스뜨기로 104단을 뜬다. 이때 도안과 같이 옆선을 늘리면서 뜬다.

3 소매산은 좌우 각 24코씩 줄이고 남은코는 코막음한다.

4 같은 방법으로 한 장을 더 뜬다.

칼라뜨기

1 3.5mm대바늘을 사용하여 나중에 풀어낼 실로 30코를 잡는다. 진행 실로 바꾸어 가터뜨기로 40단을 뜬다. 41단째부터는 2-3-10번 되돌아뜨기를 하고 양 옆선을 12-1-7, 10-1-2로 줄이면서 뜬다. 12코가 되면 도안과 같이 단춧구멍을 내면서 180단을 뜬다.

2 처음 잡은 실을 풀어내고 코를 잡아 대칭이 되게 뜬다. 이때 반대쪽은 단춧구멍을 내지 않고 뜬다.

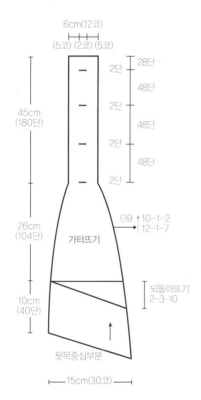

6cm(12코)
(5코) (2코) (5코)

45cm
(180단)

2단 28단
48단
2단
48단
2단
48단
2단

26cm
(104단)

가터뜨기

⊖9 10-1-2
12-1-7

10cm
(40단)

되돌아뜨기
2-3-10

뒷목중심부분

15cm(30코)

마무리하기

1 앞·뒤판을 겉끼리 맞대고 코막음하여 어깨코를 잇는다.

2 돗바늘로 앞·뒤판의 옆선을 연결한다.

3 돗바늘로 소매옆선을 연결하여 원통형으로 만든다.

4 몸판 진동에 소매를 잘 맞추어 코바늘 빼뜨기로 연결한다.

5 떠 놓은 칼라를 뒷 중심선을 먼저 맞추고 몸판의 앞목둘레에 맞추어 꿰맨다.

6 오른쪽 단에 단추를 달아 완성한다.

앞단둘레에
맞춰 칼라를
꿰매어 단다.

메리야스뜨기 게이지 = 18코, 26단   가터뜨기 게이지 = 20코, 40단

뒤판

① **뒤판시작** (55cm×1.8코)+시접코 2코=100코

② **밑단** 7cm×4단=28단

③ **옆선** 38cm×2.6단=98단

④ **진동길이** 24cm×2.6단=62단

　　줄임코수 (100코−76코)÷2=12코

＊ **진동줄임 계산**

$$12코 \times \frac{1}{3} = 4코 \quad \rightarrow \quad 4코 \; 코막음 \quad \rightarrow \quad 4코 \; 코막음$$

$$-4 \leftarrow$$

$$\overline{8코 \times \frac{1}{2} = 4코} \quad \rightarrow \quad 1\text{-}1\text{-}4 \quad \rightarrow \quad 2\text{-}2\text{-}2$$

$$-4 \leftarrow$$

$$\overline{4코 \times \frac{2}{3} = 2코} \quad \rightarrow \quad 2\text{-}1\text{-}2 \quad \rightarrow \quad 2\text{-}1\text{-}2$$

$$-2 \leftarrow$$

$$\overline{2} \qquad\qquad \rightarrow \quad 3\text{-}1\text{-}2 \quad \rightarrow \quad 4\text{-}1\text{-}2$$

정리하면 ┌ 4-1-2
　　　　├ 2-1-2
　　　　├ 2-2-2
　　　　└ 4코 코막음

⑤ **어깨경사** 2cm×2.6단=6단,　12cm×1.8코=22코

　　　　　　6단÷2=3회

$$\begin{array}{r} 7+1=8 \\ 3 \;\overline{)\; 22} \\ -1 \quad 21 \\ \hline 2 \qquad 1 \end{array} \rightarrow \begin{array}{l} 2\text{-}8\text{-}1 \\ 2\text{-}7\text{-}2 \end{array}$$

⑥ **뒷목줄임** 18cm×1.8코=32코,　2cm×2.6단=6단

16코

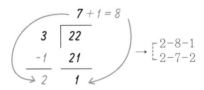

I 6단　6단 4코 줄임 ↑2단평
　　　　　　　　　　2-2-2

코막음

앞판

① **앞판시작** (27cm×1.8코)+시접코 2코=50코

② **밑단** 7cm×4단=28단

③ **옆선** 38cm×2.6단=98단

④ **진동길이** 24cm×2.6단=62단

　　줄임코수 50코−38코=12코

＊ 진동줄임 계산은 뒤판과 동일

⑤ **어깨경사** 뒤판과 동일

⑥ **앞목**(브이넥)**줄임**

　　진동단 62단+어깨경사 6단=68단

　　평단분 68단×$\frac{1}{6}$=10단평

　　줄임코수 9cm×1.8코=16코

　　줄임단수 68단−10단=58단

　　　　　　58단에서 16코 줄임

＊ **짝수단 계산**

$$\begin{array}{r} 1+1=2 \\ 16 \;\overline{)\; 29} \\ -13 \quad 16 \\ \hline 3 \qquad 13 \end{array} \xrightarrow{} \begin{array}{l} 2\text{-}1\text{-}13 \\ 1\text{-}1\text{-}3 \end{array} \xrightarrow{\times 2} \begin{array}{l} 10단평 \\ 4\text{-}1\text{-}13 \\ 2\text{-}1\text{-}3 \end{array}$$

소매

① **소매시작** (28cm×1.8코)+시접코 2코=52코

② **밑단** 7cm×4단=28단

③ **옆선** 40cm×2.6단=104단

　　소매너비 (39cm×1.8코)+시접코 2코=72코

　　늘림코수 (72코−52코)÷2=10코

　　　　　　104단에서 10코 늘림

＊ **짝수단 계산**

$$\begin{array}{r} 4+1=5 \\ 10+1 \;\overline{)\; 52} \\ -8 \quad 44 \\ \hline 3 \qquad 8\text{-}1=7 \end{array} \xrightarrow{} \begin{array}{l} 5단평 \\ 5\text{-}1\text{-}7 \\ 4\text{-}1\text{-}3 \end{array} \xrightarrow{\times 2} \begin{array}{l} 10단평 \\ 10\text{-}1\text{-}7 \\ 8\text{-}1\text{-}3 \end{array}$$

④ **소매산길이** 14cm×2.6단=36단

　소매산너비 72코×$\frac{1}{3}$=24코 코막음

　줄임코수 (72코−24코)÷2=24코

　　　　36단에 24코 줄임 → 26단에 12코 줄임

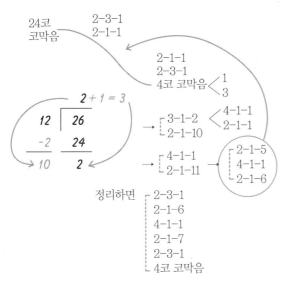

24코
코막음
　　　2-3-1
　　　2-1-1

　　　　　　　2-1-1
　　　　　　　2-3-1
　　　　　　4코 코막음 $<\begin{matrix}1\\3\end{matrix}$

　　　　　　→ ┌ 3-1-2 $<$ 4-1-1
　　　　　　　 └ 2-1-10　 2-1-1

　　　　　　→ ┌ 4-1-1 ┐　 ┌ 2-1-5
　　　　　　　 └ 2-1-11 ┘→ │ 4-1-1
　　　　　　　　　　　　　 └ 2-1-6

정리하면 ┌ 2-3-1
　　　　　├ 2-1-6
　　　　　├ 4-1-1
　　　　　├ 2-1-7
　　　　　├ 2-3-1
　　　　　└ 4코 코막음

칼라

① **칼라뒷중심시작** 15cm×2코=30코,　10cm×4단=40단

② **되돌아뜨기** (5cm×4단)÷2=10회

　되돌아뜨기할 코수 30코÷10=3코

　그러므로 2-3-10으로 되돌아뜨기 해서 바깥 부분을 넓힌다.

③ **앞단**(브이넥)**부분** 26cm×4단=104단

　줄임코수 (30코−12코(6cm×2코))÷2=9코

　　　　104단에서 9코 줄임

＊ 짝수단 계산

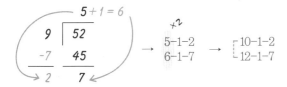

5+1 = 6
　9 ⟌ 52　　　×2 → 5-1-2 → ┌ 10-1-2
　−7　 45　　　　　　 6-1-7　 └ 12-1-7
　　2　 7

④ **앞단** 6cm×2코=12코,　45cm×4단=180단

⑤ 다시 칼라 뒷중심부터 시작해서 ①~④를 대칭되게 뜬다.

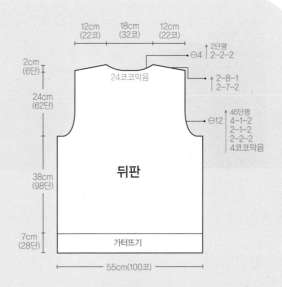

뒤판 도식:
12cm(22코) 18cm(32코) 12cm(22코)
2cm(6단), 24cm(62단), 38cm(98단), 7cm(28단)
24코코막음
⊖4 2단평 2-2-2
2-8-1 2-7-2
46단평 4-1-2 2-1-2 2-2-2 4코코막음 ⊖12
뒤판
가터뜨기
55cm(100코)

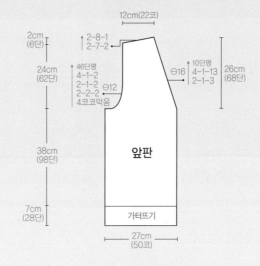

앞판 도식:
12cm(22코)
2cm(6단), 24cm(62단), 38cm(98단), 7cm(28단)
2-8-1 2-7-2
46단평 4-1-2 2-1-2 2-2-2 4코코막음 ⊖12
⊖16 10단평 4-1-13 2-1-3 26cm(68단)
앞판
가터뜨기
27cm(50코)

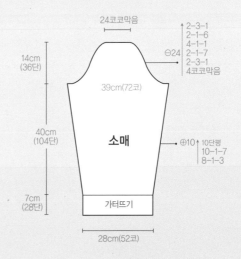

소매 도식:
24코코막음
14cm(36단), 40cm(104단), 7cm(28단)
39cm(72코)
⊖24 2-3-1 2-1-6 4-1-1 2-1-7 2-3-1 4코코막음
⊕10 10단평 10-1-7 8-1-3
소매
가터뜨기
28cm(52코)

남성용 숄칼라 카디건

L 사이즈

완성치수   옷길이 74cm, 가슴둘레 116cm, 소매길이 62cm
재료   양모사 750g, 대바늘 3.5mm 4.5mm
게이지   메리야스뜨기 18코×26단, 가터뜨기 20코×40단

how to make

뒤판뜨기

1 3.5mm대바늘을 사용하여 일반코잡기로 104코를 잡아 가터
뜨기로 28단을 뜬다.

2 4.5mm대바늘로 바꾸어 메리야스뜨기로 104단을 뜬다.

3 양옆 진동은 각 12코씩 줄이고 48단을 더 뜬다.

4 어깨코는 26코를 뜬 후 뒤로 돌려 도안과 같이 줄이고, 이와
동시에 2-7-2, 2-8-1로 어깨경사뜨기를 한다. 남은코는 쉼
코로 둔다.

5 뒷목둘레 첫코에 새 실을 걸어 28코를 코막음하고 오른쪽과
대칭이 되게 뜬다. 남은코는 쉼코로 둔다.

앞판뜨기

1 3.5mm대바늘을 사용하여 일반코잡기로 52코를 잡아 가터
뜨기로 28단을 뜬다.

2 4.5mm대바늘로 바꾸어 메리야스뜨기로 104단을 뜬다.

3 진동을 도안과 같이 줄이고, 동시에 앞목도 줄인다. 마지막
코를 줄이고, 6단을 뜬 후 어깨경사뜨기를 한다.

4 남은코는 쉼코로 둔다.

5 같은 방법으로 대칭이 되게 한 장을 더 뜬다.

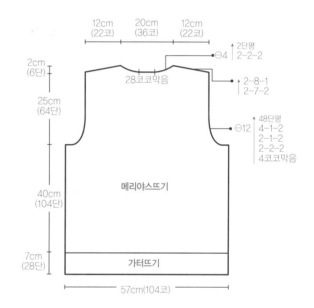

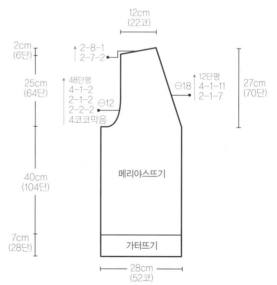

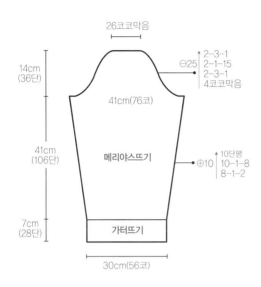

26코코막음

14cm
(36단)

2-3-1
⊖25 | 2-1-15
2-3-1
4코코막음

41cm(76코)

41cm
(106단)

메리야스뜨기

⊕10 | 10단평
10-1-8
8-1-2

7cm
(28단)

가터뜨기

30cm(56코)

소매뜨기

1 3.5mm대바늘을 사용하여 일반코잡기로 56코를 잡아 가터뜨기로
28단을 뜬다.

2 4.5mm대바늘로 바꾸어 메리야스뜨기로 106단을 뜬다. 이때 도안과
같이 옆선을 늘리면서 뜬다.

3 소매산은 좌우 각 25코씩 줄이고 남은코는 코막음한다.

4 같은 방법으로 한 장을 더 뜬다.

칼라뜨기

1 3.5mm바늘을 사용하여 나중에 풀어낼 실로 30코를 잡는다. 진행실
로 바꾸어 가터뜨기로 44단을 뜬다. 45단째부터는 2-3-10번 되돌아
뜨기를 하고 양 옆선을 14-1-2, 12-1-7로 줄이면서 뜬다. 12코가 되
면 도안과 같이 단춧구멍을 내면서 188단을 뜬다.

2 처음 잡은 실을 풀어내고 코를 잡아 대칭이 되게 뜬다. 이때 반대쪽은
단춧구멍을 내지 않고 뜬다.

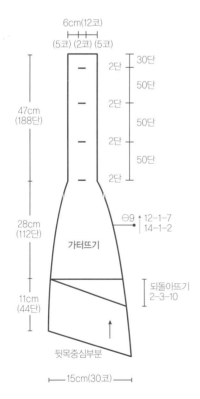

6cm(12코)

(5코) (2코) (5코)

30단
2단
50단

50단
2단

50단

2단

47cm
(188단)

⊖9 | 12-1-7
14-1-2

28cm
(112단)

가터뜨기

11cm
(44단)

되돌아뜨기
2-3-10

뒷목중심부분

15cm(30코)

마무리하기

1 앞·뒤판을 겉끼리 맞대고 코막음하여 어깨코를 잇는다.

2 돗바늘로 앞·뒤판의 옆선을 연결한다.

3 돗바늘로 소매옆선을 연결하여 원통형으로 만든다.

4 몸판 진동에 소매를 잘 맞추어 코바늘 빼뜨기로 연결한다.

5 떠 놓은 칼라를 뒷 중심선을 맞추고 몸판의 앞목둘레에 맞추어
꿰맨다.

6 오른쪽 단에 단추를 달아 완성한다.

앞단둘레에
맞춰 칼라를
꿰매어 단다.

메리야스뜨기 게이지 = 18코, 26단　가터뜨기 게이지 = 20코, 40단

뒤판

① **뒤판시작** (57cm×1.8코)+시접코 2코=104코

② **밑단** 7cm×4단=28단

③ **옆선** 40cm×2.6단=104단

④ **진동길이** 25cm×2.6단=64단

　줄임코수 (104코−등너비코수80코)÷2=12코

＊ 진동줄임 계산

$$12코 \times \frac{1}{3} = 4코 \rightarrow 4코 \text{ 코막음} \rightarrow 4코 \text{ 코막음}$$
$$-4 \leftarrow$$

$$8코 \times \frac{1}{2} = 4코 \rightarrow 1\text{-}1\text{-}4 \rightarrow 2\text{-}2\text{-}2$$
$$-4$$

$$4코 \times \frac{2}{3} = 2코 \rightarrow 2\text{-}1\text{-}2 \rightarrow 2\text{-}1\text{-}2$$
$$-2 \leftarrow$$

$$2 \rightarrow 3\text{-}1\text{-}2 \rightarrow 4\text{-}1\text{-}2$$

정리하면 ┌ 4-1-2
　　　　 ├ 2-1-2
　　　　 ├ 2-2-2
　　　　 └ 4코 코막음

⑤ **어깨경사** 2cm×2.6단=6단,　12cm×1.8코=22코

　　6단÷2=3회

┌ 7 + 1 = 8 ┐
│ 3 │ 22 │ → ┌ 2-8-1
│ -1 │ 21 │ 　 └ 2-7-2
└ 2 │ 1 ┘

⑥ **뒷목줄임** 20cm×1.8코=36코,　2cm×2.6단=6단

18코

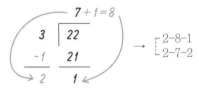

Ⅰ6단　6단에 4코 줄임 ↑2단평
　　　　　　　　　　 2-2-2

코막음

앞판

① **앞판시작** (28cm×1.8코)+시접코 2코=52코

② **밑단** 7cm×4단=28단

③ **옆선** 40cm×2.6단=104단

④ **진동길이** 25cm×2.6단=64단

　줄임코수 52코−40코=12코

＊ 진동줄임 계산은 뒤판과 동일

⑤ **어깨경사** 뒤판과 동일

⑥ **앞목**(브이넥) **줄임**

　진동단 64단+어깨경사 6단=70단

　평단분 70단×$\frac{1}{6}$=12단평

　줄임코수 10cm×1.8코=18코

　줄임단수 70단−12단=58단

　　　58단에 18코 줄임

＊ 짝수단 계산

┌ 1 + 1 = 2 ┐
│ 18 │ 29 │ →×2 2-1-11 → ┌ 12단평
│ -11 │ 18 │ 　 1-1-7 　 ├ 4-1-11
└ 7 │ 11 ┘ 　　　　　　 └ 2-1-7

소매

① **소매시작** (30cm×1.8코)+시접코 2코=56코

② **밑단** 7cm×4단=28단

③ **옆선** 41cm×2.6단=106단

　소매너비 (41cm×1.8코)+시접코 2코=76코

　늘림코수 (76코−56코)÷2=10코

　　　106단에서 10코 늘림

＊ 짝수단 계산

┌ 4 + 1 = 5 ┐
│ 10+1 │ 53 │ →×2 5단평 → ┌ 10단평
│ -9 │ 44 │ 　 5-1-8 　 ├ 10-1-8
└ 2 │ 9-1=8 ┘ 　 4-1-2 　 └ 8-1-2

④ **소매산길이** 14cm×2.6단=36단

  소매산너비 76코× $\frac{1}{3}$ =26코

  줄임코수 (76코-26코)÷2=25코

       36단에 25코 줄임 → 26단에 13코 줄임

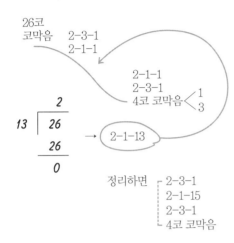

       26코
       코막음   2-3-1
                2-1-1

                    2-1-1
                    2-3-1
                    4코 코막음 $<{1 \atop 3}$

       $13\overline{\smash{)}\,26}$ 의 몫은 2, 나머지 0

       → 2-1-13

       정리하면 ┌ 2-3-1
               │ 2-1-15
               │ 2-3-1
               └ 4코 코막음

칼라

① **칼라뒷중심시작** 15cm×2코=30코, 11cm×4단=44단

② **되돌아뜨기** 5cm×4단=20단, 20단÷2=10회

  되돌아뜨기할 코수 30코÷10=3코

  그러므로 2-3-10으로 되돌아뜨기 해서 바깥 부분을 넓힌다.

③ **앞단**(브이넥) **부분** 28cm×4단=112단

  줄임코수 (30코-12코(6cm×2코))÷2=9코

       112단에서 9코 줄임

＊ 짝수단 계산

       6+1=7

       $9\overline{\smash{)}\,56}$ -2 $\overline{54}$

       7   2

       → 6-1-7   → ┌ 12-1-7
          7-1-2   └ 14-1-2

③ **앞단** 6cm×2코=12코, 47cm×4단=188단

⑤ 다시 칼라 뒷중심부터 시작해서 ①~④를 대칭되게 뜬다.

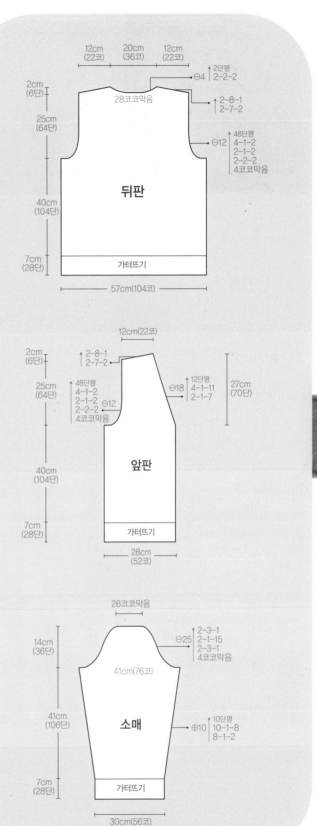

뒤판

12cm(22코) 20cm(36코) 12cm(22코)

2cm(6단)
25cm(64단)
28코코막음
2단평 2-2-2 ⊖4
2-8-1 / 2-7-2
48단평 4-1-2 / 2-1-2 / 2-2-2 / 4코코막음 ⊖12

40cm(104단)

7cm(28단) 가터뜨기

57cm(104코)

앞판

12cm(22코)

2cm(6단)
25cm(64단)
2-8-1 / 2-7-2
48단평 4-1-2 / 2-1-2 / 2-2-2 / 4코코막음 ⊖12
⊖18
12단평 4-1-11 / 2-1-7
27cm(70단)

40cm(104단)

7cm(28단) 가터뜨기

28cm(52코)

소매

26코코막음

14cm(36단)
41cm(76코)
⊖25 2-3-1 / 2-1-15 / 2-3-1 / 4코코막음

41cm(106단)

⊕10 10단평 10-1-8 / 8-1-2

7cm(28단) 가터뜨기

30cm(56코)

게이지 산출

꽈배기코트

S 사이즈

<u>완성치수</u> 옷길이 92.5cm, 가슴둘레 92cm, 소매길이 54cm
<u>재료</u> 데님12p사 아이보리 900g 스키얀사 베이지 300g, 대바늘 5.5mm 6mm, 단추 5개
<u>게이지</u> 메리야스뜨기 13코×18단, 무늬뜨기 20코 20단

> h o w t o m a k e

뒤판뜨기

1 데님12p사와 스키얀사를 합사하여 6mm대바늘을 사용해 일반코잡기로 115코를 잡아 무늬뜨기로 110단을 뜬다. 이때 도안과 같이 58코를 줄이면서 뜬다.

2 5.5mm대바늘로 바꾸어 24단을 뜬다. 이때 옆선을 2코 늘리면서 뜬다.

3 양옆 진동은 각 6코씩 줄이면서 36단을 뜬다.

4 어깨코는 15코를 뜬 후 뒤로 돌려 뒷목코를 줄이고 12코는 2-4-3으로 되돌아뜨기를 한다. 남은코는 쉼코로 둔다.

5 목둘레 첫코에 새 실을 걸어 19코를 코막음하고 오른쪽과 같은 방법으로 뒷목코를 줄이고 되돌아뜨기를 한다. 남은코는 쉼코로 둔다.

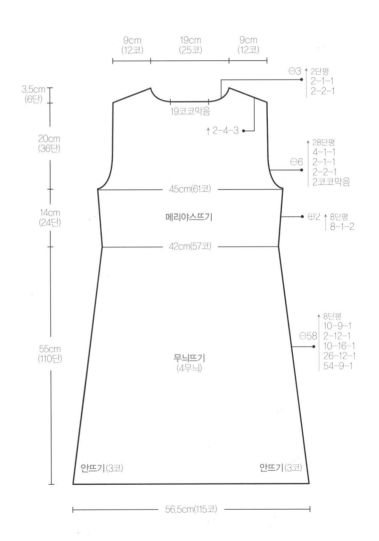

9cm (12코)　19cm (25코)　9cm (12코)

3.5cm (6단)

20cm (36단)

14cm (24단)

55cm (110단)

19코코막음

↑ 2-4-3

45cm(61코)

메리야스뜨기

42cm(57코)

무늬뜨기 (4무늬)

안뜨기(3코)　안뜨기(3코)

56.5cm(115코)

⊖3 2단평
2-1-1
2-2-1

↑28단평
4-1-1
2-1-1
2-2-1
2코코막음
⊖6

⊕2 ↑ 8단평
8-1-2

↑8단평
10-9-1
2-12-1
10-16-1
26-12-1
54-9-1
⊖58

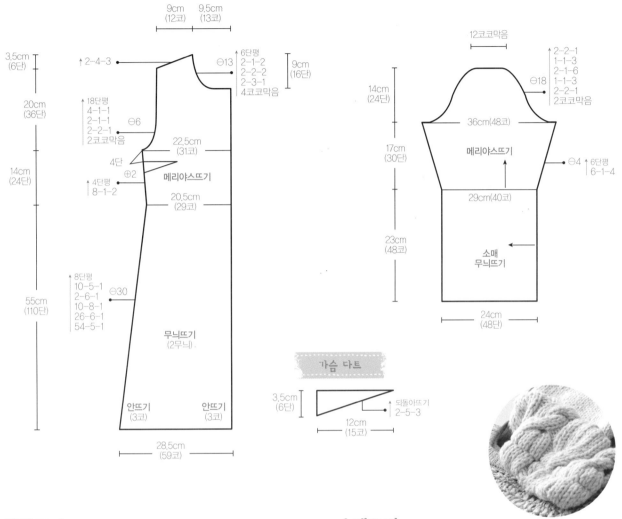

앞판 도안 치수:
- 9cm (12코) / 9.5cm (13코)
- 3.5cm (6단)
- ↑ 2-4-3
- ⊖13
- 6단평 / 2-1-2 / 2-2-2 / 2-3-1 / 4코코막음 — 9cm (16단)
- 20cm (36단)
- 18단평 / 4-1-1 / 2-1-1 / 2-2-1 / 2코코막음
- ⊖6
- 22.5cm (31코)
- 4단 / ⊕2
- 메리야스뜨기
- 14cm (24단)
- ↑ 4단평 / 8-1-2
- 20.5cm (29코)
- 55cm (110단)
- 8단평 / 10-5-1 / 2-6-1 / 10-8-1 / 26-6-1 / 54-5-1
- ⊖30
- 무늬뜨기 (2무늬)
- 안뜨기 (3코) / 안뜨기 (3코)
- 28.5cm (59코)

가슴 다트
- 3.5cm (6단)
- 12cm (15코)
- ↑ 되돌아뜨기 2-5-3

소매 도안 치수:
- 12코코막음
- 2-2-1 / 1-1-3 / 2-1-6 / 1-1-3 / 2-2-1 / 2코코막음
- 14cm (24단)
- ⊖18
- 36cm (48코)
- 메리야스뜨기
- 17cm (30단)
- ⊖4 / 6단평 / 6-1-4
- 29cm (40코)
- 23cm (48단)
- 소매 무늬뜨기
- 24cm (48단)

앞판뜨기

1 6mm대바늘을 사용하여 일반코잡기로 59코를 잡아 무늬뜨기로 110단을 뜬다. 도안과 같이 코를 줄이면서 뜬다.

2 5.5mm대바늘로 바꾸어 24단을 뜬다. 이때 20단째부터는 되돌아뜨기하면서 도안에 표기된 다트를 뜬다.

3 진동은 6코를 줄이면서 26단을 뜨고, 27단째부터는 앞목코를 줄인다.

4 6단 평단 부분에서 동시에 되돌아뜨기를 한다. 남은코는 쉼코로 둔다.

5 같은 방법으로 대칭이 되게 한 장을 더 뜬다.

소매뜨기

1 6mm대바늘을 사용하여 일반코잡기로 48코를 잡아 무늬뜨기로 48단을 뜬 후 코막음한다.

2 5.5mm대바늘로 옆선에서 40코를 잡아 옆선을 늘리면서 무늬뜨기로 30단을 뜬다.

3 소매산은 도안과 같이 코를 줄이면서 24단을 뜬다. 남은 12코는 코막음한다.

4 같은 방법으로 한 장을 더 뜬다.

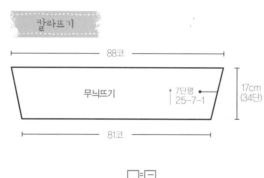

마무리하기

1 앞·뒤판을 겉끼리 맞대고 어깨코를 코막음하여 잇는다.

2 앞·뒤판의 옆선을 돗바늘로 잇는다.

3 소매의 옆선을 이어서 원통형으로 만든다.

4 몸판의 진동에 소매를 맞추어 코바늘 빼뜨기로 잇는다.

5 앞단은 앞판에서 140코를 잡아 2×2고무뜨기로 8단을 뜬 후 코막음한다. 이때 오른
쪽 앞단은 도안과 같이 단춧구멍을 내면서 뜬다.

6 목둘레에서 81코를 잡아 칼라무늬뜨기로 코를 늘리면서 34단을 뜬 후 코막음한다.

7 단추를 달아 마무리한다.

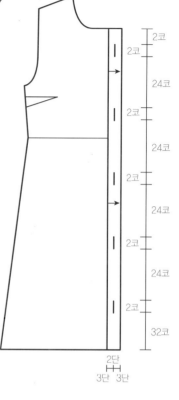

앞단뜨기

칼라뜨기

```
         ├──────── 88코 ────────┤
        ╱                        ╲
       │    무늬뜨기    ↑ 7단평  │  17cm
        ╲             25-7-1    ╱  (34단)
         ├────── 81코 ──────┤
```

□ = ─

▨ = 없어지는 코

╳ = ╳

칼라무늬뜨기

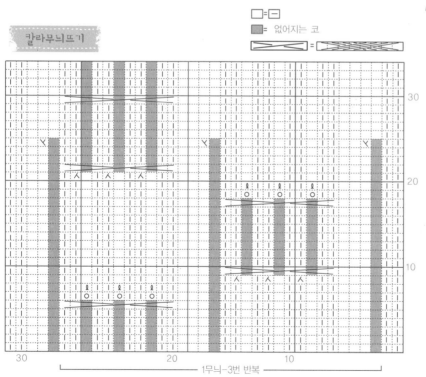

1무늬-3번 반복

206

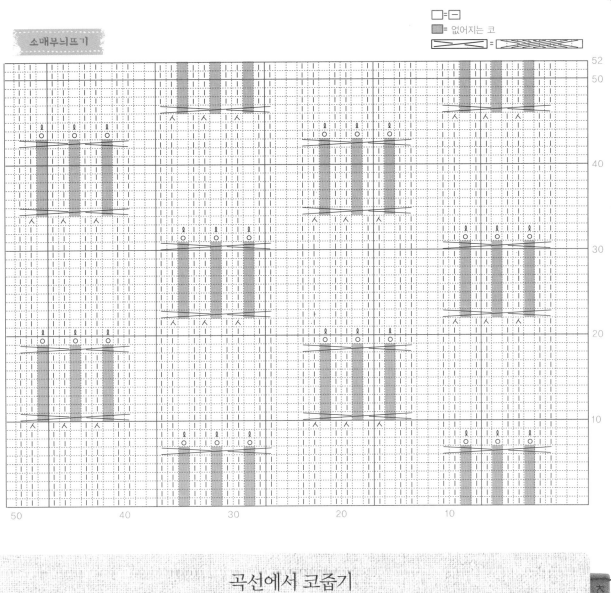

□ = □
■ = 없어지는 코
〈 〉 = 〈〈〉〉

곡선에서 코줍기

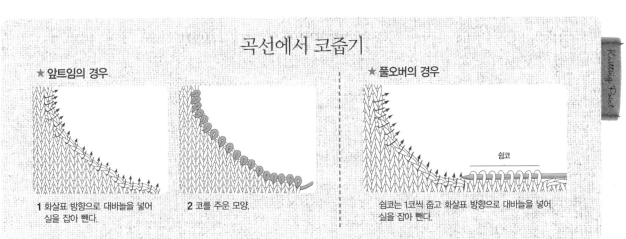

★ 앞트임의 경우

1 화살표 방향으로 대바늘을 넣어
실을 잡아 뺀다.

2 코를 주운 모양.

★ 풀오버의 경우

쉼코

쉼코는 1코씩 줍고 화살표 방향으로 대바늘을 넣어
실을 잡아 뺀다.

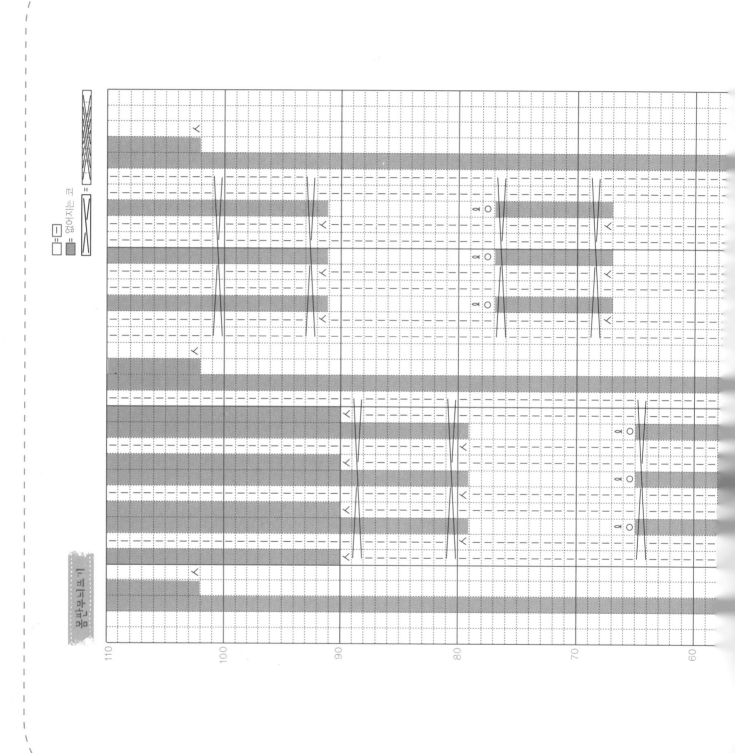

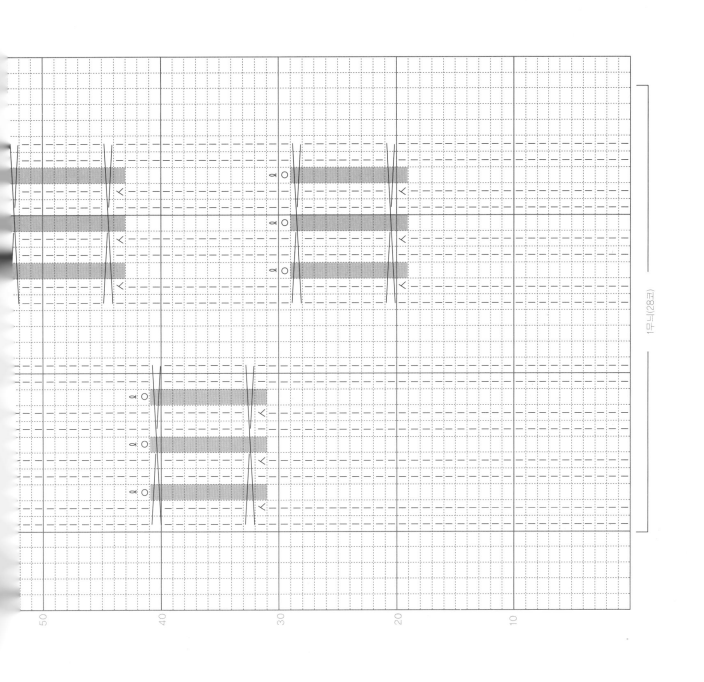

1무늬(28코)

50

40

30

20

10

메리야스뜨기 게이지 = 13코, 18단	무늬뜨기 게이지 = 20코, 20단

뒤판

① **뒤판시작** (56.5cm×2코)+시접코 2코=115코

② **허리선너비** (42cm×1.3코)+시접코 2코=56코

③ **옆선길이**(허리선까지) 55cm×2단=110단

　　줄임코수 115코−57코=58코

　　　　58코를 무늬에 맞춰 적당히 줄임 →
　　　　(무늬도안 참고)

```
┌ 8단평
│ 10-9-1
│ 2-12-1
│ 10-16-1
│ 26-12-1
└ 54-9-1
```

④ **옆선길이**(진동전까지) 14cm×1.8단=24단

　　가슴둘레너비 (45cm×1.3코)+시접코 2코=61코

　　늘림코수 (가슴너비 60코−허리너비 56코)÷2=2코

　　　　24단에서 2코 늘림

```
        8
 2+1 │ 24        ┌ 8단평
  -1   24    →  └ 8-1-2
   2    0
```

⑤ **진동길이** 20cm×1.8단=36단

　　줄임코수 (가슴둘레너비 60코−등너비 48코)÷2=6코

✻ 진동줄임 계산

$6코×\frac{1}{3}=2코$ → 2코 코막음 → 2코 코막음
　　−2

$4코×\frac{1}{2}=2코$ → 1-1-2 → 2-2-1
　　−2

$2코×\frac{2}{3}=1코$ → 2-1-1 → 2-1-1
　　−1

　1 → 3-1-1 → 4-1-1

정리하면
```
┌ 4-1-1
│ 2-1-1
│ 2-2-1
└ 2코 코막음
```

⑥ **어깨경사** (3.5cm×1.8단)÷2=3회, 9cm×1.3코=12코

```
        4
  3 │ 12      →   2-4-3
      12
       0
```

⑥ **뒷목줄임** 19cm×1.3코=25코, 3.5cm×1.8단=6단

```
    12코          I 6단    6단에 3코 줄임   ↑ 2단평
중심 1.2            3 3 3                    2-1-1
      3 3 3 3                               2-2-1
         코막음
```

앞판

① **앞판시작** (28.5cm×2코)+시접코 2코=58코

② **허리선너비** (20.5cm×1.3코)+시접코 2코=28코

③ **옆선길이**(허리선까지) 55cm×2단=110단

　　줄임코수 시작코 59코−허리코수 29코=30코

　　　　30코를 무늬에 맞춰 적당히 줄임 →
　　　　(무늬도안 참고)

```
┌ 8단평
│ 10-5-1
│ 2-6-1
│ 10-8-1
│ 26-6-1
└ 54-5-1
```

④ **옆선길이**(진동전까지) 14cm×1.8단=24단

　　가슴둘레너비 (22.5cm×1.3코)+시접코 2코=31코

　　늘림코수 가슴너비 31코−허리너비 29코=2코

　　　　24단에서 2코 늘림

```
        8
 2+1 │ 24        ┌ 8단평       ┌ 4단평
  -1   24    →  └ 8-1-2   →  │ 다트뜨기
   2    0                     │ 4단평
                              └ 8-1-2
```

⑤ **가슴다트** 3.5cm×1.8단=6단,   12cm×1.3코=15코

　　　　6단÷2=3회

　　　　15코÷3=5코　→　2-5-3 되돌아뜨기

⑥ **진동, 어깨경사** 뒤판과 동일

⑦ **앞목 (라운드) 줄임** 9.5cm×1.3코=13코

　　　　9cm×1.8단=16단

　　　　16단에 13코 줄임　→　10단에 9코 줄임

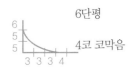

6단평

4코 코막음

3 3 3 4

커브선 공식 10코에 대입

4 . 3 . 2 . 1

9코에 맞춤 　　$\overrightarrow{}$　　$\underline{-1}$

3 . 3 . 2 . 1

횟수에 맞춤　→　$\underline{(-1)}$

3 . 2 . 2 . 1 . 1

정리하면　┌ 6단평
　　　　　│ 2-1-2
　　　　　│ 2-2-2
　　　　　│ 2-3-1
　　　　　└ 3코 코막음

칼라

① **시작코** 앞목과 뒷목에서 81코를 만든다.

　　늘림코수 88코−81코=7코

② **길이** 17cm×2단=34단

　　무늬에 맞춰서 25단째에 7코를 다 늘린다.

　┌ 9단평
　└ 25-7-1

소매

① **소매시작** (29cm×1.3코)+시접코 2코=40코

② **소매옆선** 17cm×1.8단=30단

　　옆선늘림 소매너비 (36cm×1.3코)+시접코 2코=48코

　　늘림코수 (48코−40코)÷2=4코

　　　　30단에서 4코 늘림

＊짝수단 계산

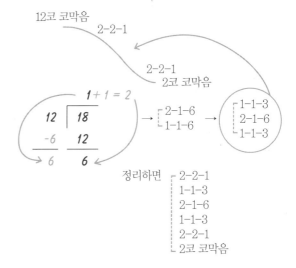

$$4+1 \overline{)15} \quad ×2$$
$$-1 \overline{)15}$$
$$4 \quad 0$$

→ 3단평
　3-1-4　→　┌ 6단평
　　　　　　└ 6-1-4

③ **소매산길이** 14cm×1.8단=24단

　　소매산너비 48코×$\frac{1}{4}$=12코 코막음

　　줄임코수 (48코−12코)÷2=18코

　　　　24단에 18코 줄임　→　18단에 12코 줄임

12코 코막음

2-2-1

2-2-1
2코 코막음

$$12 \overline{)18} \quad 1+1=2$$
$$-6 \overline{)12}$$
$$6 \quad 6$$

→ ┌ 2-1-6
　└ 1-1-6

→ ┌ 1-1-3
　│ 2-1-6
　└ 1-1-3

정리하면　┌ 2-2-1
　　　　　│ 1-1-3
　　　　　│ 2-1-6
　　　　　│ 1-1-3
　　　　　│ 2-2-1
　　　　　└ 2코 코막음

④ **소맷단시작** (23cm×2코)+시접코 2코=48코

　　길이 24cm×2단=48단

꽈배기코트

M 사이즈

완성치수 옷길이 93.5cm, 가슴둘레 95cm, 소매길이 55cm
재료 데님12p사 아이보리 1000g, 스키얀사 베이지 350g, 대바늘 5.5mm 6mm, 단추 5개
게이지 메리야스뜨기 13코×18단, 무늬뜨기 20코 20단

> **h o w   t o   m a k e**

뒤판뜨기

1 데님12p사와 스키얀사를 합사하여 6mm대바늘을 사용하여 일반코잡기로 117코를 잡아 무늬뜨기로 110단을 뜬다. 이때 도안과 같이 58코를 줄이면서 뜬다.

2 5.5mm대바늘로 바꾸어 24단을 뜬다. 이때 옆선을 2코 늘리면서 뜬다.

3 양옆 진동은 각 6코씩 줄이면서 38단을 뜬다.

4 어깨코는 15코를 뜬 후 뒤로 돌려 뒷목코를 줄이고 12코는 2-4-3으로 되돌아뜨기를 한다. 남은코는 쉼코로 둔다.

5 목둘레 첫코에 새 실을 걸어 21코를 코막음하고 오른쪽과 같은 방법으로 뒷목코를 줄이고 되돌아뜨기를 한다. 남은코는 쉼코로 둔다.

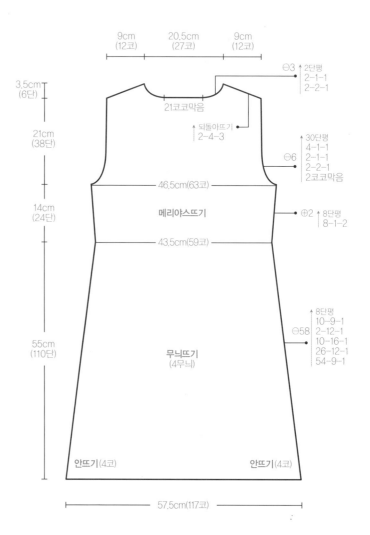

9cm (12코)   20,5cm (27코)   9cm (12코)

3.5cm (6단)

21cm (38단)

14cm (24단)

55cm (110단)

⊖3 2단평
2-1-1
2-2-1

21코코막음

되돌아뜨기
2-4-3

30단평
4-1-1
2-1-1
2-2-1
2코코막음
⊖6

46,5cm(63코)

메리야스뜨기

⊕2 8단평
8-1-2

43,5cm(59코)

무늬뜨기
(4무늬)

8단평
10-9-1
2-12-1
10-16-1
26-12-1
54-9-1
⊖58

안뜨기(4코)   안뜨기(4코)

57,5cm(117코)

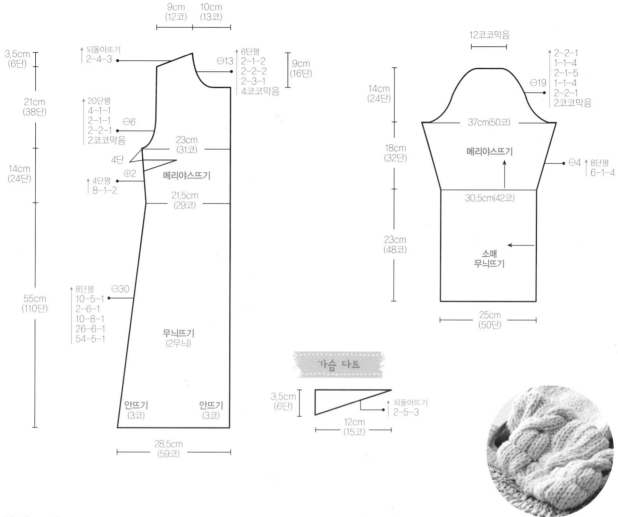

9cm
(12코)
10cm
(13코)

3.5cm
(6단)

↑되돌아뜨기
2-4-3

⊖13

6단평
2-1-2
2-2-2
2-3-1
4코코막음

9cm
(16단)

21cm
(38단)

↑20단평
4-1-1
2-1-1
2-2-1
2코코막음

⊖6

4단
⊕2

23cm
(31코)

메리야스뜨기

14cm
(24단)

↑4단평
8-1-2

21.5cm
(29코)

55cm
(110단)

↑8단평
10-5-1
2-6-1
10-8-1
26-6-1
54-5-1

⊖30

무늬뜨기
(2무늬)

안뜨기
(3코)

안뜨기
(3코)

28.5cm
(59코)

12코코막음

14cm
(24단)

2-2-1
1-1-4
2-1-5
1-1-4
2-2-1
2코코막음

⊖19

37cm(50코)

18cm
(32단)

메리야스뜨기

⊖4
↑8단평
6-1-4

30.5cm(42코)

23cm
(48단)

소매
무늬뜨기

25cm
(50단)

가슴 다트

3.5cm
(6단)

↑되돌아뜨기
2-5-3

12cm
(15코)

앞판뜨기

1 6mm대바늘을 사용하여 일반코잡기로 59코를 잡아 무늬뜨
기로 110단을 뜬다. 도안과 같이 코를 줄이면서 뜬다.

2 5.5mm대바늘로 바꾸어 24단을 뜬다. 이때 20단째부터는
되돌아뜨기 하면서 도안에 표기된 다트를 뜬다.

3 진동은 6코를 줄이면서 28단을 뜨고, 29단째부터는 앞목코
를 줄인다.

4 6단 평단 부분에서 동시에 되돌아뜨기를 한다. 남은코는 쉼
코로 둔다.

5 같은 방법으로 대칭이 되게 한 장을 더 뜬다.

소매뜨기

1 6mm대바늘을 사용하여 일반코잡기로 48코를 잡아 무늬뜨
기로 50단을 뜬 후 코막음한다.

2 5.5mm대바늘로 옆선에서 42코를 잡아 옆선을 늘리면서 무
늬뜨기로 32단을 뜬다.

3 소매산은 도안과 같이 코를 줄이면서 24단을 뜬다. 남은
12코는 코막음한다.

4 같은 방법으로 한 장을 더 뜬다.

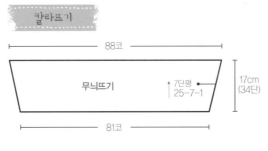

마무리하기

1 앞·뒤판을 겉끼리 맞대고 어깨코를 코막음하여 잇는다.

2 앞·뒤판의 옆선을 돗바늘로 잇는다.

3 소매의 옆선을 이어서 원통형으로 만든다.

4 몸판의 진동에 소매를 맞추어 코바늘 빼뜨기로 잇는다.

5 앞단은 앞판에서 140코를 잡아 2×2고무뜨기로 8단을 뜬 후 코막음한다. 이때 오른
쪽 앞단은 도안과 같이 단춧구멍을 내면서 뜬다.

6 목둘레에서 81코를 잡아 칼라 무늬뜨기로 코를 늘리면서 34단을 뜬 후 코막음한다.

7 단추를 달아 마무리한다.

앞단뜨기

2코
2코
24코
2코
24코
2코
24코
2코
24코
2코
32코

2단
3단 3단

칼라뜨기

88코

무늬뜨기

↑ 7단평
25-7-1

17cm
(34단)

81코

칼라무늬뜨기

□ = 〔一〕
▨ = 없어지는 코
⬚✕⬚ = ⬚✕✕✕⬚

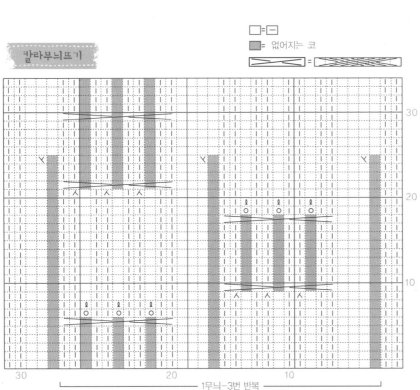

30

20

10

30   20   10

1무늬-3번 반복

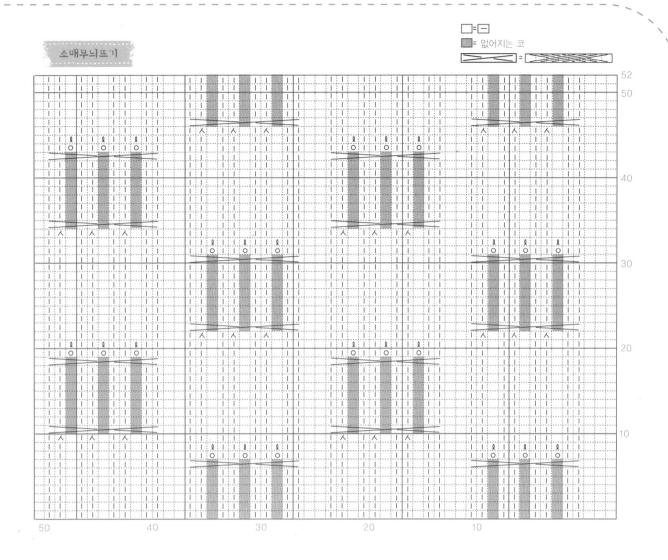

코 세워서 줄이기 -오른쪽코-

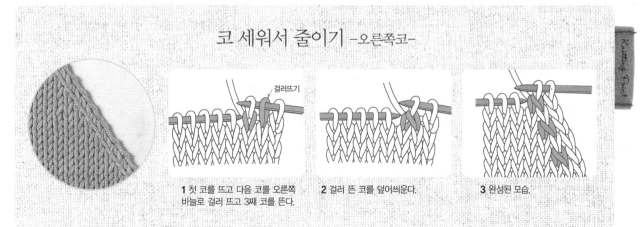

1 첫 코를 뜨고 다음 코를 오른쪽 바늘로 걸러 뜨고 3째 코를 뜬다.

2 걸러 뜬 코를 덮어씌운다.

3 완성된 모습.

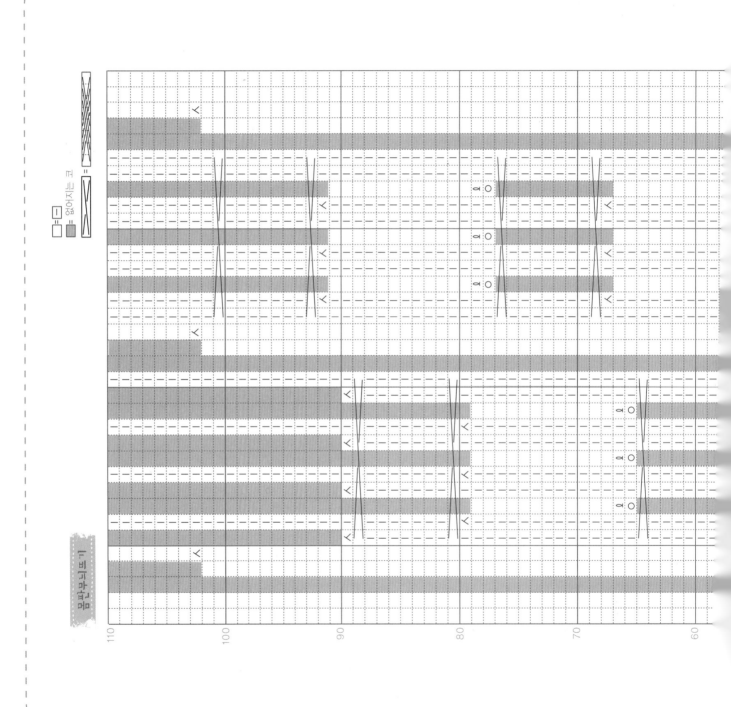

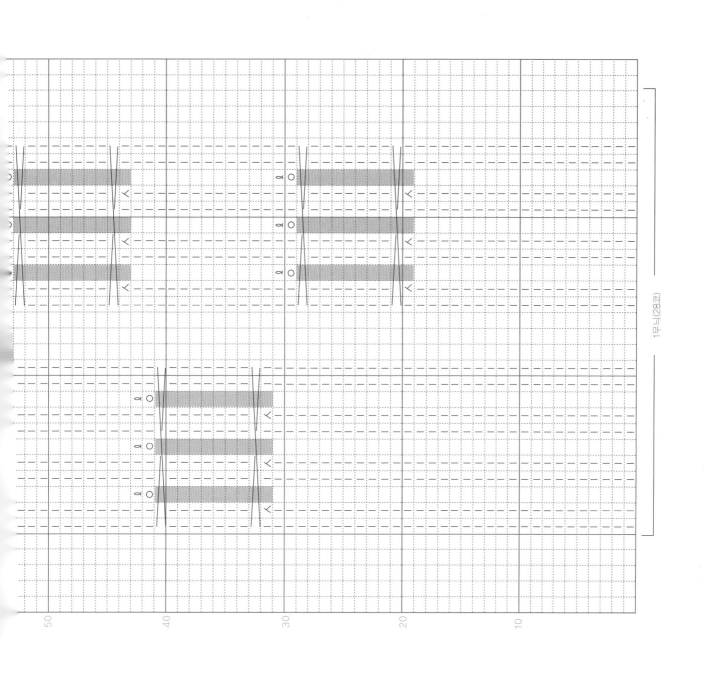

1무늬(28코)

50

40

30

20

10

메리야스뜨기 게이지 = 13코, 18단   무늬뜨기 게이지 = 20코, 20단

뒤판

① **뒤판시작** (57.5cm×2코)+시접코 2코=117코

② **허리선너비** (43.5cm×1.3코)+시접코 2코=59코

③ **옆선길이**(허리선까지) 55cm×2단=110단

　줄임코수 117코−59코＝58코

　　58코를 무늬에 맞춰 적당히 줄임 →
(무늬도안 참고)

```
┌ 8단평
├ 10-9-1
├ 2-12-1
├ 10-16-1
├ 26-12-1
└ 54-9-1
```

④ **옆선길이**(진동 전까지) 14cm×1.8단=24단

　가슴둘레너비 (46.5cm×1.3코)+시접코 2코=63코

　늘림코수 (가슴너비 63코−허리너비 59코)÷2=2코

　　24단에서 2코 늘림

```
          8
 2+1 │ 24        ┌ 8단평
  -1   24     →  └ 8-1-2
   2    0
```

⑤ **진동길이** 21cm×1.8단=38단

　줄임코수 (가슴둘레너비 62코−등너비 50코)÷2 = 6코

＊ **진동줄임 계산**

$6코×\frac{1}{3}=2코$ → 2코 코막음 → 2코 코막음 (짝수단 변경)

-2

$4코×\frac{1}{2}=2코$ → 1-1-2 → 2-2-1

-2

$2코×\frac{2}{3}=1코$ → 2-1-1 → 2-1-1

-1

1 → 3-1-1 → 4-1-1

정리하면
```
┌ 4-1-1
├ 2-1-1
├ 2-2-1
└ 2코 코막음
```

⑥ **어깨경사** (3.5cm×1.8단)÷2=3회, 9cm×1.3코=12코

```
        4
 3 │ 12       →   2-4-3
     12
      0
```

⑥ **뒷목줄임** 20.5cm×1.3코=27코, 3.5cm×1.8단=6단

　13코　6단　6단에 3코 줄임 ↑2단평
중심 12　4 3 3　코막음
```
2-1-1
2-2-1
```

앞판

① **앞판시작** (28.5cm×2코)+시접코 2코=59코

② **허리선너비** (20.5cm×1.3코)+시접코 2코=29코

③ **옆선길이**(허리선까지) 55cm×2단=110단

　줄임코수 시작코 59코−허리코수 29코=30코

　　30코를 무늬에 맞춰 적당히 줄임 →
(무늬도안 참고)

```
┌ 8단평
├ 10-5-1
├ 2-6-1
├ 10-8-1
├ 26-6-1
└ 54-5-1
```

④ **옆선길이**(진동전까지) 14cm×1.8단=24단

　가슴둘레너비 (22.5cm×1.3코)+시접코 2코=31코

　늘림코수 가슴너비 31코−허리너비 29코=2코

　　24단에서 2코 늘림

```
          8
 2+1 │ 24      ┌ 8단평      ┌ 4단평
  -1   24   →  └ 8-1-2   →  다트뜨기
   2    0                   ├ 4단평
                            └ 8-1-2
```

⑤ **가슴다트** 3.5cm×1.8단=6단,   12cm×1.3코=15코

　　6단÷2=3회

　　15코÷3=5코 → 2-5-3 되돌아뜨기

⑥ **진동, 어깨경사** 뒤판과 동일

⑦ **앞목(라운드)줄임** 10cm×1.3코=13코

　　9cm×1.8단=16단

　　16단에 13코 줄임 → 10단에 9코 줄임

6단평

4코 코막음

커브선 공식 10코에 대입

4 . 3 . 2 . 1

9코에 맞춤 →
　　　　　　 −1
　　　　 3 . 3 . 2 . 1

횟수에 맞춤 →
　　　　　　 ─1
　　　　 3 . 2 . 2 . 1 . 1

정리하면 ┌ 6단평
　　　　　├ 2-1-2
　　　　　├ 2-2-2
　　　　　├ 2-3-1
　　　　　└ 4코 코막음

칼라

① **시작코** 앞목과 뒷목에서 81코를 만든다.

　　늘림코수 88코−81코=7코

② **길이** 17cm×2단=34단

　　무늬에 맞춰서 25단째에 7코를 다 늘린다.

　　┌ 9단평
　　└ 25-7-1

소매

① **소매시작** (30.5cm×1.3코)+시접코 2코=42코

② **소매옆선** 18cm×1.8단=32단

　　옆선늘림 (소매너비 37cm×1.3코)+시접코 2코=50코

　　늘림코수 (50코−시작코 42코)÷2=4코

　　　　32단에서 4코 늘림

＊ **짝수단 계산**

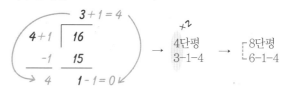

③ **소매산길이** 14cm×1.8단=24단

　　소매산너비 50코×$\frac{1}{4}$=12코

　　줄임코수 (50코−12코)÷2=19코

　　　　24단에 19코 줄임 → 18단에 13코 줄임

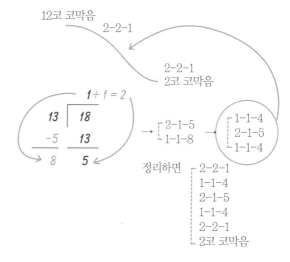

정리하면 ┌ 2-2-1
　　　　　├ 1-1-4
　　　　　├ 2-1-5
　　　　　├ 1-1-4
　　　　　├ 2-2-1
　　　　　└ 2코 코막음

④ **소맷단시작** (23cm×2코)+시접코 2코=48코

　　길이 25cm×2단=50단

꼬배기코트

L 사이즈

완성치수 옷길이 95cm, 가슴둘레 96cm, 소매길이 56cm
재료 데님12p사 아이보리 1100g, 스키얀사 베이지 400g, 대바늘 5.5mm 6mm, 단추 5개
게이지 메리야스뜨기 13코×18단, 무늬뜨기 20코×20단

> h o w t o m a k e

뒤판뜨기

1 데님12p사와 스키얀사를 합사하여 6mm대바늘을 사용하여 일반코잡기로 119코를 잡아 무늬뜨기로 110단을 뜬다. 이때 도안과 같이 58코를 줄이면서 뜬다.

2 5.5mm대바늘로 바꾸어 26단을 뜬다. 이때 옆선을 2코 늘리면서 뜬다.

3 양옆 진동은 각 6코씩 줄이면서 40단을 뜬다.

4 어깨코는 15코를 뜬 후 뒤로 돌려 뒷목코를 줄여주고 12코는 2-4-3으로 되놀아뜨기를 한다. 남은코는 쉼코로 둔다.

5 목둘레 첫코에 새 실을 걸어 23코를 코막음하고 오른쪽과 같은 방법으로 뒷목코를 줄이고 되돌아뜨기를 한다. 남은코는 쉼코로 둔다.

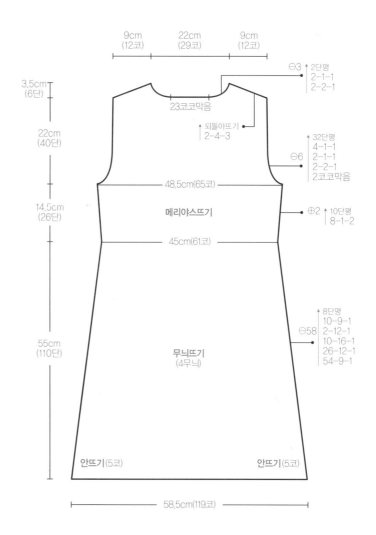

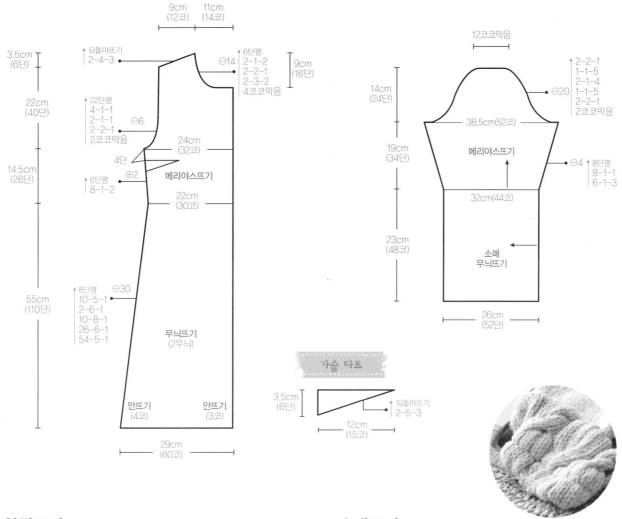

앞판뜨기

3.5cm (6단)

22cm (40단)

9cm (12코)　11cm (14코)

되돌아뜨기
2-4-3

↗6단평
2-1-2
2-2-1
2-3-2
4코코막음

⊖14

9cm (16단)

22단평
4-1-1
2-1-1
2-2-1
2코코막음

⊖6

24cm (32코)

14.5cm (26단)

4단
⊕2

메리야스뜨기

↑6단평
8-1-2

22cm (30코)

55cm (110단)

8단평
10-5-1
2-6-1
10-8-1
26-6-1
54-5-1

⊖30

무늬뜨기
(2무늬)

안뜨기 (4코)　안뜨기 (3코)

29cm (60코)

가슴 다트

3.5cm (6단)

↑되돌아뜨기
2-5-3

12cm (15코)

소매뜨기

12코코막음

14cm (24단)

↑2-2-1
1-1-5
2-1-4
2-1-5
2-2-1
2코코막음

⊖20

38.5cm(52코)

19cm (34단)

메리야스뜨기

⊖4 8단평
8-1-1
6-1-3

32cm(44코)

23cm (48단)

소매 무늬뜨기

26cm (52단)

앞판뜨기

1 6mm대바늘을 사용하여 일반코잡기로 60코를 잡아 무늬뜨기로 110단을 뜬다. 도안과 같이 코를 줄이면서 뜬다.

2 5.5mm대바늘로 바꾸어 26단을 뜬다. 이때 22단째부터는 되돌아뜨기 하면서 도안에 표기된 다트를 뜬다.

3 진동은 6코를 줄이면서 30단을 뜨고, 31단째부터는 앞목코를 줄인다.

4 6단 평단 부분에서 동시에 되돌아뜨기를 한다. 남은코는 쉼코로 둔다.

5 같은 방법으로 대칭이 되게 한 장을 더 뜬다.

소매뜨기

1 6mm대바늘을 사용하여 일반코잡기로 48코를 잡아 무늬뜨기로 52단을 뜬 후 코막음한다.

2 5.5mm대바늘로 옆선에서 44코를 잡아 옆선을 늘리면서 무늬뜨기로 34단을 뜬다.

3 소매산은 도안과 같이 코를 줄이면서 24단을 뜬다. 남은 12코는 코막음한다.

4 같은 방법으로 한 장을 더 뜬다.

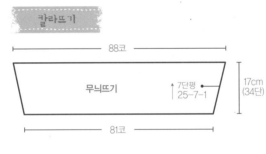

마무리하기

1 앞·뒤판을 겉끼리 맞대고 어깨코를 코막음하여 잇는다.

2 앞·뒤판의 옆선을 돗바늘로 잇는다.

3 소매의 옆선을 이어서 원통형으로 만든다.

4 몸판의 진동에 소매를 맞추어 코바늘 빼뜨기로 잇는다.

5 앞단은 앞판에서 140코를 잡아 2×2고무뜨기로 8단을 뜬 후 코막음한다. 이때 오른
  쪽 앞단은 도안과 같이 단춧구멍을 내면서 뜬다.

6 목둘레에서 81코를 잡아 칼라무늬뜨기로 코를 늘리면서 34단을 뜬 후 코막음한다.

7 단추를 달아 마무리한다.

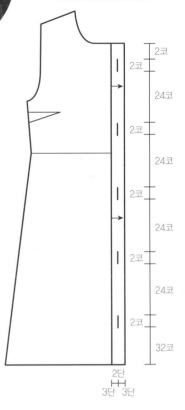

칼라뜨기

88코

무늬뜨기   ↑7단평
           25-7-1

17cm
(34단)

81코

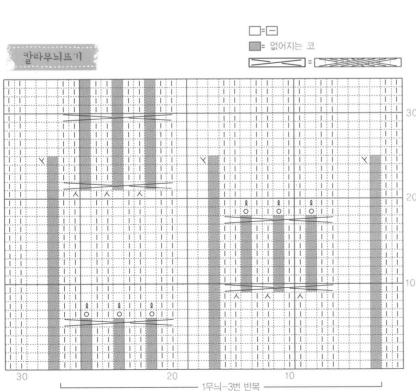

□ = □

▨ = 없어지는 코

⬈⬊ = ⬈⬊

1무늬-3번 반복

□=□
■ = 없어지는 코

52
50
40
30
20
10

50   40   30   20   10

코 세워서 줄이기 -왼쪽코-

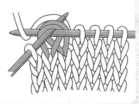

1 끝에서 3코 앞까지 뜨고 다음 왼쪽 코가 겉으로 드러나게 2코를 한꺼번에 뜬다.

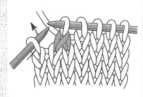

2 화살표 방향으로 바늘을 넣어 계속해서 끝코를 뜬다.

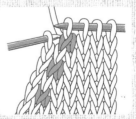

3 완성된 모습.

Knitting Point

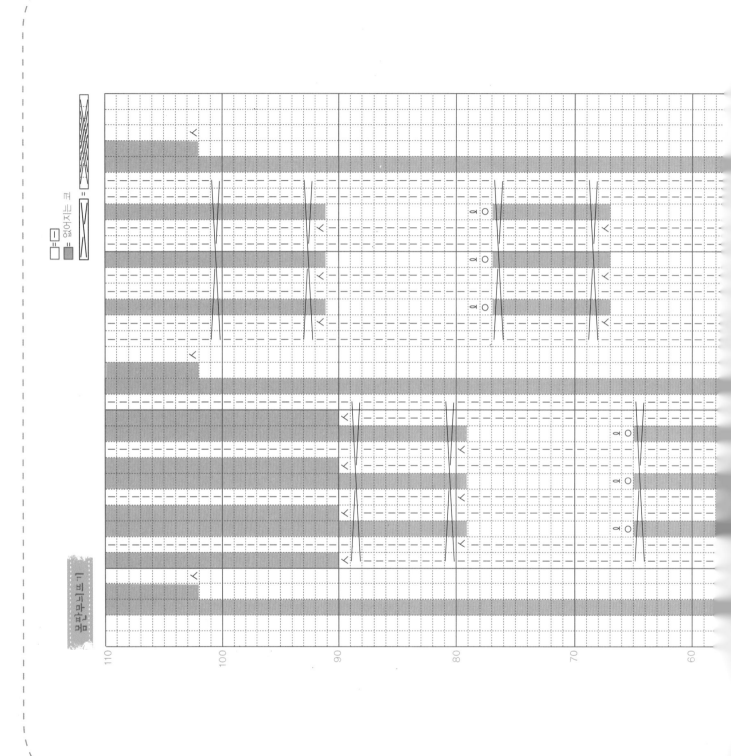

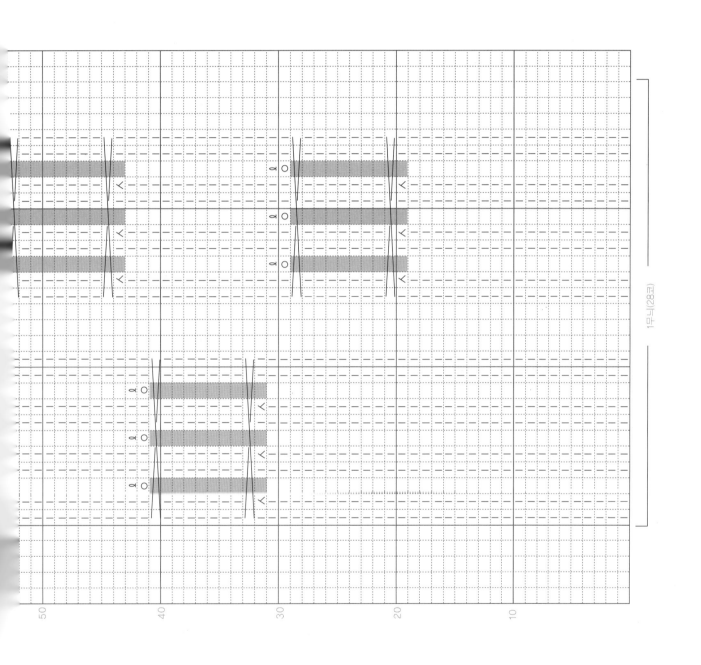

메리야스뜨기 게이지 = 13코, 18단   무늬뜨기 게이지 = 20코, 20단

뒤판

① **뒤판시작** (58.5cm×2코)+시접코 2코=119코

② **허리선너비** (45cm×1.3코)+시접코 2코=61코

③ **옆선길이**(허리선까지) 55cm×2단=110단

줄임코수 119코−61코=58코

58코를 무늬에 맞춰 적당히 줄임 →
(무늬도안 참고)

- 8단평
- 10-9-1
- 2-12-1
- 10-16-1
- 26-12-1
- 54-9-1

④ **옆선길이**(진동 전까지) 14.5cm×1.8단=26단

가슴둘레너비 (48.5cm×1.3코)+시접코 2코=65코

늘림코수 (가슴너비 65코− 허리너비 61코)÷2=2코

26단에서 2코 늘림

＊짝수단 계산

$$\underbrace{\begin{array}{c} 4 +1 = 5 \\ 2+1 \overline{\smash{\big)}13} \\ -1 \quad 12 \\ 2 \quad 1-1=0 \end{array}}$$
→ 5단평 ×2 → 10단평
   4-1-2   8-1-2

⑤ **진동길이** 22cm×1.8단=40단

줄임코수 (가슴둘레너비 64코−등너비 52코)÷2=6코

＊진동줄임 계산

6코×$\frac{1}{3}$ = 2코 → 2코 코막음 짝수단 변경→ 2코 코막음
−2

4코×$\frac{1}{2}$ = 2코 → 1-1-2 → 2-2-1
−2

2코×$\frac{2}{3}$ = 1코 → 2-1-1 → 2-1-1
−1

1 → 3-1-1 → 4-1-1

정리하면
- 4-1-1
- 2-1-1
- 2-2-1
- 2코 코막음

⑥ **어깨경사** (3.5cm×1.8단) ÷2=3회,   9cm×1.3코=12코

$$3 \overline{\smash{\big)}12} \atop \begin{array}{c}4 \\ 12 \\ \hline 0\end{array}$$ → 2-4-3

⑦ **뒷목줄임** 22cm×1.3코=29코,   3.5cm×1.8단=6단

14코
중심 1.2 4 4 3   I 6단   6단에 3코 줄임
코막음

↑ 2단평
2-1-1
2-2-1

앞판

① **앞판시작** (29cm×2코)+시접코 2코=60코

② **허리선너비** (22cm×1.3코)+시접코 2코=30코

③ **옆선길이**(허리선까지) 55cm×2단=110단

줄임코수 시작코 60코−허리코수 30코=30코

30코를 무늬에 맞춰 적당히 줄임 →
(무늬도안 참고)

- 8단평
- 10-5-1
- 2-6-1
- 10-8-1
- 26-6-1
- 54-5-1

④ **옆선길이**(진동전까지) 14.5cm×1.8단=26단

가슴둘레너비 (24cm×1.3코)×시접코 2코=32코

늘림코수 가슴너비 32코−허리너비 30코=2코

26단에서 2코 늘림

＊짝수단 계산

$$\underbrace{\begin{array}{c} 4 +1 = 5 \\ 2+1 \overline{\smash{\big)}13} \\ -1 \quad 12 \\ 2 \quad 1-1=0 \end{array}}$$
→ 5단평 ×2 → 10단평
   4-1-2   8-1-2

→ 4단평
다트뜨기
6단평
8-1-2

⑤ **가슴다트** 3.5cm×1.8단=6단, 12cm×1.3코=15코

6단÷2=3회

15코÷3=5코 → 2-5-3 되돌아뜨기

⑥ **진동, 어깨경사** 뒤판과 동일

⑦ **앞목**(라운드)**줄임** 11cm×1.3코=14코

9cm×1.8단=16단

16단에 14코 줄임 → 10단에 10코 줄임

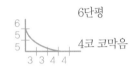

6단평

4코 코막음

커브선 공식 10코에 대입

4 . 3 . 2 . 1

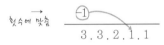

코수에 맞춤

3 . 3 . 2 . 1 . 1

정리하면 ┌ 6단평
├ 2-1-2
├ 2-2-1
├ 2-3-2
└ 4코 코막음

칼라

① **시작코** 앞목과 뒷목에서 81코를 만든다.

늘림코수 88코-81코=7코

② **길이** 17cm×2단=34단

무늬에 맞춰서 25단째에 7코를 다 늘린다.

┌ 9단평
└ 25-7-1

소매

① **소매시작** (32cm×1.3코)+시접코 2코=44코

② **소매옆선** 19cm×1.8단=34단

옆선늘림 (소매너비 38.5cm×1.3코)+시접코 2코=52코

늘림코수 (소매너비 52코-시작코 44코)÷2코=4코

34단에서 4코 늘림

＊ 짝수단 계산

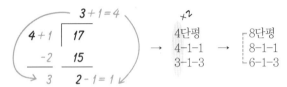

③ **소매산길이** 14cm×1.8단=24단

소매산너비 52코×$\frac{1}{4}$=12코

줄임코수 (52코-12코)÷2=20코

24단에 20코 줄임 → 18단에 14코 줄임

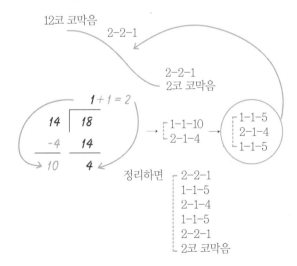

12코 코막음

2-2-1

2-2-1
2코 코막음

정리하면 ┌ 2-2-1
├ 1-1-5
├ 2-1-4
├ 1-1-5
├ 2-2-1
└ 2코 코막음

④ **소맷단시작** (23cm×2코)+시접코 2코=48코

길이 26cm×2단=52단

정장재킷&스커트

S 사이즈

완성치수 옷길이 48cm, 가슴둘레 93cm, 소매길이 51cm, 어깨너비 34cm, 허리둘레 72cm
재료 **재킷** 티니토츠사 아이보리 300g, 노방주름레이스 5m, 걸고리 5쌍, 대바늘 4mm
　　　스커트 티니토츠사 아이보리 200g, 혼솔지퍼 13cm, 허리밴드심 1y, 후크 1쌍,
　　　　대바늘 3.5mm 4mm, 코바늘 2호 5호
게이지 메리야스뜨기 21코×30단

17 page

> **how to make**

★ JACKET 재킷

뒤판뜨기

1 아이보리색 티니토츠사로 4mm대바
늘을 사용해 일반코잡기로 98코를 잡
는다.

2 허리선까지 도안처럼 8-1-3, 6-1-2
로 양쪽 옆선, 허리 다트에서 줄인다.

3 가슴선까지 도안처럼 8-1-3, 6-1-2,
8단평을 양쪽 옆선에서 늘리고 6-1-
6, 8단평은 허리 다트에서 늘린다.

4 양옆 진동은 14코를 도안과 같이 줄이
면서 52단을 뜬다.

5 어깨코는 24코를 뜬 후 뒤로 돌려 뒷
목코를 줄이고 20코는 2-6-1, 2-7-
2로 되돌아뜨기를 한다. 남은코는 쉼
코로 둔다.

6 목둘레 첫코에 새 실을 걸어 24코를
코막음하고 오른쪽과 같은 방법으로
뒷목코를 줄이고 되돌아뜨기를 한다.
남은코는 쉼코로 둔다.

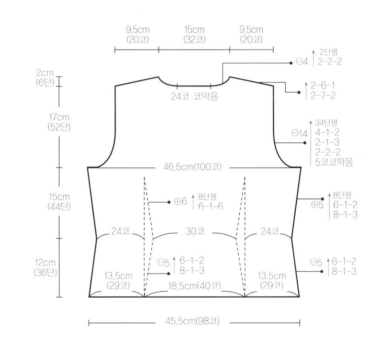

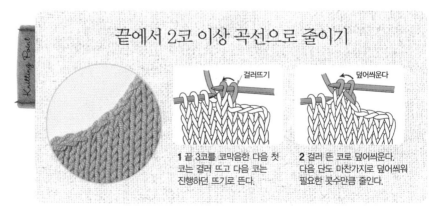

끝에서 2코 이상 곡선으로 줄이기

걸러뜨기　덮어씌운다

1 끝 3코를 코막음한 다음 첫
코는 걸러 뜨고 다음 코는
진행하던 뜨기로 뜬다.

2 걸러 뜬 코로 덮어씌운다.
다음 단도 마찬가지로 덮어씌워
필요한 콧수만큼 줄인다.

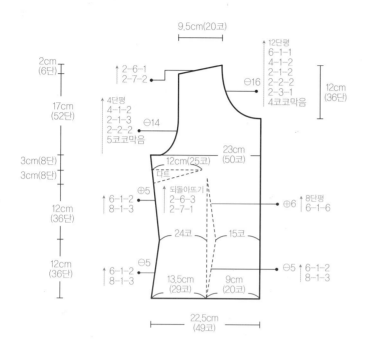

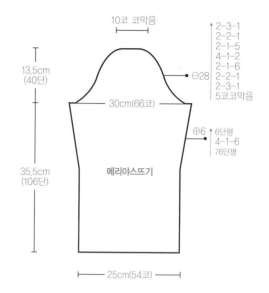

앞판뜨기

1 아이보리색 티니토츠사로 4mm대바늘을 사용해 일반코잡
기로 49코를 잡는다.

2 허리선까지 도안처럼 8-1-3, 6-1-2를 옆선과 허리 다트에
서 줄여준다.

3 가슴선까지 도안처럼 8-1-3, 6-1-2를 옆선에서 늘리고 6-
1-6, 8단평은 허리 다트에서 늘린다. 이때 가슴 다트는 옆선
마지막 1코를 늘린 후 2-7-1, 2-6-3으로 되돌아뜨기한다.
8단을 더 뜬다.

4 진동은 14코를 줄이면서 22단을 뜨고, 23단째부터 앞목코를
도안대로 줄인다.

5 마지막코를 줄이고 6단 평단을 뜬 후 어깨경사뜨기를 한다.

6 같은 방법으로 대칭이 되게 한 장을 더 뜬다.

소매뜨기

1 아이보리색 티니토츠사로 4mm대바늘을 사용해 일반코잡
기로 54코를 잡는다.

2 소매옆선은 76단은 평단으로 뜨고 4-1-6, 6단평으로 6코를
늘려준다.

3 소매산은 도안과 같이 코를 줄이면서 40단을 뜬다. 남은 10
코는 코막음한다.

4 같은 방법으로 한 장을 더 뜬다.

주머니

1 아이보리색 티니토츠사로 4mm대바늘을 사용해 일반코잡
기로 25코를 잡는다.

2 5단째 1코를 1회(5-1-1) 좌우 코줄임하고 5단평을 뜬다. 바
늘에 코가 걸려 있는 상태로 놓고 25cm 정도 실을 남기고
자른다.

3 같은 방법으로 한 장 더 뜬다.

잇기

1 앞·뒤판의 겉끼리 마주대고 어깨코를 코막음하여 잇는다.

2 앞·뒤판의 옆선을 돗바늘로 이어준다.

3 소매의 옆선을 이어서 원통형으로 만든다.

4 몸판의 진동에 소매를 맞추어 코바늘 빼뜨기로 잇는다.

마무리하기

1 마무리단 뜨기 (메리야스뜨기 4단)

<u>1단째</u> 아이보리색 티니토츠사로 4mm대바늘을 사용해 오른쪽 옆선부터 코를 줍는다. 밑단은 1코에 하나씩 앞선은 3단 코줍고 1단 버림 1번, 2단 코줍고 1단 버림을 2회 반복하여 코를 줍는다. (460코=앞밑단 49코×2 + 앞중심 81코×2 + 앞목 32코×2 + 뒷목 38코 + 뒷밑단 98코)

<u>2단째</u> 모서리코 좌우에서 바늘비우기하며 메리야스뜨기로 1단을 뜬다.

<u>3단째</u> 바늘비우기한 코는 꼬아뜨고 모서리코는 전단과 같은 방법으로 코늘림하여 모서리각을 만들어 준다.

<u>4단째</u> 겉뜨기로 뜨면서 코막음한다. 전단에서 바늘비우기한 코는 꼬아뜨기로 뜨면서 코막음한다.

2 마무리안단 뜨기 (메리야스뜨기 4단)

① 마무리단의 코 잡은 자리에서 안쪽 면을 보면서 마무리단과 같은 코수만큼 코를 줍는다.

② 마무리단과 같은 방법으로 메리야스뜨기로 4단을 뜨고 코막음한다. 마무리단과 마무리안단은 서로 안쪽 면(안메리야스 부분)이 맞닿게 된다.

3 장식주머니 마무리

① 마무리단과 마무리안단을 주머니둘레에 떠준다.

② 도안에 표시된 위치에 ㄷ자 봉접법으로 몸판에 붙인다.

4 레이스 달기

① 봉제용실과 바늘을 이용하여 마무리단과 마무리안단 사이에 노방주름레이스를 끼운 후 코막음한 바로 밑선을 따라 박음질한다. 이때 크기가 줄어들지 않도록 주의한다.

② 같은 방법으로 장식주머니와 소맷부리에도 노방주름레이스를 붙인다.

5 걸고리 달기

앞목중심부터 7.5cm간격으로 걸고리를 단다.

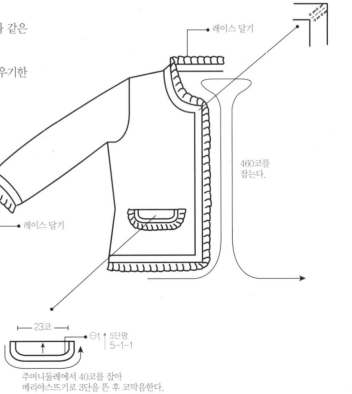

모서리코 뜨기

레이스 달기

460코를 잡는다.

레이스 달기

← 23코 →

⊖1 ↑ 5단평
5-1-1

주머니둘레에서 40코를 잡아
메리야스뜨기로 3단을 뜬 후 코막음한다.

메리야스뜨기 게이지 = 21코, 30단

★ JACKET 재킷
뒤판

① **밑단** 밑단둘레 91cm × $\frac{1}{2}$ = 45.5cm

(45.5cm × 2.1코) + 시접코 2코 = 97.55코 → 98코

② **허리와 다트**

(허리둘레 64cm + 여유분 8cm) × $\frac{1}{2}$ = 36cm

(36cm × 2.1코) + 시접코 2코 = 77.6코 → 78코

밑단시작 98코 − 허리둘레 78코 = 20코

옆선과 허리 다트 총 4군데서 코를 줄인다.

20코 × $\frac{1}{4}$ = 5코

허리까지의 길이 12cm × 3단 = 36단

36단에서 5코 줄임

* **짝수단 계산**

$$3 + 1 = 4$$

5 │ 18
−3 │ 15
2 │ 3

→ 3-1-2 / 4-1-3 → ×2 → 6-1-2 / 8-1-3

③ **뒤품과 다트**

(가슴둘레 85cm + 여유분 8cm) × $\frac{1}{2}$ = 46.5cm

(46.5cm × 2.1코) + 시접코 2코 = 99.65코 → 100코

가슴둘레 100코 − 허리둘레 78코 = 22코

양 옆선에서 각각 5코씩 늘리고, 허리 다트에서 6코씩 늘린다.

진동까지의 길이 15cm × 3단 = 44단

옆선늘림 44단에서 5코 늘림(위로 단평이 필요하므로 나누는 코수는 5+1)

* **짝수단 계산**

$$3 + 1 = 4$$

5+1 │ 22
−4 │ 18
2 │ 4-1=3

→ 4단평 3-1-2 / 4-1-3 → ×2 → 8단평 6-1-2 / 8-1-3

허리다트 44단에서 6코 늘림(위로 단평이 필요하므로 나누는 코수는 6+1)

* **짝수단 계산**

$$3 + 1 = 4$$

6+1 │ 22
−1 │ 21
6 │ 1-1=0

→ 4단평 3-1-6 → ×2 → 8단평 6-1-6

④ **어깨너비** 등너비 33cm + 1cm = 34cm

34cm × 2.1코 = 71.4코 → 72코

진동줄임코수 (등너비 100코 − 어깨너비 72코) ÷ 2 = 14코

* **진동줄임 계산**

14코 × $\frac{1}{3}$ = 5코 → 5코 코막음 → 짝수단 변경 5코 코막음
−5

9코 × $\frac{1}{2}$ = 4코 → 1-1-4 → 2-2-2
−4

5코 × $\frac{2}{3}$ = 3코 → 2-1-3 → 2-1-3
−3

2 → 3-1-2 → 4-1-2

정리하면 4-1-2 / 2-2-2 / 2-1-3 / 5코 코막음

⑤ **어깨경사** 2cm × 3단 = 6단, 9.5cm × 2.1코 = 20코

6단 ÷ 2 = 3회

$$6 + 1 = 7$$

3 │ 20
−2 │ 18
1 │ 2

→ 2-6-1 / 2-7-2

⑥ **뒷목줄임** 15cm × 2.1코 = 32코, 2cm × 3단 = 6단

16코 ⌶6단 6단에 4코 줄임 ↑2단평 2-2-2

코막음

앞판

① **밑단** 뒤판의 밑단 98코×$\frac{1}{2}$=49코

② **허리와 다트** 뒤허리 78코×$\frac{1}{2}$=39코 (계산은 뒤판과 동일)

③ **앞품과 다트** 등너비 100코×$\frac{1}{2}$=50코 (계산은 뒤판과 동일)

④ **가슴다트** 12cm×2.1코=25코

$$3cm×3단=9단 \rightarrow 8단$$

$$8단÷2=4회$$

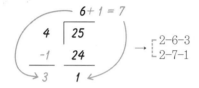

$$\rightarrow \begin{array}{l} 2\text{-}6\text{-}3 \\ 2\text{-}7\text{-}1 \end{array}$$

⑤ **진동줄임** 뒤판과 동일

⑥ **앞목 (라운드) 줄임** (앞품 50코 - 진동줄임 14코 - 어깨 20코)=16코

$$12cm×3단=36단$$

$$36단에 16코 줄임 \rightarrow 24단에 12코 줄임$$

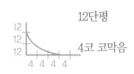

12단평

4코 코막음

커브선 공식 12코에 대입

4 . 3 . 2 . 2 . 1

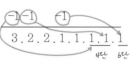

정리하면 ─ 12단평
     6-1-1
     4-1-2
     2-1-2
     2-2-2
     2-3-1
    └ 4코 코막음

⑦ **어깨경사** 뒤판과 동일

소매

① **소맷부리** (25cm×2.1코)+시접코 2코=54.5코 → 54코

② **소매폭** (30cm×2.1코)+시접코 2코=65코 →(짝수) 66코

③ **소매기장 - 소매산 높이 = 49cm** (마무리단에서 2cm가 나오므로 51cm-2cm)

$$49cm-13.5cm=35.5cm$$

$$35.5cm×3단=106.5단 \rightarrow 106단$$

$$25.5cm×3단=76.5단 \rightarrow 76단 평단$$

$$10cm×3단=30단$$

④ **소매늘림코수** (소매폭 66코 - 소맷부리 54코)÷2=6코

$$30단에서 6코 늘림$$

＊ **짝수단 계산**

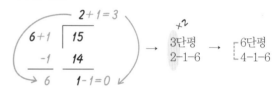

$$\rightarrow \begin{array}{l} 3단평 \\ 2\text{-}1\text{-}6 \end{array} \rightarrow \begin{array}{l} 6단평 \\ 4\text{-}1\text{-}6 \end{array}$$

⑤ **소매산길이** 13.5cm×3단=40.5단 → 40단

 소매산너비 소매너비 66코×$\frac{1}{7}$=10코 (정장풍이라 소매산너비를 좁힘)

 줄임코수 (소매너비 66코 - 소매산너비 10코)÷2=28코

$$40단에 28코 줄임 \rightarrow 30단에 13코 줄임$$

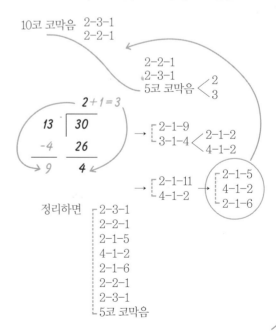

정리하면 ─ 2-3-1
     2-2-1
     2-1-5
     4-1-2
     2-1-6
     2-2-1
     2-3-1
    └ 5코 코막음

★SKIRT 스커트

뒤판뜨기

1 5호코바늘을 사용해 나중에 풀어낼 실로 사슬뜨기 53코를 뜬 후 3.5mm대바늘을 이용해 아이보리색 티니토츠사로 사슬의 뒷산에서 53코를 줍는다.

2 메리야스뜨기로 8단을 뜬다.

3 4mm대바늘로 바꾸어 다시 8단을 뜬다.

4 뜬 조직을 반으로 접어 올려 코를 주워올린 것과 겹쳐서 1단을 뜬 후 15단을 더 뜬다.

5 같은 모양으로 한 장을 더 뜬다.

6 2장의 조직을 하나의 바늘에 옮긴 후 연결하여 70단을 더 뜬다.

7 도안과 같이 1-1-1, 6-1-5, 4-1-1, 3단평을 떠서 허리 다트를 만든다. 옆선줄임은 허리 다트를 6단까지 뜬 후 1-1-1, 6-1-4, 4-1-2, 3단평 좌우 코줄임하여 옆선을 만든다. 마지막코를 줄임과 동시에 2단째 11코를 2회 되돌아뜨기하여 뒤 허리처짐을 만든다.

8 전체를 코막음한다.

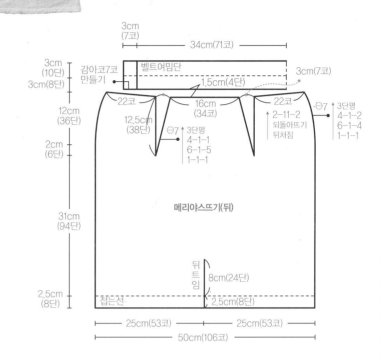

앞판뜨기

1 5호코바늘을 이용해 나중에 풀어낼 실로 사슬뜨기 106코를 뜬 후 3.5mm대바늘을 이용해 아이보리색 티니토츠사로 사슬의 뒷산에서 106코를 줍는다.

2 메리야스뜨기로 8단을 뜬다.

3 4mm대바늘로 바꾸어 다시 8단을 뜬다.

4 뜬 조직을 반으로 접어 올려 코를 주워올린 것과 겹쳐서 1단을 뜬 후 91단을 더 뜬다.

5 도안과 같이 1-1-1, 6-1-4, 4-1-2, 3단평을 떠서 옆선을 만들어 준다. 옆선을 8단까지 뜬 후 1-1-1, 4-1-6, 3단평을 떠서 허리 다트를 만든다.

6 전체를 코막음한다.

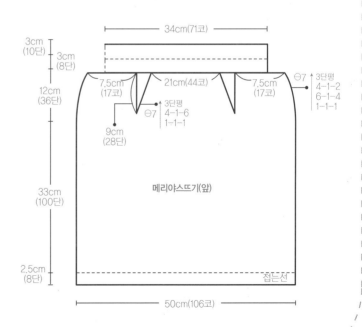

마무리하기

1 돗바늘로 스커트의 옆선을 잇는다. 이 때 지퍼를 달아야 할 자리(12cm)는 잇지 않는다.

2 4mm대바늘을 이용해 아이보리색 티니토츠사로 앞판에서 시작하여 코막음 한 허리선에서 앞뒤 각각 71코씩을 줄인다. 감아코로 7코를 더 만들어 벨트 여밈단을 만든다.

3 메리야스뜨기로 8단을 뜬다.(코 잡은 것도 1단으로 친다.)

4 3.5mm대바늘로 바꾸어 다시 10단을 뜬다.

5 허리벨트심을 넣어가며 ㄷ자 봉접으로 허리선을 만들어준다.

6 벨트의 양끝도 돗바늘을 이용하여 꿰맨다.

7 아이보리색 스키야사와 2호코바늘을 이용하여 지퍼가 달릴 부분에 긴뜨기로 36코를 잡아 2단을 뜬다.

8 봉제용 실과 바늘로 지퍼를 단다.

9 벨트 여밈 부분에 후크를 단다.

메리야스뜨기 게이지 = 21코, 30단

★ SKIRT 스커트
뒤판

① **밑단** (엉덩이둘레 92cm + 여유분 8cm) × $\frac{1}{2}$ = 50cm

(50cm × 2.1코) + 시접코 2코 = 107코 $\xrightarrow{\text{짝수}}$ 106코,　106코 × $\frac{1}{2}$ = 53코

접는단 2.5cm × 3단 = 7.5단 → 8단

뒤트임 8cm × 3단 = 24단,　33cm × 3단 = 99단 $\xrightarrow{\text{짝수}}$ 100단

② **옆선줄임과 허리다트**

스커트허리 (허리둘레 64cm + 여유분 4cm) × $\frac{1}{2}$ + 시접 분량 2cm = 36cm

(36cm × 2.1코) + 시접코 2코 = 77.6코 → 78코

줄임코수 등너비 106코 − 허리 78코 = 28코

허리다트코수 3cm × 2.1코 = 6.3코 → 7코

허리다트단수 12.5cm × 3단 = 37.5단 → 38단,　38단에서 7코 줄임

* 짝수단 계산

$$
\begin{array}{c}
2+1 = 3 \\
7 \overline{)\ 19} \\
-5 \quad 14 \\
2 \quad\ \ 5
\end{array}
\ \xrightarrow{\times 2}\
\begin{array}{l}
3\text{-}1\text{-}5 \\
2\text{-}1\text{-}2
\end{array}
\ \rightarrow\
\begin{array}{l}
6\text{-}1\text{-}5 \\
4\text{-}1\text{-}2
\end{array}
\left<
\begin{array}{l}
3단평 \\
4\text{-}1\text{-}1 \\
1\text{-}1\text{-}1
\end{array}
\right.
\ \rightarrow\
\begin{array}{l}
3단평 \\
4\text{-}1\text{-}1 \\
6\text{-}1\text{-}5 \\
1\text{-}1\text{-}1
\end{array}
$$

(첫단에서 한코 줄이기 위해)

옆선줄임코수 [28코 − 14코(허리다트코수 × 2)] × $\frac{1}{2}$ = 7코

옆선줄임단수 12cm × 3단 = 36단,　36단에서 7코 줄임

* 짝수단 계산

$$
\begin{array}{c}
2+1 = 3 \\
7 \overline{)\ 18} \\
-4 \quad 14 \\
3 \quad\ \ 4
\end{array}
\ \xrightarrow{\times 2}\
\begin{array}{l}
3\text{-}1\text{-}4 \\
2\text{-}1\text{-}3
\end{array}
\ \rightarrow\
\begin{array}{l}
6\text{-}1\text{-}4 \\
4\text{-}1\text{-}3
\end{array}
\left<
\begin{array}{l}
3단평 \\
4\text{-}1\text{-}2 \\
1\text{-}1\text{-}1
\end{array}
\right.
\ \rightarrow\
\begin{array}{l}
3단평 \\
4\text{-}1\text{-}2 \\
6\text{-}1\text{-}4 \\
1\text{-}1\text{-}1
\end{array}
$$

(첫단에서 한코 줄이기 위해)

③ **뒤허리처짐** 1.5cm × 3단 = 4.5단 → 4단,　10cm × 2.1코 = 22코

4단 ÷ 2 = 2회

22코 ÷ 2 = 11코 → 2-11-2

④ 뒤허리밴드

폭 (허리둘레 64cm + 여유분 4cm) × $\frac{1}{2}$ = 34cm

$34cm \times 2.1코 = 71.4코 \rightarrow 71코$

높이 $3cm \times 3단 = 9단 \rightarrow 8단$ (4mm)

$3cm \times 3단 = 9단 \rightarrow 10단$ (3.5mm)

벨트여밈분 $3cm \times 2.1코 = 6.3코 \rightarrow 7코$

앞판

① **밑단** (엉덩이둘레 92cm + 여유분 8cm) × $\frac{1}{2}$ = 50cm

$(50cm \times 2.1코) + 시접코 2코 = 107코 \xrightarrow{짝수} 106코$

$2.5cm \times 3단 = 7.5단 \rightarrow 8단$, $33cm \times 3단 = 99단 \xrightarrow{짝수} 100단$

② **옆선줄임과 허리다트**

스커트허리 (허리둘레 64cm + 여유분 4cm) × $\frac{1}{2}$ + 시접 분량 2cm = 36cm

$(36cm \times 2.1코) + 시접코 2코 = 77.6코 \rightarrow 78코$

줄임코수 등너비 106코 − 허리 78코 = 28코

허리다트코수 $3cm \times 2.1코 = 6.3코 \rightarrow 7코$

허리다트단수 $9cm \times 3단 = 27단 \rightarrow 28단$, 28단에서 7코 줄임

* **짝수단 계산**

$$7\overline{\smash{)}14}$$
$$\underline{14}$$
$$\ \ 0$$

$\rightarrow$ $\overset{\times 2}{2\text{-}1\text{-}7}$ $\rightarrow$ 3단평 4-1-6 1-1-1

첫단에 한코 줄이기 위해

옆선줄임코수 [28코 − 14코(허리다트코수×2)] × $\frac{1}{2}$ = 7코

옆선줄임단수 $12cm \times 3단 = 36단$, 36단에서 7코 줄임

* 계산은 뒤판과 동일

③ **앞허리밴드**

폭 (허리둘레 64cm + 여유분 4cm) × $\frac{1}{2}$ = 34cm

$34cm \times 2.1코 = 71.4코 \rightarrow 71코$

높이 $3cm \times 3단 = 9단 \rightarrow 8단$ (4mm)

$3cm \times 3단 = 9단 \rightarrow 10단$ (3.5mm)

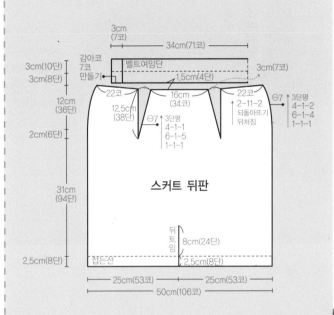

스커트 뒤판

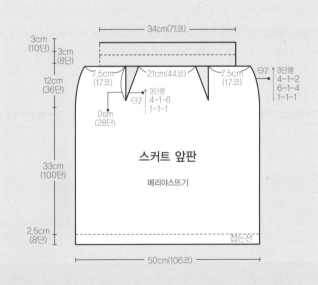

스커트 앞판

메리야스뜨기

정장재킷&스커트

M 사이즈

완성치수 옷길이 50cm, 가슴둘레 96cm, 소매길이 52cm, 어깨너비 36cm, 허리둘레 78cm
재료 **재킷** 티니토츠사 아이보리 300g, 노방주름레이스 5m, 걸고리 5쌍, 대바늘 4mm
스커트 티니토츠사 아이보리 200g, 혼솔지퍼 13cm, 허리밴드심 1y, 후크 1쌍,
대바늘 3.5mm 4mm, 코바늘 2호 5호
게이지 메리야스뜨기 21코×30단

> h o w   t o   m a k e

★ JACKET 재킷

뒤판뜨기

1 아이보리색 티니토츠사로 4mm대바늘을 사용해 일반코잡기로 100코를 잡는다.

2 허리선까지 도안처럼 8-1-3, 6-1-2로 양쪽 옆선, 허리 다트에서 줄인다.

3 가슴선까지 도안처럼 8-1-5, 8단평을 양쪽 옆선에서 늘리고 8-1-2, 6-1-4, 8단평은 허리 다트에서 늘린다.

4 양옆 진동은 13코를 도안과 같이 줄이면서 54단을 뜬다.

5 어깨코는 25코를 뜬 후 뒤로 돌려 뒷목코를 줄이고 21코는 2-7-3으로 되돌아뜨기를 한다. 남은코는 쉼코로 둔다.

6 목둘레 첫코에 새 실을 걸어 26코를 코막음하고 오른쪽과 같은 방법으로 뒷목코를 줄이고 되돌아뜨기를 한다. 남은코는 쉼코로 둔다.

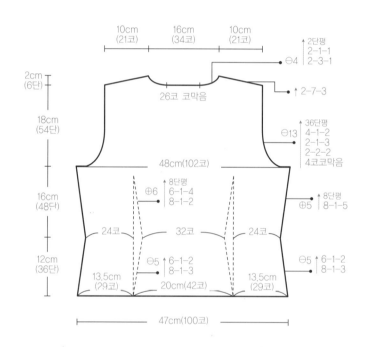

끝에서 2코 이상 줄이기 -오른쪽코-

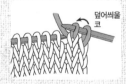

1 끝코는 걸러 뜨고 다음 코를 뜬다.

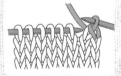

2 걸러 뜬 코를 덮어씌운다.

3 1코씩 뜨면서 덮어씌워 필요한 만큼 콧수를 줄인다.

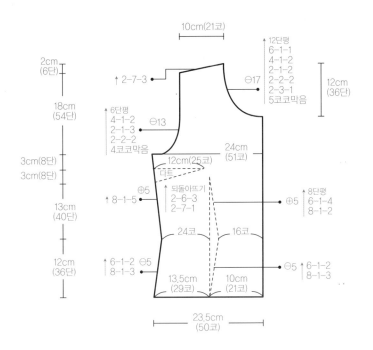

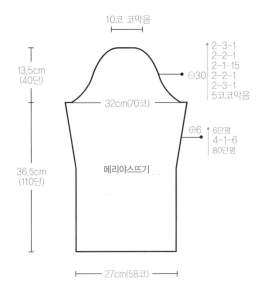

앞판뜨기

1 아이보리색 티니토츠사로 4mm대바늘을 사용해 일반코잡
  기로 50코를 잡는다.

2 허리선까지 도안처럼 8-1-3, 6-1-2를 옆선과 허리 다트에
  서 줄인다.

3 가슴선까지 도안처럼 8-1-5를 옆선에서 늘리고 8-1-2, 6-
  1-4, 8단평은 허리 다트에서 늘린다. 이때 가슴 다트는 옆선
  마지막 1코를 늘린 후 2-7-1, 2-6-3으로 되돌아뜨기한다.
  8단을 더 뜬다.

4 진동은 13코를 줄이면서 24단을 뜨고, 25단째부터 앞목코를
  도안대로 줄인다.

5 마지막 1코를 돌리고 0단평된을 뜬 후 이깨깅시뜨기를 한다.

6 같은 방법으로 대칭이 되게 한 장을 더 뜬다.

소매뜨기

1 아이보리색 티니토츠사로 4mm대바늘을 사용해 일반코잡
  기로 58코를 잡는다.

2 소매옆선은 80단은 평단으로 뜨고 4-1-6, 6단평으로 6코를
  늘려준다.

3 소매산은 도안과 같이 코를 줄이면서 40단을 뜬다. 남은 10
  코는 코막음한다.

4 같은 방법으로 한 장을 더 뜬다.

주머니

1 아이보리색 티니토츠사로 4mm대바늘을 사용해 일반코잡
  기로 25코를 잡는다.

2 5단째 1코를 1회(5-1-1) 좌우 코줄임하고 5단평을 뜬다. 바
  늘에 코가 걸려 있는 상태로 놓고 25cm 정도 실을 남기고
  자른다.

3 같은 방법으로 한 장 더 뜬다.

잇기

1 앞·뒤판의 겉끼리 마주대고 어깨코를 코막음하여 잇는다.

2 앞·뒤판의 옆선을 돗바늘로 잇는다.

3 소매의 옆선을 이어서 원통형으로 만든다.

4 몸판의 진동에 소매를 맞추어 코바늘 빼뜨기로 잇는다.

마무리하기

1 마무리 단 뜨기 (메리야스뜨기 4단)

1단째 아이보리색 티니토츠사로 4mm대바늘을 사용해 오른쪽 옆선부터 코를 줍는다. 밑단은 1코에 하나씩 앞선은 3단 코줍고 1단 버림 1회, 2단 코줍고 1단 버림을 2회 반복하여 코를 줍는다.(464코=앞밑단 50코×2 + 앞중심 81코×2 + 앞목 32코×2 + 뒷목 38코 + 뒷밑단 100코)

2단째 모서리코 좌우에서 바늘비우기하며 메리야스뜨기로 1단을 뜬다.

3단째 바늘비우기한 코는 꼬아뜨고 모서리코는 전단과 같은 방법으로 코늘림하여 모서리각을 만들어 준다.

4단째 겉뜨기로 뜨면서 코막음한다. 전단에서 바늘비우기한 코는 꼬아뜨기로 뜨면서 코막음한다.

2 마무리안단 뜨기 (메리야스뜨기 4단)

① 마무리단의 코 잡은 자리에서 안쪽 면을 보면서 마무리단과 같은 코수만큼 코를 줍는다.

② 마무리단과 같은 방법으로 메리야스뜨기로 4단을 뜨고 코막음한다. 마무리단과 마무리안단은 서로 안쪽 면(안메리야스 부분)이 맞닿게 된다.

3 장식주머니 마무리

① 마무리단과 마무리안단을 주머니둘레에 떠준다.

② 도안에 표시된 위치에 ㄷ자 봉접법으로 몸판에 붙인다.

4 레이스 달기

① 봉제용 실과 바늘을 이용하여 마무리단과 마무리안단 사이에 노방주름레이스를 끼운 후 코막음한 바로 밑선을 따라 박음질한다. 박음질하면서 크기가 줄어들지 않도록 주의한다.

② 같은 방법으로 장식주머니와 소맷부리에도 노방주름레이스를 붙인다.

5 걸고리 달기

앞목중심부터 7.5cm 간격으로 걸고리를 단다.

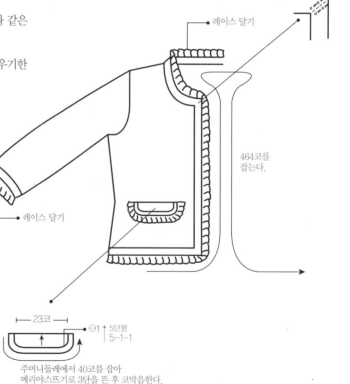

모서리코 뜨기

레이스 달기

464코를 잡는다.

레이스 달기

23코

⊖1 ↑ 5단평
5-1-1

주머니둘레에서 40코를 잡아
메리야스뜨기로 3단을 뜬 후 코막음한다.

메리야스뜨기 게이지 = 21코, 30단

★ JACKET 재킷
뒤판

① **밑단** 밑단둘레 94cm × $\frac{1}{2}$ = 47cm

(47cm × 2.1코) + 시접코 2코 = 100.7코 → 100코

② **허리와 다트**

(허리둘레 67cm + 여유분 8cm) × $\frac{1}{2}$ = 37.5cm

(37.5cm × 2.1코) + 시접코 2코 = 80.75코 → 80코

(밑단시작 100코 − 허리둘레 80코) = 20코

옆선과 허리 다트 총 4군데서 코줄임한다.

20코 × $\frac{1}{4}$ = 5코

허리까지의 길이 12cm × 3단 = 36단

36단에서 5코 줄임

＊ 짝수단 계산

$$3 + 1 = 4$$

$$5 \;\big|\; 18$$
$$-3 \;\big|\; 15$$
$$2 \;\big|\; 3$$

×2 → 3-1-2, 4-1-3 → 6-1-2, 8-1-3

③ **뒤품과 다트**

(가슴둘레 88cm + 여유분 8cm) × $\frac{1}{2}$ = 48cm

(48cm × 2.1코) + 시접코 2코 = 102.8코 → 102코

가슴둘레 102코 − 허리둘레 80코 = 22코

양 옆선에서 각각 5코씩 늘리고, 허리 다트에서 6코씩 늘린다.

진동까지의 길이 16cm × 3단 = 48단

옆선늘림 48단에서 5코 늘림 (위로 단평이 필요하므로 나누는 코수는 5+1)

＊ 짝수단 계산

$$4$$

$$5 + 1 \;\big|\; 24$$
$$-1 \;\big|\; 24$$
$$5 \;\big|\; 0$$

×2 → 4단평 4-1-5 → 8단평 8-1-5

허리다트 48단에서 6코 늘림 (위아래로 단평이 필요하므로 나누는 칸수는 6+1)

＊ 짝수단 계산

$$3 + 1 = 4$$

$$6 + 1 \;\big|\; 24$$
$$-3 \;\big|\; 21$$
$$4 \;\big|\; 3 - 1 = 2$$

×2 → 4단평 3-1-4, 4-1-2 → 8단평 6-1-4, 8-1-2

④ **어깨너비** 등너비 35cm + 1cm = 36cm

36cm × 2.1코 = 75.6코 → 76코

진동줄임코수 (등너비 102코 − 어깨너비 76코) ÷ 2 = 13코

＊ 진동줄임 계산

13코 × $\frac{1}{3}$ = 4코 → 4코 코막음 → 4코 코막음
　−4

9코 × $\frac{1}{2}$ = 4코 → 1-1-4 → 2-2-2
　−4

5코 × $\frac{2}{3}$ = 3코 → 2-1-3 → 2-1-3
　−3

2 → 3-1-2 → 4-1-2

정리하면
4-1-2
2-1-3
2-2-2
4코 코막음

⑤ **어깨경사** 2cm × 3단 = 6단, 10cm × 2.1코 = 21코

6단 ÷ 2 = 3회

21코 ÷ 3 = 7코 → 2-7-3 (2단마다 7코씩 되돌아뜨기를 3회)

⑥ **뒷목줄임** 16cm × 2.1코 − 34코, 2cm × 3단 = 6단

17코
6단　6단에 4코 줄임 ↑2단평
2-1-1
2-3-1
5 4 3
코막음

앞판

① **밑단** 뒤판의 밑단 100코×$\frac{1}{2}$=50코

② **허리와 다트** 뒤허리 80코×$\frac{1}{2}$=40코 (계산과정은 뒤판과 동일)

③ **앞품과 다트** 등너비 102코×$\frac{1}{2}$=51코 (계산과정은 뒤판과 동일)

④ **가슴다트** 12cm×2.1코=25코

$$3cm×3단=9단 → 8단$$

$$8단÷2=4회$$

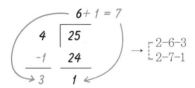

⑤ **진동줄임** 뒤판과 동일

⑥ **앞목 (라운드) 줄임** (앞품 51코 – 진동파임 13코 – 어깨 21코)=17코

$$12cm×3단=36단$$

$$36단에 17코 줄임 → 24단에 12코 줄임$$

12단평

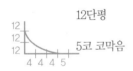

5코 코막음

커브선 공식 12코에 대입

$$4.3.2.2.1$$

정리하면 ┌ 12단평
6-1-1
4-1-2
2-1-2
2-2-2
2-3-1
└ 5코 코막음

⑦ **어깨경사** 뒤판과 동일

소매

① **소맷부리** (27cm×2.1코)+시접코 2코 = 58.7코 → 58코

② **소매폭** (32cm×2.1코)+시접코 2코 = 69.2코 → 70코

③ **소매기장 – 소매산 높이 = 50cm** (마무리단에서 2cm가 나오므로 52cm-2cm)

$$50cm-13.5cm = 36.5cm$$

$$36.5cm×3단 = 109.5단 → 110단$$

$$26.5cm×3단 = 79.5단 → 80단$$

$$10.5cm×3단 = 31.5단 → 32단$$

④ **소매늘림코수** (소매폭 70코 – 소맷부리 58코)÷2 = 6코

$$30단에서 6코 늘림$$

＊ 짝수단 계산

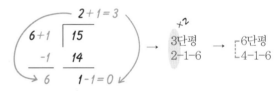

⑤ **소매신길이** 13.5cm×3단 = 40.5단 → 40단

소매산너비 소매너비 70코×$\frac{1}{7}$ = 10코 (정장풍이라 소매산너비를 좁힘)

줄임코수 (소매너비 70코 – 소매산너비 10코) ÷2 = 30코

$$40단에 30코 줄임 → 30단에 15코 줄임$$

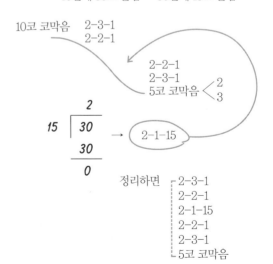

정리하면 ┌ 2-3-1
2-2-1
2-1-15
2-2-1
2-3-1
└ 5코 코막음

★SKIRT 스커트

뒤판뜨기

1 5호코바늘을 사용해 나중에 풀어낼 실로 사슬뜨기 56 코를 뜬 후 3.5mm대바늘을 이용해 아이보리색 티니 토츠사로 사슬의 뒷산에서 56코를 줍는다.

2 메리야스뜨기로 8단을 뜬다.

3 4mm대바늘로 바꾸어 다시 8단을 뜬다.

4 뜬 조직을 반으로 접어 올려 코를 주워올린 것과 겹쳐 서 1단을 뜬 후 15단을 더 뜬다.

5 같은 모양으로 한 장을 더 뜬다.

6 2장의 조직을 하나의 바늘에 옮긴 후 연결하여 76단 을 더 뜬다.

7 도안과 같이 1-1-1, 6-1-5, 4-1-1, 3단평을 떠서 허 리 다트를 만든다. 허리 다트를 6단까지 뜬 후 1-1-1, 6-1-4, 4-1-2, 3단평 좌우 코줄임하여 옆선을 만든 다. 마지막코를 줄임과 동시에 2단째 12코를 2회 되 돌아뜨기하여 뒤 허리처짐을 만든다.

8 전체를 코막음한다.

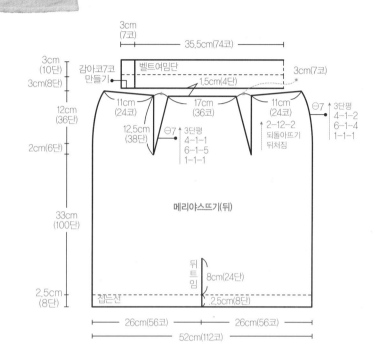

앞판뜨기

1 5호코바늘을 사용해 나중에 풀어낼 실로 사슬뜨기 112코를 뜬 후 3.5mm대바늘을 이용해 아이보리색 티 니토츠사로 사슬의 뒷산에서 112코를 줍는다.

2 메리야스뜨기로 8단을 뜬다.

3 4mm대바늘로 바꾸어 다시 8단을 뜬다.

4 뜬 조직을 반으로 접어 올려 코를 주워올린 것과 겹쳐 서 1단을 뜬 후 97단을 더 뜬다.

5 도안과 같이 1-1-1, 6-1-4, 4-1-2, 3단평을 떠서 옆 선을 만들어 준다. 옆선을 8단까지 뜬 후 1-1-1, 4- 1-6, 3단평을 떠서 허리 다트를 만들어 준다.

6 전체를 코막음한다.

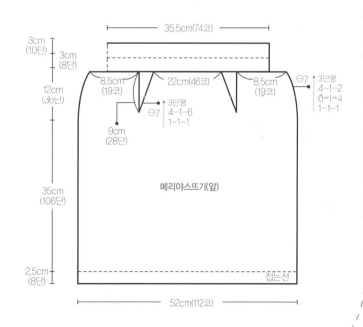

마무리하기

1 돗바늘로 스커트의 옆선을 잇는다. 이때 지퍼를 달아야 할 자리(12cm)는 잇지 않는다.

2 4mm대바늘을 이용해 아이보리색 티니토츠사로 앞판에서 시작하여 코막음한 허리선에서 앞뒤 각각 74코씩을 줍는다. 감아코로 7코를 더 만들어 벨트여밈단을 만든다.

3 메리야스뜨기로 8단을 뜬다.(코 잡은 것도 1단으로 친다.)

4 3.5mm대바늘로 바꾸어 다시 10단을 뜬다.

5 허리벨트심을 넣어가며 ㄷ자 봉접으로 허리선을 만들어준다.

6 벨트의 양끝도 돗바늘을 이용하여 꿰맨다.

7 아이보리색 스키얀사와 2호코바늘을 이용하여 지퍼가 달릴 부분에 긴뜨기로 36코를 잡아 2단을 뜬다.

8 봉제용 실과 바늘로 지퍼를 단다.

9 벨트의 여밈 부분에 후크를 단다.

메리야스 게이지 = 21코, 30단

★ SKIRT 스커트
뒤판

① **밑단** (엉덩이둘레 67cm + 여유분 8cm) × $\frac{1}{2}$ = 52cm

　　(52cm × 2.1코) + 시접코 2코 = 111.2코 → 112코,　112코 × $\frac{1}{2}$ = 56코

　　2.5cm × 3단 = 7.5단 → 8단

뒤트임 8cm × 3단 = 24단,　35cm × 3단 = 106단

② **옆선줄임과 허리다트**

스커트허리 (허리둘레 67cm + 여유분 4cm) × $\frac{1}{2}$ + 시접 분량 3.5cm = 39cm

　　(39cm × 2.1코) + 시접코 2코 = 83.9코 → 84코

줄임코수 (등너비 112코 − 허리 84코) = 28코

허리다트코수 3cm × 2.1코 = 6.3코 → 7코

허리다트단수 12.5cm × 3단 = 37.5단 → 38단,　38단에서 7코 줄임

＊짝수단 계산

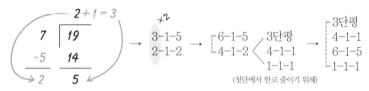

옆선줄임코수 [28코 − 14코(허리다트코수 × 2)] × $\frac{1}{2}$ = 7코

옆선줄임단수 12cm × 3단 = 36단,　36단에서 7코 줄임

＊짝수단 계산

③ **뒤허리처짐** 1.5cm × 3단 = 4.5단 → 4단,　11cm × 2.1코 = 24코

　　4단 ÷ 2 = 2회

　　24코 ÷ 2 = 12코 → 2-12-2

④ 뒤허리밴드

　　폭 (허리둘레 67cm + 여유분 4cm) × $\frac{1}{2}$ = 35.5cm

　　　　35.5cm × 2.1코 = 74.55코 → 74코

　　높이 3cm × 3단 = 9단 → 8단 (4mm)

　　　　3cm × 3단 = 9단 → 10단 (3.5mm)

　　벨트여밈분 3cm × 2.1코 = 6.3코 → 7코

앞판

① **밑단** (엉덩이둘레 67cm + 여유분 8cm) × $\frac{1}{2}$ = 52cm

　　　(52cm × 2.1코) + 시접코 2코 = 111.2 → 112코

　　　2.5cm × 3단 = 7.5단 → 8단,　35cm × 3단 = 106단

② **옆선줄임과 허리다트**

　　스커트허리 (허리둘레 67cm + 여유분 4cm) × $\frac{1}{2}$ + 시접분량 3.5cm = 39cm

　　　　　　39cm × 2.1코 + 시접코 2코 = 83.9코 → 84코

　　줄임코수 등너비 112코 − 허리 84코 = 28코

　　허리다트코수 3cm × 2.1코 = 6.3코 → 7코

　　허리다트단수 9cm × 3단 = 27단 → 28단,　28단에서 7코 줄임

＊ 짝수단 계산

$$7 \overline{\smash{\big)}\ 14}$$

$$\underline{14}$$

$$0$$

　→　2-1-7　→　3단평
　　　　　　　　4-1-6
　　　　　　　　1-1-1

끝단에 한코 줄이기 위해

　　옆선줄임코수 [28코 − 14코 (허리다트코수×2)] × $\frac{1}{2}$ = 7코

　　옆선줄임단수 12cm × 3단 = 36단,　36단에서 7코 줄임

＊ 계산은 뒤판과 동일

③ **앞허리밴드**

　　폭 (허리둘레 67cm + 여유분 4cm) × $\frac{1}{2}$ = 35.5cm

　　　　35.5 cm × 2.1코 = 74.55코 → 74코

　　높이 3cm × 3단 = 9단 → 8단 (4mm)

　　　　3cm × 3단 = 9단 → 10단 (3.5mm)

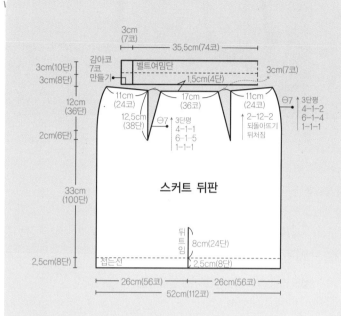

스커트 뒤판

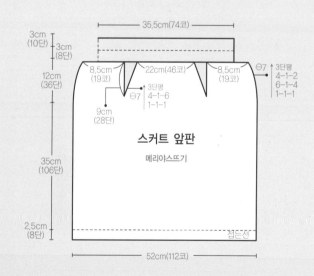

스커트 앞판

메리야스뜨기

정장재킷&스커트

L 사이즈

완성치수 옷길이 52cm, 가슴둘레 102cm, 소매길이 54cm, 어깨너비 38cm, 허리둘레 82cm

재료 **재킷** 티니토츠사 아이보리 300g, 노방주름레이스 5m, 걸고리 5쌍, 대바늘 4mm

스커트 티니토츠사 아이보리 200g, 혼솔지퍼 13cm, 허리밴드심 1y, 후크 1쌍, 대바늘 3.5mm 4mm, 코바늘 2호 5호

게이지 메리야스뜨기 21코×30단

▶ how to make

★ JACKET 재킷

뒤판뜨기

1 아이보리색 티니토츠사로 4mm대바늘을 사용해 일반코잡기로 107코를 잡는다.

2 허리선까지 도안처럼 8-1-3, 6-1-2로 양쪽 옆선, 허리 다트에서 줄인다.

3 가슴선까지 도안처럼 8-1-5, 10단평을 양쪽 옆선에서 늘리고 8-1-3, 6-1-3, 8단평은 허리 다트에서 늘린다.

4 양옆 진동은 15코를 도안과 같이 줄이면서 58단을 뜬다.

5 어깨코는 26코를 뜬 후 뒤로 돌려 뒷목코를 줄이고 22코는 2-8-1, 2-7-2로 되돌아뜨기를 한다. 남은코는 쉼코로 둔다.

6 목둘레 첫코에 새 실을 걸어 27코를 코막음하고 오른쪽과 같은 방법으로 뒷목코를 줄이고 되돌아뜨기를 한다. 남은코는 쉼코로 둔다.

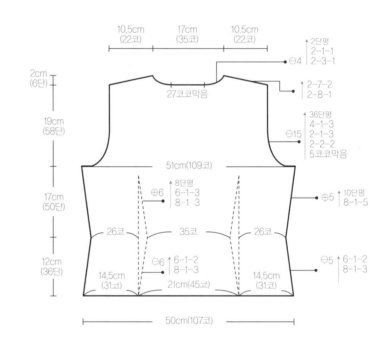

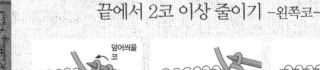

끝에서 2코 이상 줄이기 -왼쪽코-

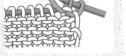

1 끝코는 걸러 뜨고 다음 코를 뜬다.

2 걸러 뜬 코를 덮어씌운다.

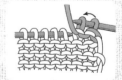

3 마찬가지로 1코씩 뜨면서 덮어씌워 필요한 콧수만큼 줄인다.

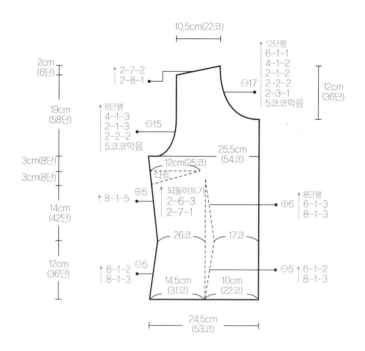

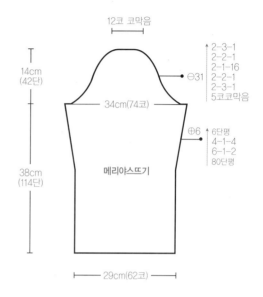

앞판뜨기

1 아이보리색 티니토츠사로 4mm대바늘을 사용해 일반코잡기로 53코를 잡는다.

2 허리선까지 도안처럼 8-1-3, 6-1-2를 옆선과 허리 다트에서 줄여준다.

3 가슴선까지 도안처럼 8-1-5를 옆선에서 늘리고 8-1-3, 6-1-3, 8단평은 허리 다트에서 늘린다. 이때 가슴 다트는 옆선 마지막 1코를 늘린 후 2-7-1, 2-6-3으로 되돌아뜨기한다. 8단을 더 뜬다.

4 진동은 15코를 줄이면서 28단을 뜨고, 29단째부터 앞목코를 도안대로 줄인다.

5 마지막코를 줄이고 6단 평단을 뜬 후 어깨경사뜨기를 한다.

6 같은 방법으로 대칭이 되게 한 장을 더 뜬다.

소매뜨기

1 아이보리색 티니토츠사로 4mm대바늘을 사용해 일반코잡기로 62코를 잡는다.

2 소매옆선은 80단은 평단으로 뜨고 6-1-2, 4-1-4, 6단평으로 6코를 늘려준다.

3 소매산은 도안과 같이 코를 줄이면서 42단을 뜬다. 남은 12코는 코막음한다.

4 같은 방법으로 한 장을 더 뜬다.

주머니

1 아이보리색 티니토츠사로 4mm대바늘을 사용해 일반코잡기로 25코를 잡는다.

2 5단째 1코를 1회(5-1-1) 좌우 코줄임하고 5단평을 뜬다. 바늘에 코가 걸려 있는 상태로 놓고 25cm 정도 실을 남기고 자른다.

3 같은 방법으로 한 장을 더 뜬다.

잇기

1 앞·뒤판의 겉끼리 마주대고 어깨코를 코막음하여 잇는다.

2 앞·뒤판의 옆선을 돗바늘로 잇는다.

3 소매의 옆선을 이어서 원통형으로 만든다.

4 몸판의 진동에 소매를 맞추어 코바늘 빼뜨기로 잇는다.

마무리하기

1 마무리단 뜨기 (메리야스뜨기 4단)

1단째 아이보리색 티니토츠사로 4mm대바늘을 사용해 오른쪽 옆선부터 코를 줍는다. 밑단은 1코에 하나씩 앞선은 3단 코줍고 1단 버림 1번, 2단 코줍고 1단 버림을 2회 반복하여 코를 줍는다.(492코=앞밑단 53코×2 + 앞중심 87코×2 + 앞목 34코×2 + 뒷목 40코 + 뒷밑단 104코)

2단째 모서리코 좌우에서 바늘비우기 하며 메리야스뜨기로 1단을 뜬다.

3단째 바늘비우기한 코는 꼬아뜨고 모서리코는 전단과 같은 방법으로 고늘림하여 모시리킥을 만들어 준다.

4단째 겉뜨기로 뜨면서 코막음한다. 전단에서 바늘비우기한 코는 꼬아뜨기로 뜨면서 코막음한다.

2 마무리안단 뜨기 (메리야스뜨기 4단)

① 마무리단의 코 잡은 자리에서 안쪽 면을 보면서 마무리단과 같은 코수만큼 코를 줍는다.

② 마무리단과 같은 방법으로 메리야스뜨기로 4단을 뜨고 코막음한다. 마무리단과 마무리안단은 서로 안쪽 면(안메리야스 부분)이 맞닿게 된다.

3 장식주머니 마무리

① 마무리단과 마무리안단을 주머니둘레에 떠준다.

② 도안에 표시된 위치에 ㄷ자 봉접법으로 몸판에 붙인다.

4 레이스 달기

① 봉제용 실과 바늘을 이용하여 마무리단과 마무리안단 사이에 노방주름레이스를 끼운 후 코막음한 바로 밑선을 따라 박음질한다. 박음질하면서 크기가 줄어들지 않도록 주의한다.

② 같은 방법으로 장식주머니와 소맷부리에도 노방주름레이스를 붙여 준다.

5 걸고리 달기

앞목중심부터 7.5cm간격으로 걸고리를 단다.

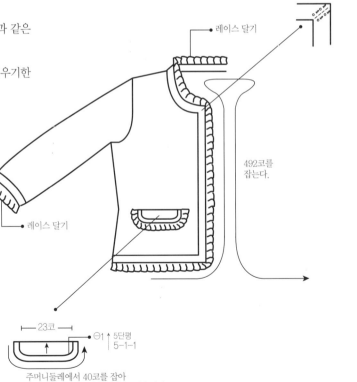

모서리코 뜨기

레이스 달기

레이스 달기

492코를 잡는다.

23코

⊖1 ↑ 5단평
5-1-1

주머니둘레에서 40코를 잡아
메리야스뜨기로 3단을 뜬 후 코막음한다.

메리야스뜨기 게이지 = 21코, 30단

★ JACKET 재킷
뒤판

① **밑단** 밑단둘레 94cm × $\frac{1}{2}$ = 50cm

　　　(50cm × 2.1코) + 시접코 2코 = 107코

② **허리와 다트**

　　(허리둘레 73cm + 여유분 8cm) × $\frac{1}{2}$ = 40.5cm

　　(40.5cm × 2.1코) + 시접코 2코 = 87.05코 → 87코

　　(밑단시작 107코 − 허리둘레 87코) = 20코

　　옆선과 허리 다트 총 4군데서 고루 코줄임한다.

　　20코 × $\frac{1}{4}$ = 5코

　　허리까지의 길이 12cm × 3단 = 36단

　　36단에서 5코 줄임

　　＊ 짝수단 계산

$$
\begin{array}{c|c}
 & 3+1=4 \\
5 & 18 \\
-3 & 15 \\
2 & 3
\end{array}
\quad \xrightarrow{\times 2} \quad
\begin{array}{l}
3-1-2 \\
4-1-3
\end{array}
\quad \rightarrow \quad
\begin{array}{l}
6-1-2 \\
8-1-3
\end{array}
$$

③ **뒤품과 다트**

　　(가슴둘레 94cm + 여유분 8cm) × $\frac{1}{2}$ = 51cm

　　(51cm × 2.1코) + 시접코 2코 = 109.1코 → 109코

　　가슴둘레 109코 − 허리둘레 87코 = 22코

　　양 옆선에서 각각 5코씩 늘리고, 허리다트에서 6코씩 늘린다.

　　진동까지의 길이 17cm × 3단 = 50단

　　옆선늘림 50단에서 6코 늘림 (위아래로 단평이 필요하므로 나누는 칸수는 5+1)

　　＊ 짝수단 계산

$$
\begin{array}{c|c}
 & 4+1=5 \\
5+1 & 25 \\
-1 & 24 \\
5 & 1-1=0
\end{array}
\quad \xrightarrow{\times 2} \quad
\begin{array}{l}
5단평 \\
4-1-5
\end{array}
\quad \rightarrow \quad
\begin{array}{l}
10단평 \\
8-1-5
\end{array}
$$

허리다트 50단에서 6코 늘림 (위아래로 단평이 필요하므로 나누는 칸수는 6+1)

＊ 짝수단 계산

$$
\begin{array}{c|c}
 & 3+1=4 \\
6+1 & 25 \\
-4 & 21 \\
3 & 4-1=3
\end{array}
\quad \xrightarrow{\times 2} \quad
\begin{array}{l}
4단평 \\
3-1-3 \\
4-1-3
\end{array}
\quad \rightarrow \quad
\begin{array}{l}
8단평 \\
6-1-3 \\
8-1-3
\end{array}
$$

④ **어깨너비** 등너비 37cm + 1cm = 38cm

　　38cm × 2.1코 = 79.8코 → 79코

　　진동줄임코수 (등너비 109코 − 어깨너비 79코) ÷ 2 = 15코

＊ 진동줄임 계산
　　　　　　　　　　　　　　　　　　짝수단 변경

$$15코 × \frac{1}{3} = 5코 \quad \rightarrow \quad 5코\ 코막음 \quad \rightarrow \quad 5코\ 코막음$$
$$-5$$

$$10코 × \frac{1}{2} = 5코 \quad \rightarrow \quad 1-1-5 \quad \rightarrow \quad 2-2-2$$
$$-5$$

$$5코 × \frac{2}{3} = 3코 \quad \rightarrow \quad 2-1-3 \quad \rightarrow \quad 2-1-3$$
$$-3$$

$$2 \quad \rightarrow \quad 3-1-2 \quad \rightarrow \quad 4-1-3$$

정리하면
$$
\begin{array}{l}
4-1-3 \\
2-1-3 \\
2-2-2 \\
5코\ 코막음
\end{array}
$$

⑤ **어깨경사** 2cm × 3단 = 6단,　10.5cm × 2.1코 = 22코

　　6단 ÷ 2 = 3회

$$
\begin{array}{c|c}
 & 7+1=8 \\
3 & 22 \\
-1 & 21 \\
2 & 1
\end{array}
\quad \rightarrow \quad
\begin{array}{l}
2-7-2 \\
2-8-1
\end{array}
$$

⑥ **뒷목줄임** 17cm × 2.1코 = 35코,　2cm × 3단 = 6단

17코
1코 중심 ─── 6단　6단에 4코 줄임 ↑ 2단평
　　　　5 4 3　　　　　　　　　2-1-1
　　　코막음　　　　　　　　　2-3-1

앞판

① **밑단** 뒤판의 밑단 107코×$\frac{1}{2}$=53.5코 → 53코

② **허리와 다트** 뒤허리 87코×$\frac{1}{2}$=43.5코 → 43코 (계산은 뒤판과 동일)

③ **앞품과 다트** 등너비 109코×$\frac{1}{2}$=54.5코 → 54코 (계산은 뒤판과 동일)

④ **가슴다트** 12cm×2.1코=25코

$$3cm×3단=9단 → 8단$$

$$8단÷2=4회$$

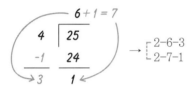

$$\begin{array}{c} 6+1=7 \\ 4\ \overline{)\ 25} \\ -1\quad 24 \\ \hline 3\qquad 1 \end{array} \rightarrow \begin{array}{l} 2\text{-}6\text{-}3 \\ 2\text{-}7\text{-}1 \end{array}$$

⑤ **진동줄임** 뒤판과 동일

⑥ **앞목(라운드)줄임** (앞품 54코 − 진동파임 15코 − 어깨 22코)=17코

$$12cm×3단=36단$$

$$36단에서 17코 줄임 → 24단에서 12코 줄임$$

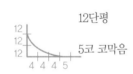

12단평

$$\begin{array}{c} 12 \\ 12 \\ 12 \end{array} \quad \text{5코 코막음}$$

$$4\ 4\ 5$$

커브선 공식 12코에 대입

12코에 맞춤 → 4.3.2.2.1

헛수에 맞춤 → (−1) (−1)　(−1)

단수에 맞춤 → 3.2.2.1.1.1.1.1.1

4단　6단

정리하면 ┌ 12단평
　　　　　├ 6-1-1
　　　　　├ 4-1-2
　　　　　├ 2-1-2
　　　　　├ 2-2-2
　　　　　├ 2-3-1
　　　　　└ 5코 코막음

⑦ **어깨경사** 뒤판과 동일

소매

① **소맷부리** (29cm×2.1코)+ 시접코 2코 = 62.9코 → 62코

② **소매폭** (34cm×2.1코)+ 시접코 2코 = 73.4코 → 74코

③ **소매기장−소매산 높이** = 52cm (마무리단에서 2cm가 나오므로 54cm−2cm)

$$52cm−14cm=38cm, \quad 38cm×3단=114단$$

$$26.5cm×3단=79.5단 → 80단$$

$$11.5cm×3단=34.5단 → 34단$$

④ **소매늘림코수** (소매폭 74코 − 소맷부리 62코)÷2=6코

$$34단에서 6코 늘림$$

* 짝수단 계산

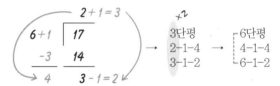

$$\begin{array}{c} 2+1=3 \\ 6+1\ \overline{)\ 17} \\ -3\quad 14 \\ \hline 4\qquad 3-1=2 \end{array} \xrightarrow{×2} \begin{array}{l} 3단평 \\ 2\text{-}1\text{-}4 \\ 3\text{-}1\text{-}2 \end{array} \rightarrow \begin{array}{l} 6단평 \\ 4\text{-}1\text{-}4 \\ 6\text{-}1\text{-}2 \end{array}$$

⑤ **소매산길이** 14cm×3단=42단

　 소매산너비 소매너비 74코×$\frac{1}{6}$=12코

　 줄임코수 (소매너비 74코 − 소매산너비 12코)÷2=31코

$$42단에 33코 줄임 → 32단에 16코 줄임$$

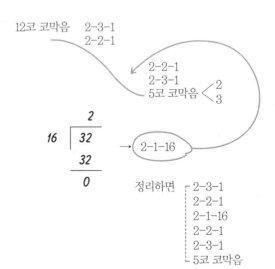

12코 코막음　2-3-1
　　　　　　2-2-1

$$\begin{array}{l} 2\text{-}2\text{-}1 \\ 2\text{-}3\text{-}1 \\ 5코 코막음 \end{array} \Big< \begin{array}{l} 2 \\ 3 \end{array}$$

$$16\ \overline{)\ 32} \atop \quad\ \ \underline{32} \atop \qquad\ 0} \begin{array}{c} 2 \end{array} \rightarrow 2\text{-}1\text{-}16$$

정리하면 ┌ 2-3-1
　　　　　├ 2-2-1
　　　　　├ 2-1-16
　　　　　├ 2-2-1
　　　　　├ 2-3-1
　　　　　└ 5코 코막음

★SKIRT 스커트

뒤판뜨기

1 5호코바늘을 사용해 나중에 풀어낼 실로 사슬뜨기 58
코를 뜬 후 3.5mm대바늘을 이용해 아이보리색 티니
토츠사로 사슬의 뒷산에서 58코를 줍는다.

2 메리야스뜨기로 8단을 뜬다.

3 4mm대바늘로 바꾸어 다시 8단을 뜬다.

4 뜬 조직을 반으로 접어 올려 코를 주워올린 것과 겹쳐
서 1단을 뜬 후 15단평을 더 뜬다.

5 같은 모양으로 1장을 더 뜬다.

6 2장의 조직을 하나의 바늘에 옮긴 후 연결하여 82단
을 더 뜬다.

7 도안과 같이 1-1-1, 6-1-5, 4-1-1, 3단평을 떠서 허
리 다트를 만든다. 허리 다트를 6단까지 뜬 후 1-1-1,
6-1-4, 4-1-2, 3단평을 좌우 코줄임하여 옆선을 만
든다. 마지막코를 줄임과 동시에 2단째 12코를 1회,
다음 2단째 13코를 1회 되돌아뜨기하여 뒤 허리처짐
을 만든다.

8 전체를 코막음한다.

앞판뜨기

1 5호코바늘을 사용해 나중에 풀어낼 실로 사슬뜨기
116코를 뜬 후 3.5mm대바늘을 이용해 아이보리색 티
니토츠사로 사슬의 뒷산에서 116코를 줍는다.

2 메리야스뜨기로 8단을 뜬다.

3 4mm대바늘로 바꾸어 다시 8단을 뜬다.

4 뜬 조직을 반으로 접어 올려 코를 주워올린 것과 겹쳐
서 1단을 뜬 후 103단을 더 뜬다.

5 도안과 같이 1-1-1, 6-1-4, 4-1-2, 3단평을 떠서 옆
선을 만들어 준다. 옆선을 8단까지 뜬 후 1-1-1, 4-
1-6, 3단평을 떠서 허리 다트를 만들어 준다.

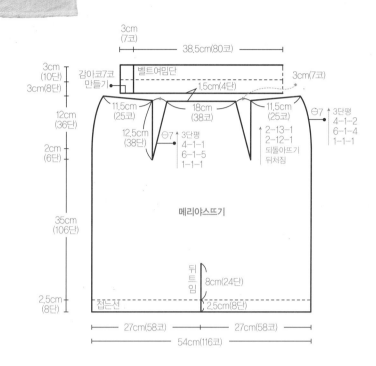

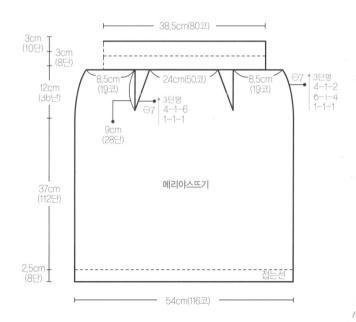

6 전체를 코막음한다.

마무리하기

1 돗바늘로 스커트의 옆선을 이어 준다. 이때 지퍼를 달아야 할 자리(12cm)는 잇지 않는다.

2 4mm대바늘을 이용해 아이보리색 티니토츠사로 앞판에서 시작하여 코막음한 허리선에서 앞뒤 각각 80코씩을 줍는다. 감아코로 7코를 더 만들어 벨트 여밈단을 만든다.

3 메리야스뜨기로 8단을 뜬다.(코 잡은 것도 1단으로 친다.)

4 3.5mm대바늘로 바꾸어 다시 10단을 뜬다.

5 허리벨드심을 넣어가며 ㄷ자 봉접으로 허리선을 만들어준다.

6 벨트의 양끝도 돗바늘을 이용하여 꿰맨다.

7 아이보리색 스키얀사와 2호코바늘을 이용하여 지퍼가 달릴 부분에 긴뜨기로 36코를 잡아 2단을 뜬다.

8 봉제용 실과 바늘로 지퍼를 단다.

9 벨트 여밈 부분에 후크를 단다.

메리야스뜨기 게이지 = 21코, 30단

★SKIRT 스커트
뒤판

① **밑단** (엉덩이둘레 100cm + 여유분 8cm)×$\frac{1}{2}$=54cm

（54cm×2.1코)+시접코 2코 = 115.4코 → 116코,　116코×$\frac{1}{2}$=58코

2.5cm×3단 = 7.5단 → 8단

뒤트임 8cm×3단=24단,　37cm×3단=112단

② **옆선줄임과 허리다트**

스커트허리 (허리둘레 73cm+여유분 4cm)×$\frac{1}{2}$+시접 분량 2.5cm = 41cm

（41cm×2.1코)+시접코 2코 = 88.1코 → 88코

줄임코수 등너비 116코 − 허리 88코 = 28코

허리다트코수 3cm×2.1코 = 6.3코 → 7코

허리다트단수 12.5cm×3단 = 37.5단 → 38단,　38단에서 7코 줄임

＊짝수단 계산

$$\begin{array}{c|c} & 2+1=3 \\ 7 & 19 \\ -5 & 14 \\ \hline 2 & 5 \end{array}　\xrightarrow{×2}　\begin{array}{l}3\text{-}1\text{-}5\\2\text{-}1\text{-}2\end{array}　\rightarrow　\begin{array}{l}6\text{-}1\text{-}5\\4\text{-}1\text{-}2\end{array}\begin{cases}3\text{단평}\\4\text{-}1\text{-}1\\1\text{-}1\text{-}1\end{cases}\rightarrow\begin{array}{l}3\text{단평}\\4\text{-}1\text{-}1\\6\text{-}1\text{-}5\\1\text{-}1\text{-}1\end{array}$$

첫단에서 한코 줄이기 위해

옆선줄임코수 [28코−14코(허리다트코수×2)]×$\frac{1}{2}$=7코

옆선줄임단수 12cm×3단 = 36단,　36단에서 7코 줄임

＊짝수단 계산

$$\begin{array}{c|c} & 2+1=3 \\ 7 & 18 \\ -4 & 14 \\ \hline 3 & 4 \end{array}　\xrightarrow{×2}　\begin{array}{l}3\text{-}1\text{-}4\\2\text{-}1\text{-}3\end{array}　\rightarrow　\begin{array}{l}6\text{-}1\text{-}4\\4\text{-}1\text{-}3\end{array}\begin{cases}3\text{단평}\\4\text{-}1\text{-}2\\1\text{-}1\text{-}1\end{cases}\rightarrow\begin{array}{l}3\text{단평}\\4\text{-}1\text{-}2\\6\text{-}1\text{-}4\\1\text{-}1\text{-}1\end{array}$$

첫단에서 한코 줄이기 위해

③ **뒤허리처짐** 1.5cm×3단 = 4.5단 → 4단,　11.5cm×2.1코 = 24.15코 → 25코

4단÷2=2회

$$\begin{array}{c|c} & 12+1=13 \\ 2 & 25 \\ -1 & 24 \\ \hline 1 & 1 \end{array}　\rightarrow　\begin{array}{l}2\text{-}13\text{-}1\\2\text{-}12\text{-}1\end{array}$$

④ 뒤허리밴드

폭 (허리둘레 73cm + 여유분 4cm) × $\frac{1}{2}$ = 38.5cm

38.5cm × 2.1코 = 80.85코 → 80코

높이 3cm × 3단 = 9단 $\xrightarrow{\text{짝수}}$ 8단 (4mm)

3cm × 3단 = 9단 $\xrightarrow{\text{짝수}}$ 10단 (3.5mm)

벨트여밈분 3cm × 2.1코 = 6.3코 → 7코

앞판

① 밑단 (엉덩이둘레 100cm + 여유분 8cm) × $\frac{1}{2}$ = 54cm

(54cm × 2.1코) + 시접코 2코 = 115.4코 → 116코

2.5cm × 3단 = 7.5단 → 8단, 37cm × 3단 = 112단

② 옆선줄임과 허리다트

스커트허리 (허리둘레 73cm + 여유분 4cm) × $\frac{1}{2}$ + 시접 분량 2.5cm = 41cm

(41cm × 2.1코) + 시접코 2코 = 88.1코 → 88코

줄임코수 등너비 116코 − 허리 88코 = 28코

허리다트코수 3cm × 2.1코 = 6.3코 → 7코

허리다트단수 9cm × 3단 = 27단 → 28단, 28단에서 7코 줄임

* 짝수단 계산

$$7 \overline{)14}$$
$$\underline{14}$$
$$0$$

→ 2-1-7 → 3단평
4-1-6
1-1-1

첫단에 한코
줄이기 위해

옆선줄임코수 [28코−14코(허리다트코수×2)] × $\frac{1}{2}$ = 7코

옆선줄임단수 12cm × 3단 = 36단, 36단에서 7코 줄임

* 계산은 뒤판과 동일

③ 앞허리밴드

폭 (허리둘레 73cm + 여유분 4cm) × $\frac{1}{2}$ = 38.5cm

38.5cm × 2.1코 = 80.85코 → 80코

높이 3cm × 3단 = 9단 $\xrightarrow{\text{짝수}}$ 8단 (4mm)

3cm × 3단 = 9단 $\xrightarrow{\text{짝수}}$ 10단 (3.5mm)

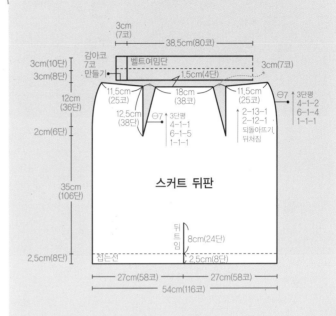

스커트 뒤판

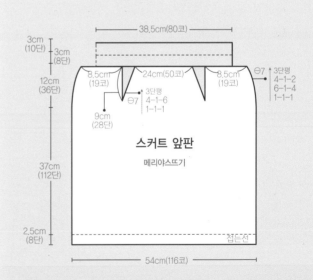

스커트 앞판
메리야스뜨기

요크 풀오버

S 사이즈

완성치수 옷길이 54cm, 가슴둘레 99cm, 소매길이 59cm
재료   서브라임사 450g, 대바늘 3.5mm 4mm
게이지   메리야스뜨기 22코×30단

h o w   t o   m a k e

몸판

1 4mm대바늘을 사용하여 일반코잡기로 128코를 잡아 무늬를 8개 넣는다.(목둘레 50cm에 무늬 배열 8등분의 꽈배기무늬와 여유분인 8cm를 더한 58cm에 게이지 2.2코를 더한 128코)

2 꽈배기무늬와 무늬 사이의 겉뜨기 양쪽에서 감아늘리기를 하여 분산코늘림을 한다.

3 늘리기는 도안과 같이 4-1-14, 6-1-1, 4단평으로 66단을 뜬 후 가터뜨기로 4단을 뜬다. 이때 총 코수는 368코가 된다.(162cm-(몸통 전체둘레의 코)를 8등분해서 한 무늬의 처음 코수와 총 코수를 뺀 차이 코수÷2를 해서 나온 몫과 나머지를 이용해서 찾아낸 계산)

4 전체무늬를 4등분(8무늬를 4등분해서 2무늬씩 하는데 몸판 쪽으론 양쪽의 꽈배기무늬코수를 더 가져온다) 해서 그 중 2등분 107코(꽈배기 15코+늘린 부분31코+꽈배기15코+늘린 부분31코+꽈배기15코)만 겉뜨기로 9단을 뜬다. 뒷면에만 떠주는 9단은 뒷길이가 약간 길어야 옷이 뒤로 넘어가지 않기 때문에 꼭 필요하다.

5 107코 양쪽으로 7코(겨드랑이 부분)씩 감아코를 만들어 늘린 후 소매 부분을 건너뛰고 107코를 잡아 둘레뜨기로 겉뜨기(메리야스뜨기)를 한다. 연결하는 시접 없이 원형으로 뜨는 방법으로 항상 겉뜨기만을 하게 된다.

6 96단을 뜬 후 3.5mm대바늘로 바꿔서 1×1고무뜨기로 20단을 뜬 후 돗바늘로 마무리한다.

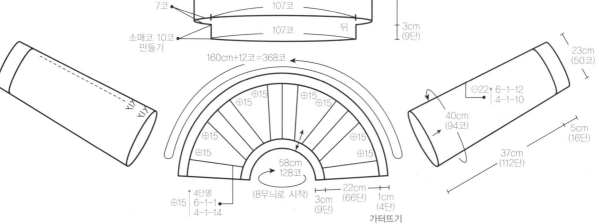

밑단

총 99cm 228코(107+7+107+7)

잎

32cm (96단)

7cm (20단)

3cm (9단)

뒤

7코

107코

107코

소매코 10코 만들기

160cm+12코=368코

⊕15 ⊕15 ⊕15 ⊕15 ⊕15 ⊕15 ⊕15 ⊕15 ⊕15 ⊕15

58cm 128코

(8무늬로 시작)

4단평
⊕15 6-1-1
4-1-14

3cm (9단)

22cm (66단)

1cm (4단)

가터뜨기

⊖22 6-1-12
4-1-10

23cm (50코)

40cm (94코)

5cm (16단)

37cm (112단)

소매

1 몸판 양쪽에 남긴 77코, 등판의 9단에서 잡은 10코, 몸판 겨드랑이 부분에서 감아늘리기 한 7코까지, 총 94코를 잡아 원형으로 겉뜨기를 한다.

2 소매 아래쪽 감아늘리기 한 7코 부분의 중심코 양쪽에서 1코씩 4-1-10, 6-1-12번을 줄여가면서 112단을 뜬다. 팔둘레의 코수와 손목둘레의 코수를 뺀 코수를 2로 나눠서, 나온 숫자만큼 줄인다. 단수÷뺄 코수에서 몫과 나머지로 분산한다.

3 3.5mm대바늘로 바꿔서 남은 50코를 1×1고무뜨기로 16단을 뜬 후 돗바늘로 마무리한다.

마무리하기

목둘레에서 128코를 잡아 1×1고무뜨기로 9단을 뜬 후 돗바늘로 마무리한다.

무늬뜨기

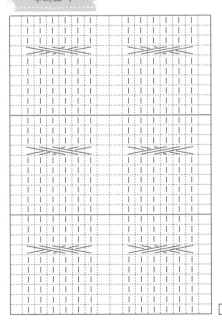

□=□

메리야스뜨기 게이지 = 22코, 30단

① **목둘레코수** 목둘레 50cm+여유분 8cm=58cm, 58cm×2.2코=128코

　　　　　1무늬가 16코×8무늬=128코로 시작

② **요크단수** 22cm×3단=66단

　마지막부분코수 가슴둘레 90cm+(팔둘레 36cm×2)=162cm

　　　　　162cm×2.2=356코　　356코+여유코 12코=368코

　늘림코수 368코−128코=240코,　240코÷16무늬=15코

　　　　　15코+평단분 1코=16코 → 1무늬당 15코씩 늘리기

　　　　　66단에서 15코 늘림

$$
\begin{array}{r|l}
 & 4+1=5 \\
15+1 & 66 \\
-2 & 64 \\
\hline
14 & 2-1=1
\end{array}
$$

→　5단평 5-1-1 4-1-14　→　4단평 6-1-1 4-1-14

③ **몸판뜨기** 전체 368코를 소매와 몸판으로 나눈다. 뒤판 107코, 앞판 107코, 소매 77코씩 2군데로 나눈다.

　　　　　뒤판 107코만 3cm×3단=9단 더 뜬다.

　　　　　뒤판 107코+늘림코수 7코+앞판 107코+늘림코수 7코(2cm×2.2코)=총 228코

　몸판길이 32cm×3단=96단

　밑단길이 7cm×3단=20단

④ **소매뜨기** 소매코 77코+뒤판 9단에서 10코+늘림코 7코(3cm×2.2코)=총 94코

　소매길이　37cm×3단=112단

　소매밑단단수　5cm×3단=16단

　손목둘레코수　23cm×2.2코=50코

　소매줄임코수　(94코−50코)÷2=22코

　　　　　112단에서 22코 줄임

$$
\begin{array}{r|l}
 & 5+1=6 \\
22 & 112 \\
-2 & 110 \\
\hline
20 & 2
\end{array}
$$

→ 6-1-2 5-1-20　< 6-1-10 4-1-10 →　6-1-12 4-1-10

요크 풀오버

M 사이즈

완성치수 옷길이 56cm, 가슴둘레 99cm, 소매길이 60cm
재료 서브라임사 500g, 대바늘 3.5mm 4mm
게이지 메리야스뜨기 22코×30단

> **h o w   t o   m a k e**

몸판

1 4mm대바늘을 사용하여 일반코잡기로 128코를 잡아 무늬를
8개 넣는다.(목둘레 50cm에 무늬 배열 8등분의 꽈배기무늬와 여유분인
8cm를 더한 58cm에 게이지 2.2코를 더한 128코)

2 꽈배기무늬와 무늬 사이의 겉뜨기 양쪽에서 감아늘리기를
하여 분산코늘림을 한다.

3 늘리기는 도안과 같이 4-1-14, 6-1-1, 4단평
으로 66단을 뜬 후 가터뜨기로 4단을
뜬다. 이때 총 코수는 368코가
된다.(162cm-(몸통 전체둘레의
코)를 8등분해서 한 무늬의 처음
코수와 총 코수를 뺀 차이 코수÷
2를 해서 나온 몫과 나머지를 이
용해서 찾아낸 계산)

4 전체무늬를 4등분(8무늬를 4등분해서 2무늬씩 하는데 몸판 쪽으론 양쪽
의 꽈배기무늬코수를 더 가져온다.) 해서 그중 2등분 107코(꽈배기 15코
+늘린 부분31코+꽈배기15코+늘린 부분31코+꽈배기15코)만 겉뜨기로
9단을 뜬다. 뒷면에만 떠주는 9단은 뒷길이가 약간 길어야
옷이 뒤로 넘어가지 않기 때문에 꼭 필요하다.

5 107코 양쪽으로 7코(겨드랑이 부분)씩 감아코를 만들어 늘린 후
소매 부분을 건너뛰고 107코를 잡아 둘레뜨기로 겉뜨
기(메리야스뜨기)를 한다. 연결하는 시접 없이
원형으로 뜨는 방법으로 항상 겉뜨기
만을 하게 된다.

6 100단을 뜬 후 3.5mm대바늘
로 바꿔서 1×1고무뜨기로 20
단을 뜬 후 돗바늘로 마무리
한다.

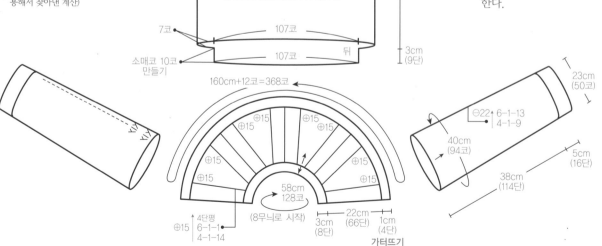

밑단

7cm
(20단)

앞

34cm
(100단)

총 99cm 228코(107+7+107+7)

7코

107코

3cm
(9단)

소매코 10코
만들기

107코

뒤

160cm+12코=368

23cm
(50코)

⊖22 ┤ 6-1-13
4-1-9

40cm
(94코)

5cm
(16단)

38cm
(114단)

⊕15 ⊕15 ⊕15 ⊕15
⊕15   ⊕15
⊕15   ⊕15

58cm
128코
(8무늬로 시작)

4단평
6-1-1
4-1-14
⊕15

3cm
(8단)

22cm
(66단)

1cm
(4단)

가터뜨기

254

소매

1 몸판 양쪽에 남긴 77코, 등판의 9단에서 잡은 10코, 몸판 겨드랑이 부분에서 감아늘리기 한 7코까지, 총 94코를 잡아 원형으로 겉뜨기를 한다.

2 소매 아래쪽 감아늘리기 한 7코 부분의 중심코 양쪽에서 1코씩 4-1-9, 6-1-13회 줄여가면서 114단을 뜬다. 팔둘레의 코수와 손목둘레의 코수를 뺀 코수를 2로 나눠서, 나온 숫자만큼 줄인다. 단수÷뺄 코수에서 몫과 나머지로 분산한다.

3 3.5mm대바늘로 바꿔서 남은 50코를 1×1고무뜨기로 16단을 뜬 후 돗바늘로 마무리한다.

마무리하기

목둘레에서 128코를 잡아 1×1고무뜨기로 9단을 뜬 후 돗바늘로 마무리한다.

무늬뜨기

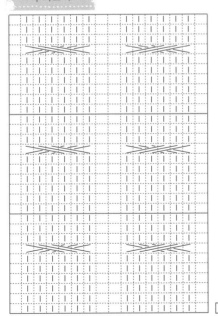

□ = −

메리야스뜨기 게이지 = 22코, 30단

① **목둘레코수** 목둘레 50cm+여유분 8cm=58cm, 58cm×2.2코=128코
　　　　　　1무늬가 16코×8무늬=128코로 시작

② **요크단수** 22cm×3단=66단

　마지막부분코수 가슴둘레 90cm+(팔둘레 36cm×2)=162cm
　　　　　　162cm×2.2=356코, 356코+여유코 12코=368코

　늘림코수 368코−128코=240코, 240코÷16무늬=15코
　　　　　　15코+평단분 1코=16코 → 1무늬당 15코씩 늘리기
　　　　　　66단에서 15코 늘림

$$
\begin{array}{r}
4+1=5 \\
15+1 \quad \boxed{66} \\
-2 \quad \underline{64} \\
14 \quad 2-1=1
\end{array}
$$

→ 5단평 → 4단평
　5-1-1　　　6-1-1
　4-1-14　　4-1-14

③ **몸판뜨기** 전체 368코를 소매와 몸판으로 나눈다. 뒤판 107코, 앞판 107코, 소매 77코씩 2군데로 나눈다.

　　뒤판 107코만 3cm×3단=9단 더 뜬다.

　　뒤판 107코+늘림코수 7코+앞판 107코+늘림코수 7코(2cm×2.2코)=총 228코

　몸판길이 34cm×3단=100단

　밑단길이 7cm×3단=20단

④ **소매뜨기** 소매코 77코+뒤판 9단에서 10코+늘림코 7코(3cm×2.2코)=총 94코

　소매길이 38cm×3단=114단

　소매밑단단수 5cm×3단=16단

　손목둘레코수 23cm×2.2코=50코

　소매줄임코수 (94코−50코)÷2=22코
　　　　　　114단에서 22코 줄임

$$
\begin{array}{r}
5+1=6 \\
22 \quad \boxed{114} \\
-4 \quad \underline{110} \\
18 \quad 4
\end{array}
$$

→ 6-1-4　　　　　　　　　6-1-13
　5-1-18 < 6-1-9 →　4-1-9
　　　　　4-1-9

요크 풀오버

L 사이즈

완성치수 옷길이 58cm, 가슴둘레 99cm, 소매길이 61cm
재료 서브라임사 550g, 대바늘 3.5mm 4mm
게이지 메리야스뜨기 22코×30단

> **h o w   t o   m a k e**

몸판

1 대바늘 4mm를 사용하여 일반코잡기로 128코를 잡아 무늬를 8개 넣는다. (목둘레 50cm에 무늬 배열 8등분의 꽈배기무늬와 여유분인 8cm를 더한 58cm에 게이지 2.2코를 더한 128코)

2 꽈배기무늬와 무늬 사이의 겉뜨기 양쪽에서 감아늘리기를 하여 분산코늘림을 한다.

3 늘리기는 도안과 같이 4-1-14, 6-1-1, 4단평으로 66단을 뜬 후 가터뜨기로 4단을 뜬다. 이때 총 코수는 368코가 된다. (162cm-(몸통 전체둘레의 코)를 8등분해서 한 무늬의 처음 코수와 총 코수를 뺀 차이 코수÷2를 해서 나온 몫과 나머지를 이용해서 찾아낸 계산)

4 전체무늬를 4등분(8무늬를 4등분해서 2무늬씩 하는데 몸판 쪽으로는 양쪽의 꽈배기무늬코수를 더 가져온다)해서 그 중 2등분 107코(꽈배기15코+늘린 부분31코+꽈배기15코+늘린 부분31코+꽈배기15코)만 겉뜨기로 9단을 뜬다. 뒷면에만 떠주는 9단은 뒷길이가 약간 길어야 옷이 뒤로 넘어가지 않기 때문에 꼭 필요하다.

5 107코 양쪽으로 7코(겨드랑이 부분)씩 감아코를 만들어 늘린 후 소매 부분을 건너뛰고 107코를 잡아 둘레뜨기로 겉뜨기(메리야스뜨기)를 한다. 연결하는 시접 없이 원형으로 뜨는 방법으로 항상 겉뜨기만을 하게 된다.

6 106단을 뜬 후 3.5mm대바늘로 바꿔서 1×1고무뜨기로 20단을 뜬 후 돗바늘로 마무리한다.

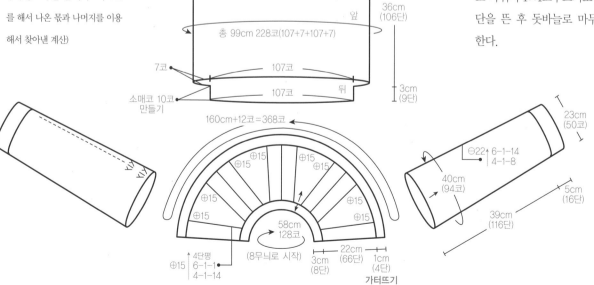

소매

1 몸판 양쪽에 남긴 77코, 등판의 9단에서 잡은 10코, 몸판 겨드랑이 부분에서 감아늘리기 한 7코까지, 총 94코를 잡아 원형으로 겉뜨기를 한다.

2 소매 아래쪽 감아늘리기 한 7코 부분의 중심코 양쪽에서 1코씩 4-1-8, 6-1-14회 줄여가면서 116단을 뜬다. 팔둘레의 코수와 손목둘레의 코수를 뺀 코수를 2로 나눠서, 나온 숫자만큼 줄인다. 단수 ÷ 뺄 코수에서 몫과 나머지로 분산한다.

3 3.5mm대바늘로 바꿔서 남은 50코를 1×1고무뜨기로 16단을 뜬 후 돗바늘로 마무리한다.

마무리하기

목둘레에서 128코를 잡아 1×1고무뜨기로 9단을 뜬 후 돗바늘로 마무리한다.

무늬뜨기

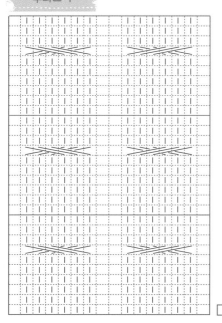

□ = │

메리야스뜨기 게이지 = 22코, 30단

① **목둘레코수** 목둘레 50cm+여유분 8cm=58cm, 58cm×2.2코=128코
   1무늬가 16코×8무늬=128코로 시작

② **요크단수** 22cm×3단=66단
   마지막부분코수 가슴둘레 90cm+(팔둘레 36cm×2)=162cm
   162cm×2.2=356코, 356코+여유분 12코=368코
   늘림코수 368코-128코=240코, 240코÷16무늬=15코
   15코+평단분 1코=16코 → 1무늬당 15코씩 늘리기
   66단에서 15코 늘림

$$4+1=5$$
15+1 | 66
-2 | 64
14 | 2-1=1

→ ┌5단평
   │5-1-1
   └4-1-14
→ ┌4단평
   │6-1-1
   └4-1-14

③ **몸판뜨기** 전체 368코를 소매와 몸판으로 나눈다. 뒤판 107코, 앞판 107코, 소매 77코씩 2군데로 나눈다.
   뒤판 107코만 3cm×3단=9단 더 뜬다.
   뒤판 107코+늘림코수 7코+앞판 107코+늘림코수 7코(2cm×2.2코)=총 228코
   몸판길이 36cm×3단=106단
   밑단길이 7cm×3단=20단

④ **소매뜨기** 소매코 77코+뒤판 9단에서 10코+늘림코 7코(3cm×2.2코)=총 94코
   소매길이 39cm×3단=116단
   소매밑단단수 5cm×3단=16단
   손목둘레코수 23cm×2.2코=50코
   소매줄임코수 (94코-50코)÷2=22코
   116단에서 22코 줄임

$$5+1=6$$
22 | 116
-6 | 110
16 | 6

→ ┌6-1-6
   └5-1-16
< 6-1-8
  4-1-8
→ ┌6-1-14
   └4-1-8

여성용 베스트&바지

S 사이즈

완성치수 **베스트** 가슴둘레 84cm, 허리둘레 72cm, 뒤판길이 44cm, 앞판길이 54cm

바지 허리둘레 64cm, 엉덩이둘레 94cm, 바지길이 90cm

재료 **베스트** 알파카사 170g **바지** 460g 대바늘 4mm, 돗바늘

게이지 **베스트** 메리야스뜨기 25코×38단, **바지** 메리야스뜨기 25코×36단

how to make

★VEST 조끼

뒤판 중심

1 4mm대바늘을 사용하여 일반코잡기로 46코를 잡아서 허리 다트 부분을 양쪽으로 10-1-3으로 3코를 줄이고 14-1-3으로 3코를 늘린다.

2 가슴곡선 부분을 양쪽으로 4-1-3, 2-1-7, 1-1-3, 1단평으로 늘린다.

3 양쪽 진동 윗부분은 4-1-4, 6-1-7, 6단평으로 11코를 줄인다.

4 어깨코는 진동 윗부분 6-1-5번 하고 2단을 더 뜬 후 다음 단에서 16코를 뜨고 뒤로 돌려서 도안대로 8코를 줄인다. 남은 8코는 쉼코로 둔다.

5 목둘레 첫코에 새 실을 걸어 18코를 코막음한 뒤 오른쪽과 같은 방법으로 뒷목코를 줄이고 남은코 8코는 쉼코로 둔다.

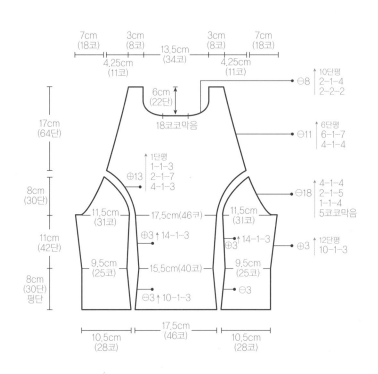

뒤판 양옆

1 4mm대바늘을 사용하여 일반코잡기로 28코를 잡아서 옆선 부분을 30단평, 10-1-3, 12단평으로 3코 늘려준다.

2 동시에 허리 다트 부분을 10-1-3으로 줄이고 14-1-3으로 늘린다.

3 진동은 5코 코막음 1-1-4, 2-1-5, 4-1-4로 줄이면서 가슴곡선 부분은 4-1-3, 2-1-7, 1-1-3, 1단평으로 줄인다.

4 대칭이 되게 한 장을 더 뜬다.

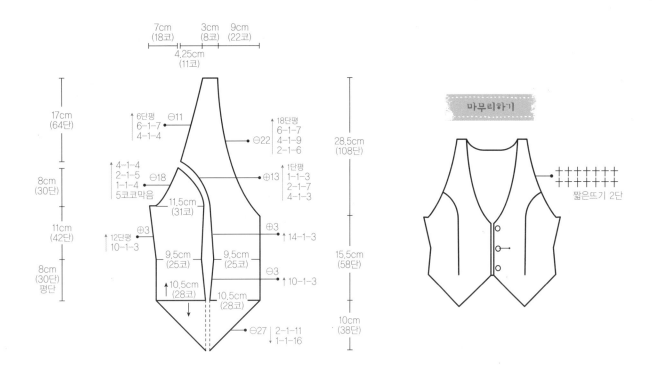

7cm
(18코)
3cm
(8코)
9cm
(22코)
4.25cm
(11코)

17cm
(64단)

8cm
(30단)

11cm
(42단)

8cm
(30단)
평단

↑6단평
6-1-7
4-1-4

⊖11

⊖22

↑18단평
6-1-7
4-1-9
2-1-6

↑4-1-4
2-1-5
1-1-4
5코코막음

⊖18

⊕13

1단평
1-1-3
2-1-7
4-1-3

11.5cm
(31코)

⊕3
↑12단평
10-1-3

⊕3

↑14-1-3

9.5cm
(25코)

9.5cm
(25코)

⊖3

↑10-1-3

↑10.5cm
(28코)

10.5cm
(28코)

⊖27
2-1-11
↓1-1-16

28.5cm
(108단)

15.5cm
(58단)

10cm
(38단)

마무리하기

††††††††
††††††††
짧은뜨기 2단

앞판 중심

1 4mm대바늘을 사용하여 나중에 풀어낼 실로 일반코잡기 28 코를 잡고 알파카실로 바꿔서 앞단 부분은 58단 평단으로 뜨 고 허리 다트는 10-1-3으로 줄이고 14-1-3으로 늘린다.

2 가슴곡선 부분은 4-1-3, 2-1-7, 1-1-3, 1단평으로 늘려주 고 진동 윗부분은 4-1-4, 6-1-7, 6단평으로 줄여준다.

3 앞목 부분은 앞단 58단을 뜬 후 2-1-6, 4-1-9, 6-1-7, 18단 평으로 줄인다.

4 어깨코 8코는 쉼코로 둔다.

5 대칭되게 한 장을 더 뜬다.

앞판 양옆

1 나중에 풀어낼 실로 4mm대바늘을 사용하여 일반코잡기로 28코를 잡고 알파카실로 바꿔서 옆선 부분은 30단평, 10-1-3, 12단평으로 3코 늘리고 허리 다트는 10-1-3으로 3코 줄 이고 14-1-3으로 3코 늘려준다.

2 가슴곡선 부분은 4-1-3, 2-1-7, 1-1-3, 1단평으로 13코를 줄이면서 동시에 진동은 5코 코막음, 1-1-4, 2-1-5, 4-1-4 로 18코를 줄인다.

3 대칭되게 한 장을 더 뜬다.

마무리하기

1 앞판 중심 부분과 양옆 부분의 허리 다트와 가슴곡선 부분을 돗바늘로 연결한다.

2 밑단 부분의 나중에 풀어낼 실을 풀어내고 4mm대바늘에 끼 워서 양옆을 2-1-11, 1-1-16으로 줄인다.

3 대칭되는 앞판을 ①, ②와 같은 방법으로 만든다.

4 뒤판 3장과 허리 다트, 가슴곡선 부분을 돗바늘로 연결한다.

5 앞·뒤판을 겉면끼리 마주대고 어깨코를 연결한다.

6 앞·뒤판의 옆선도 돗바늘로 잇는다.

7 조끼 전체 마무리는 짧은뜨기 2단으로 마무리한다.

8 앞단 왼쪽에 장식으로 단추를 단다.

메리야스뜨기 게이지 = 25코, 38단

★VEST 조끼
뒤판 중심

① 중심부분시작 (17.5cm×2.5코)+시접코 2코=46코

② 허리다트

    a. 허리선 (15.5cm×2.5코)+시접코 2코=40코

      줄임코수 (46코−40코)÷2=3코

      줄임단수 8cm×3.8단=30단, 30단에 3코 줄임

      30÷3=10 → 10-1-3

    b. 가슴선 (17.5cm×2.5코)+시접코 2코=46코

      허리선 (15.5cm×2.5코)+시접코 2코=40코

      늘림코수 (46코−40코)÷2=3코

      늘림단수 11cm×3.8단=42단, 42단에 3코 늘림

      42÷3=14 → 14-1-3

③ 가슴곡선 5cm×2.5코=13코, 8cm×3.8단=30단

        30단에서 13코 늘림

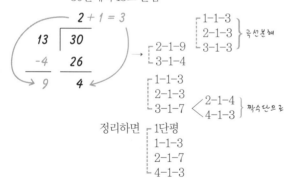

$$2+1=3$$
$$13 \overline{)\ 30}$$
$$-4 \quad 26$$
$$9 \qquad 4$$

→ 2-1-9
  3-1-4

1-1-3
2-1-3 } 곡선분배
3-1-3

1-1-3
2-1-3
3-1-7 < 2-1-4
       4-1-3 } 짝수단으로

정리하면 1단평
      1-1-3
      2-1-7
      4-1-3

④ 진동에서 어깨선까지 줄일부분(진동윗부분)

    (4.25cm×2.5코)+평단분 1코=12코, 17cm×3.8단=64단

        64단에서 11코 줄임

$$5+1=6$$
$$11+1 \overline{)\ 64}$$
$$-4 \quad 60$$
$$8 \qquad 4-1=3$$

→ 6단평
  6-1-3
  5-1-8 < 4-1-4
       6-1-4

→ 6단평
  6-1-7
  4-1-4

---

⑤ 뒷목 13.5cm×2.5코=34코

    줄임코수 (34코−중심코막음18코)÷2=8코(단수가 많으므로 중심코막음을 $\frac{1}{2}$로 함.)

    줄임단수 6cm×3.8단=22단, 22단에 8코 줄임

    ⊥ 22단   (2.2.1.1.1.1)

    5 4   ↑10단평

    코막음   2-1-4

    (깊게 파여서 $\frac{1}{2}$만 막음.)   2-2-2

⑥ 어깨 3cm×2.5코=8코

뒤판 양옆

① 양쪽옆시작 (10.5cm×2.5코)+시접코 2코=28코

    옆선(허리선까지) 8cm×3.8단=30단 평단

    옆선(진동전까지) 11cm×3.8단=42단

             (11.5cm×2.5코)+시접코 2코=31코

    늘림코수 (31코−28코)+평단분 1코=4코, 42단에서 3코 늘림

＊짝수단 계산

$$5+1=6$$
$$3+1 \overline{)\ 21}$$
$$-1 \quad 20$$
$$3 \qquad 1-1=0$$

→ 6단평   → 12단평
  5-1-3   10-1-3

(×2 표시)

② 허리다트 뒤판 중심과 동일

③ 진동 7cm×2.5코=18코, 8.5cm×3.8단=30단

＊진동줄임 계산

                    단수 맞추기 위해

18코×$\frac{1}{3}$=6코 → 6코 코막음 → 5코 코막음

−6 ←

12코×$\frac{1}{2}$=6코 → 1-1-6 → 1-1-4

−6 ←

6코×$\frac{2}{3}$=4코 → 2-1-4 → 2-1-5

−4 ←

2   → 4-1-2 → 4-1-4

앞판

① **앞단** (10.5cm×2.5코)+시접코 2코=28코

　　15.5cm×3.8단=58단 평단

② **앞목** 28.5cm×3.8단=108단

　　줄임코수 9cm×2.5코=22코

　　줄임단수 108단-18단(108단×$\frac{1}{6}$=평단부분)=90단

　　90단에 22코 줄임

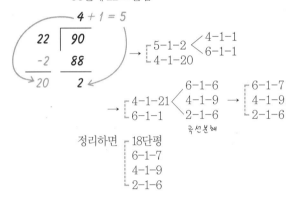

$$4 + 1 = 5$$

$$22\,\overline{)\,90}$$
$$-2\quad\ 88$$
$$20\qquad 2$$

→ 5-1-2 〈 4-1-1
　　4-1-20 　6-1-1

→ 4-1-21 〈 6-1-6 → 6-1-7
　　6-1-1 　4-1-9 　4-1-9
　　　　　 2-1-6 　2-1-6

곡선분해

　　정리하면 18단평
　　　　　　　6-1-7
　　　　　　　4-1-9
　　　　　　　2-1-6

③ **허리다트** 뒤판과 동일

④ **가슴곡선** 뒤판과 동일

⑤ **옆선** 뒤판 양옆과 동일

⑥ **진동** 뒤판 양옆과 동일

⑦ **어깨** 뒤판과 동일

⑧ **아랫단** 총코수 56코(28코+28코)−시접코 2코=54코(꿰맨 뒤라 시접코 2코 없어짐)

　　줄임단수 10cm×3.8단=38단

　　줄임코수 54코÷2=27코

　　38단에 27코 줄임

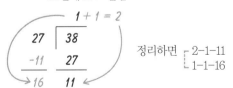

$$1 + 1 = 2$$

$$27\,\overline{)\,38}$$
$$-11\quad\ 27$$
$$16\qquad 11$$

정리하면　2-1-11
　　　　　1-1-16

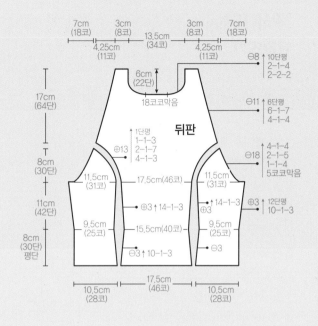

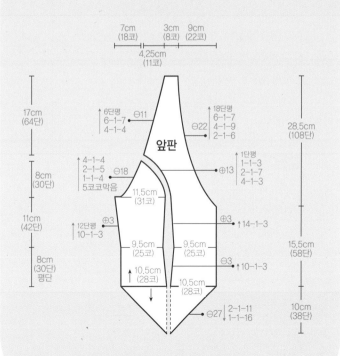

*PANTS 바지

뒤판뜨기

1 4mm대바늘을 사용하여 일반코잡기로 50코를 잡는다. 옆선 쪽은 26-1-2, 24-1-7으로 9코 늘려주고 26단을 평단으로 뜬다. 이어서 12-1-2, 10-1-3, 10단평으로 5코를 줄인다.

2 바지 안쪽선은 12-1-16, 10-1-1, 12단평으로 17코를 늘린다.

3 바짓가랑이 부분은 4코 코막음, 1-1-4, 2-1-4, 4-1-2, 6-1-2로 16코를 줄여주고 64단을 평단으로 뜬다.

4 다트 부분은 바짓가랑이 16코를 줄이고 18단 평단으로 뜬 뒤 60코의 중심에서 다트 부분을 뜬다. 한쪽으로만 6-1-3, 4-1-6, 4단평으로 9코를 줄인다.

5 대칭되게 한 장을 더 뜬다.

6 허릿단은 9코마다 1코씩 버려서 12단을 뜬 뒤 코막음한다.

앞판뜨기

1 4mm대바늘을 사용하여 일반코잡기로 49코를 잡는다. 옆선 쪽은 26-1-2, 24-1-7로 9코 늘리고 26단을 평단으로 뜬다. 이어서 12-1-2, 10-1-3, 10단평으로 5코를 줄인다.

2 바지 안쪽선은 14-1-13, 12-1-2, 14단평으로 15코를 늘린다.

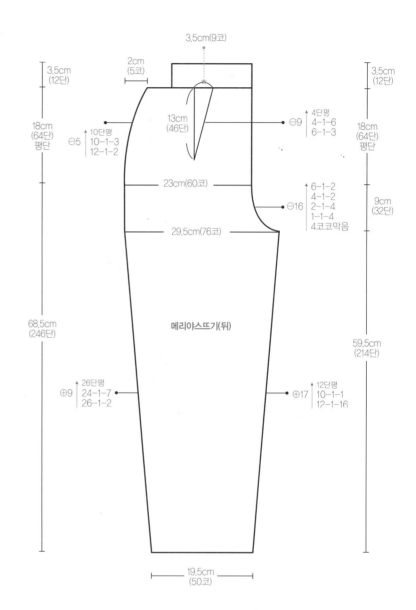

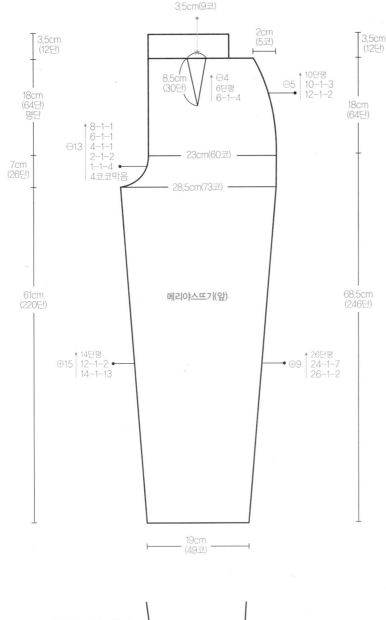

3.5cm
(12단)

3.5cm (9코)

2cm
(5코)

3.5cm
(12단)

18cm
(64단)
평단

8.5cm
(30단)

⊖4
6단평
6-1-4

⊖5

10단평
10-1-3
12-1-2

18cm
(64단)

⊖13

8-1-1
6-1-1
4-1-1
2-1-2
1-1-4
4코코막음

23cm(60코)

7cm
(26단)

28.5cm(73코)

61cm
(220단)

메리야스뜨기(앞)

68.5cm
(246단)

⊕15

14단평
12-1-2
14-1-13

⊕9

26단평
24-1-7
26-1-2

19cm
(49코)

마무리하기

짧은뜨기로

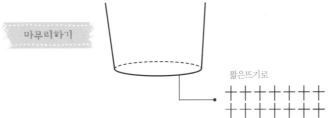

3 바짓가랑이 부분은 4코 코막음, 1-1-4, 2-1-2, 4-1-1, 6-1-1, 8-1-1 로 13코를 줄이고 64단을 평단으로 뜬다.

4 다트 부분은 바짓가랑이 13코를 줄이고 34단 평단으로 뜬 뒤 60코의 중심에서 다트 부분을 뜬다. 1코를 중심으로 양쪽에서 6-1-4, 6단평으로 4코씩 줄인다.

5 대칭되게 한 장을 더 뜬다.

6 허릿단은 9코마다 1코씩 버려서 12단을 뜬 뒤 코막음한다.

마무리하기

1 바지 앞판의 옆선과 뒤판의 옆선을 돗바늘로 연결한다.

2 바지 앞판의 안쪽선과 뒤판의 안쪽선을 돗바늘로 연결한다. 오른쪽, 왼쪽을 각각 연결한다.

3 바짓가랑이 부분의 앞판은 앞판끼리 뒤판은 뒤판끼리 돗바늘로 연결한다.

4 허릿단은 접어서 돗바늘로 연결한 뒤 고무줄을 끼운다.

5 바지 밑단은 코바늘을 사용해 짧은 뜨기로 2단을 뜬다.

메리야스뜨기 게이지 = 25코, 36단

★PANTS 바지

뒤판

① 밑단폭시작 (19.5cm×2.5코)+시접코 2코=50코

② 바깥쪽옆선 61.5cm×3.6단=220단

　　허벅지부분폭 (29.5cm×2.5코)+시접코 2코=76코

　　　　76코-50코=26코(바깥쪽옆선 9코 늘리고 안쪽옆선 17코 늘리기)

　　　　220단에 9코 늘림

$$24+1=25$$

```
        24 +1=25
   9  │ 220              ┌ 24-1-5      ┌ 24-1-7
  -4    216        →     └ 25-1-4 < 24-1-2 → └ 26-1-2
  ───   ───                            26-1-2
    5     4
```

　　그러므로 26-1-2, 24-1-7 (바깥쪽 옆선) 계속 이어서

　　7cm×3.6단=26단 평단

　　H에서 W까지 옆선 18cm×3.6cm=64단

　　줄임코수 (2cm×2.5코)+평단분 1코=6코, 64단에 5코 줄임

```
         10+1=11                ┌ 11단평
  5+1 │ 64             →        │ 10-1-2   ┌ 10-1-1
   -4   60                      └ 11-1-3 < └ 12-1-2
  ───   ───
    2    4-1=3                  ┌ 10단평
                      →         │ 10-1-3
                               └ 12-1-2
```

③ 안쪽옆선 59.5cm×3.6단=214단

　　늘림코수 17코+평단분 1코=18코, 214단에 17코 늘림

```
          11+1=12              ┌ 12단평
  17+1 │ 214         →         │ 11-1-2   ┌ 10-1-1
   -16   198                   └ 12-1-15 < └ 12-1-1
  ───    ───
    2    16-1=15               ┌ 12단평
                     →         │ 10-1-1
                              └ 12-1-16
```

④ 바짓가랑이부분

　　(1´ 와 2´ 로 나눠서 계산)

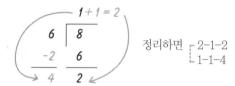

　　1´ (곡선아랫부분)

　　　코막음 1.6cm×2.5코=4코 코막음

　　　2cm×3.6단=8단, 4cm×2.5코=10코

　　　10코-4코=6코, 8단에 6코 줄임

```
          1+1=2
   6  │ 8                      ┌ 2-1-2
  -2    6        정리하면       └ 1-1-4
  ───   ───
    4    2
```

　　2´ (곡선윗부분)

　　　7cm×3.6단=24단, 2.5cm×2.5코=6코

　　　24단에 6코 줄임

```
                         ┌ 6-1-2
  24÷6=4    →    4-1-6 < 4-1-2  } 곡선분해
                         └ 2-1-2
```

　　1´+2´를 정리하면 4코 코막음, 1-1-4, 2-1-4, 4-1-2,

　　6-1-2. 이어서 허리까지 길이 18cm×3.6단=64단 평단

⑤ 다트 (3.5cm×2.5코)+평단분 1코=10코

　　13cm×3.6단 = 46단, 46단에 9코 줄임

```
          4+1=5              ┌ 5단평
  9+1 │ 46          →        │ 4-1-4   ┌ 4단평
   -6   40                   └ 5-1-5 < 4-1-2 → └ 4-1-6
  ───   ───                          6-1-3    6-1-3
    4    6-1=5
```

⑥ 허리겹단 전체코에서 9코마다 1코씩 버려서 12단 뜬 후

　　겹단처리(3.5cm×3.6단=12단)

앞판

① 밑단폭시작 (19cm×2.5코)+시접코 2코=49코

② 바깥쪽옆선 61.5cm×3.6단=220단

허벅지부분폭 (28.5cm×2.5코)+시접코 2코＝73코

73코−49코＝24코(바깥쪽옆선 9코 늘리고 안쪽옆선 15코 늘리기)

220단에 9코 늘림

＊ 계산은 뒤판과 동일

③ 안쪽옆선 61.5cm×3.6단＝220단

늘림코수 15코+평단분 1코＝16코, 220단에 15코 늘림

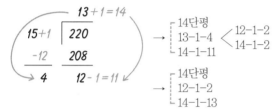

→ ┌ 14단평
　 ├ 13-1-4 ┐ 12-1-2
　 └ 14-1-11 ┘ 14-1-2

→ ┌ 14단평
　 ├ 12-1-2
　 └ 14-1-13

④ 바짓가랑이부분

(1′ 와 2′ 로 나눠서 계산)

1′ (곡선아랫부분)

코막음 1.6cm×2.5코＝4코 코막음

(4cm×2.5코)−막음코 4코＝6코

2cm×3.6단＝8단, 8단에 6코 줄임

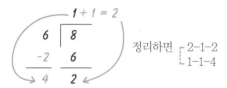

정리하면 ┌ 2-1-2
　　　　　└ 1-1-4

2′ (곡선윗부분)

5cm×3.6단＝18단, (5cm×2.5코)−10코(1′에서 줄인코)＝3코

18÷3＝6 → 6-1-3 ┌ 8-1-1
　　　　　　　　　├ 6-1-1 ┐곡선분배
　　　　　　　　　└ 4-1-1 ┘

1′＋2′ 를 정리하면 4코 코막음, 1-1-4, 2-1-2, 4-1-1, 6-1-1,
8-1-1. 이어서 허리까지 길이 18cm×3.6단＝64단 평단

⑤ 다트 (3.5cm×2.5코)−중심코 1코＝8코

(8코÷2)+평단분 1코＝5코

8.5cm×3.6단＝30단

30÷(4+1)＝6 → 6-1-4, 6단평

⑥ 허리겹단 뒤판과 동일

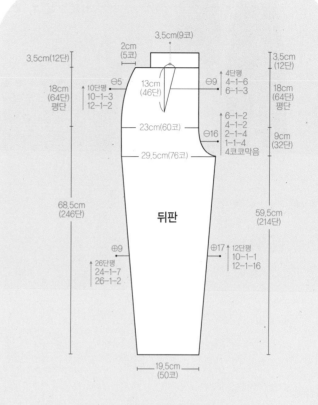

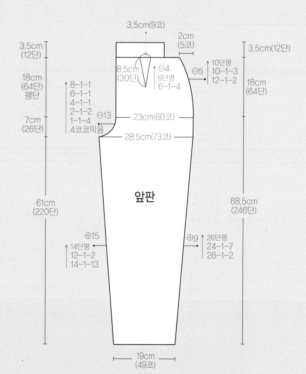

여성용 베스트&바지

M 사이즈

완성치수　**베스트** 가슴둘레 90cm, 허리둘레 72cm, 뒤판길이 44cm, 앞판길이 54cm
　　　　　　바지 허리둘레 68cm, 엉덩이둘레 100cm, 바지길이 90cm
재료　　**베스트** 알파카사 190g **바지** 480g 대바늘 4mm, 돗바늘
게이지　**베스트** 메리야스뜨기 25코×38단, **바지** 메리야스뜨기 25코×36단

★ VEST 조끼

뒤판 중심

1 4mm대바늘을 사용하여 일반코잡기로 48코를 잡아서 허리 다트 부분을 양쪽으로 8-1-3, 6-1-1로 4코를 줄이고 12-1-1, 10-1-3으로 4코를 늘린다.

2 가슴곡선 부분을 양쪽으로 4-1-2, 2-1-8, 1-1-5, 1단평으로 늘려준다.

3 양쪽 진동 윗부분은 4-1-4, 6-1-7, 6단평으로 11코를 줄인다.

4 어깨코는 진동 윗부분 6-1-5번 하고 2단을 더 뜬 후 다음 단에서 18코를 뜨고 뒤로 돌려서 도안대로 10코를 줄인다. 남은 8코는 쉼코로 둔다.

5 목둘레 첫코에 새 실을 걸어 20코를 코막음한 뒤 오른쪽과 같은 방법으로 뒷목코를 줄이고 남은코 8코는 쉼코로 둔다.

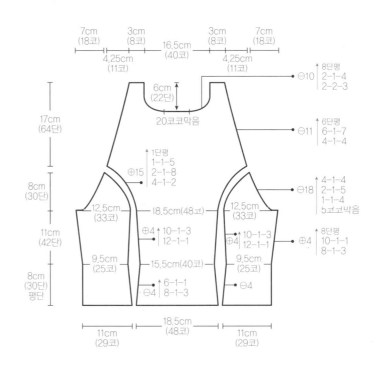

뒤판 양옆

1 4mm대바늘을 사용하여 일반코잡기로 29코를 잡아서 옆선 부분을 30단평, 8-1-3, 10-1-1, 8단평으로 4코 늘려준다.

2 동시에 허리 다트 부분을 8-1-3, 6-1-1로 4코 줄이고 12-1-1, 10-1-3으로 4코 늘린다.

3 진동은 5코 코막음 1-1-4, 2-1-5, 4-1-4로 줄이면서 가슴곡선 부분은 4-1-2, 2-1-8, 1-1-5, 1단평으로 줄인다.

4 대칭이 되게 한 장을 더 뜬다.

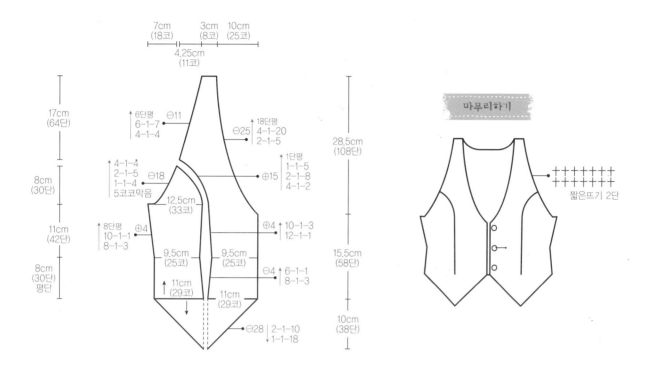

7cm
(18코) 3cm
(8코) 10cm
(25코)

4.25cm
(11코)

17cm
(64단)

6단평
6-1-7
4-1-4 ⊖11

8cm
(30단)

4-1-4
2-1-5
1-1-4
5코코막음 ⊖18

11cm
(42단)

8단평
10-1-1
8-1-3 ⊕4

8cm
(30단)
평단

12.5cm
(33코)

9.5cm
(25코)

11cm
(29코)

11cm
(29코)

18단평
4-1-20
2-1-5 ⊖25

1단평
1-1-5
2-1-8
4-1-2 ⊕15

9.5cm
(25코)

⊕4 10-1-3
12-1-1

⊖4 6-1-1
8-1-3

⊖28 2-1-10
1-1-18

28.5cm
(108단)

15.5cm
(58단)

10cm
(38단)

마무리하기

짧은뜨기 2단

앞판 중심

1 4mm대바늘을 사용해 나중에 풀어낼 실로 일반코잡기 29코를 잡고 알파카실로 바꿔서 앞단 부분은 58단 평단으로 뜨고 허리 다트는 8-1-3, 6-1-1로 줄이고 12-1-1, 10-1-3으로 늘린다.

2 가슴곡선 부분은 4-1-2, 2-1-8, 1-1-5, 1단평으로 늘려주고 진동 윗부분은 4-1-4, 6-1-7, 6단평으로 줄여준다.

3 앞목 부분은 앞단 58단을 뜬 후 2-1-5, 4-1-20, 18단평으로 줄인다.

4 어깨코 8코는 쉼코로 둔다.

5 대칭되게 한 장을 더 뜬다.

앞판 양옆

1 나중에 풀어낼 실로 4mm대바늘을 사용하여 일반코잡기로 29코를 잡고 알파카실로 바꿔서 옆선 부분은 30단평, 8-1-3, 10 1-1, 8단평으로 4코 늘리고 허리 다트는 8-1-3, 6-1-1로 4코 줄이고 12-1-1, 10-1-3으로 4코 늘려준다.

2 가슴곡선 부분은 4-1-2, 2-1-8, 1-1-5, 1단평으로 15코를 줄이면서 동시에 진동은 5코 코막음, 1-1-4, 2-1-5, 4-1-4로 18코를 줄인다.

3 대칭되게 한 장을 더 뜬다.

마무리하기

1 앞판 중심 부분과 양옆 부분의 허리 다트와 가슴곡선 부분을 돗바늘로 연결한다.

2 밑단 부분의 나중에 풀어낼 실을 풀어내고 4mm대바늘에 끼워서 양옆을 2-1-10, 1-1-18로 줄인다.

3 대칭되는 앞판을 ①, ②와 같은 방법으로 만든다.

4 뒤판 3장과 허리 다트, 가슴곡선 부분을 돗바늘로 연결한다.

5 앞·뒤판을 겉면끼리 마주대고 어깨코를 연결한다.

6 앞·뒤판의 옆선도 돗바늘로 잇는다.

7 조끼 전체 마무리는 짧은뜨기 2단으로 마무리한다.

8 앞단 왼쪽에 장식으로 단추를 단다.

메리야스뜨기 게이지 4mm = 25코, 38단

★VEST 조끼

뒤판 중심

① 중심부분시작 (18.5cm×2.5코)+시접코 2코=48코

② 허리다트

   a. 허리선 (15.5cm×2.5코)+시접코 2코=40코

   줄임코수 (48코−40코)÷2=4코

   줄임단수 8cm×3.8단=30단, 30단에 4코 줄임

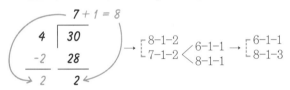

$$7 + 1 = 8$$
$$4 \overline{\smash{)}\ 30}$$
$$-2 \quad 28$$
$$2 \qquad 2$$

→ 8-1-2
   7-1-2 ＜ 6-1-1 → 6-1-1
         8-1-1   8-1-3

   b. 가슴선 (18.5cm×2.5코)+시접코 2코=48코

   허리선 (15.5cm×2.5코)+시접코 2코=40코

   늘림코수 (48코−40코)÷2=4코

   늘림단수 11cm×3.8단=42단, 42단에 4코 늘림

$$10 + 1 = 11$$
$$4 \overline{\smash{)}\ 42}$$
$$-2 \quad 40$$
$$2 \qquad 2$$

→ 10-1-2
   11-1-2 ＜ 10-1-1 → 10-1-3
         12-1-1   12-1-1

③ 가슴곡선 6cm×2.5코=15코, 8cm×3.8단=30단

          30단에서 15코 늘림

$$30 ÷ 15 = 2 → 2\text{-}1\text{-}15 →$$
1단평
1-1-5
2-1-8 } 곡선분해
4-1-2

④ 진동에서 어깨선까지 줄일 부분(진동 윗부분)

   (4.25cm×2.5코)+평단분 1코=12코

   17cm×3.8단=64단, 64단에 11코 줄임

$$5 + 1 = 6$$
$$11+1 \overline{\smash{)}\ 64}$$
$$-4 \quad 60$$
$$8 \qquad 4\text{-}1=3$$

→ 6단평
   6-1-3
   5-1-8 ＜ 4-1-4 → 6단평
         6-1-4   6-1-7
               4-1-4

⑤ 뒷목 16.5cm×2.5코=40코

   줄임코수 (40코−중심막음코 20코)÷2=10코(단수가 많으므로 중심코막음을 ½로 함.)

   줄임단수 6cm×3.8단=22단, 22단에 10코 줄임

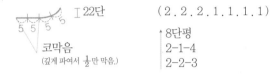

$$\text{I}\,22단 \qquad (2.2.2.1.1.1.1)$$
5 5 5
코막음
(깊게 파여서 ½만 막음.)

↑8단평
2-1-4
2-2-3

⑥ 어깨 3cm×2.5코=8코

뒤판 양옆

① 양쪽시작 (11cm×2.5코)+시접코 2코=29코

   옆선(허리선까지) 8cm×3.8단=30단 평단

   옆선(진동전까지) 11cm×3.8단=42단

          (12.5cm×2.5코)+시접코 2코=33코

   늘림코수 (33코−29코)+평단분 1코=5코, 42단에 4코 늘림

$$8 + 1 = 9$$
$$4+1 \overline{\smash{)}\ 42}$$
$$-2 \quad 40$$
$$3 \qquad 2\text{-}1=1$$

→ 9단평
   9-1-1 → 8단평
   8-1-3   10-1-1
          8-1-3

② 허리다트 뒤판 중심과 동일

③ 진동 7cm×2.5코=18코, 8cm×3.8단=30단

＊ 진동줄임 계산

                   단수 맞추기 위해

$$18코 × \tfrac{1}{3} = 6코 → 6코 코막음 → 5코 코막음$$
$$-6 ←$$

$$12코 × \tfrac{1}{2} = 6코 → 1\text{-}1\text{-}6 → 1\text{-}1\text{-}4$$
$$-6 ←$$

$$6코 × \tfrac{2}{3} = 4코 → 2\text{-}1\text{-}4 → 2\text{-}1\text{-}5$$
$$-4 ←$$

$$2 \qquad → 4\text{-}1\text{-}2 → 4\text{-}1\text{-}4$$

앞판

① **앞단** (11cm×2.5코)+시접코 2코=29코

　　15.5cm×3.8단=58단 평단

② **앞목** 28.5cm×3.8단=108단

　　줄임코수 10cm×2.5코=25코

　　줄임단수 108단-18단(108단×$\frac{1}{6}$=평단부분)=90단

　　　　90단에 25코 줄임

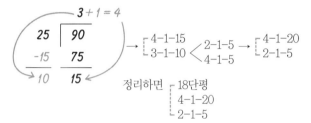

$$3+1=4$$

$$25\overline{)90}$$
$$-15$$
$$10 \quad 75$$
$$15$$

→ 4-1-15
　 3-1-10 < 2-1-5
　　　　　 4-1-5 → 4-1-20
　　　　　　　　　 2-1-5

정리하면 ┌ 18단평
　　　　　├ 4-1-20
　　　　　└ 2-1-5

③ **허리다트** 뒤판 허리다트와 동일

④ **가슴곡선** 뒤판과 동일

⑤ **옆선** 뒤판 양옆과 동일

⑥ **진동** 뒤판 양옆과 동일

⑦ **어깨** 뒤판과 동일

⑧ **아랫단** 총코수 58코(29코+29코)-시접코 2코=56코(꿰맨 뒤라 시접코 2코 없어짐)

　　줄임단수 10cm×3.8코=38단

　　줄임코수 56코÷2=28코

　　　　38단에 28코 줄임

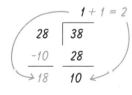

$$1+1=2$$

$$28\overline{)38}$$
$$-10$$
$$18 \quad 28$$
$$10$$

정리하면 ┌ 2-1-10
　　　　　└ 1-1-18

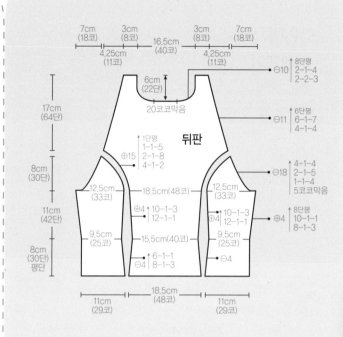

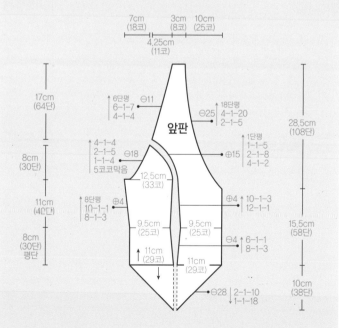

게이지 산출

★**PANTS** 바지

뒤판뜨기

1 4mm대바늘을 사용하여 일반코잡기로 54코를 잡는다. 옆선 쪽은 26-1-2, 24-1-7으로 9코 늘려주고 26단을 평단으로 뜬다. 이어서 12-1-2, 10-1-3, 10단평으로 5코를 줄인다.

2 바지 안쪽선은 12-1-16, 10-1-1, 12단평으로 17코를 늘린다.

3 바짓가랑이 부분은 5코 코막음, 1-1-4, 2-1-6, 4-1-1, 6-1-2로 18코를 줄여주고 64단을 평단으로 뜬다.

4 다트 부분은 바짓가랑이에서 18코를 줄이고 18단 평단으로 뜬 뒤 60코의 중심에서 다트 부분을 뜬다. 한쪽으로만 6-1-3, 4-1-6, 4단평으로 9코를 줄인다.

5 대칭되게 한 장을 더 뜬다.

6 허릿단은 9코마다 1코씩 버려서 12단을 뜬 뒤 코막음한다.

앞판뜨기

1 4mm대바늘을 사용하여 일반코잡기로 52코를 잡는다. 옆선 쪽은 26-1-2, 24-1-7로 9코 늘리고 26단을 평단으로 뜬다. 이어서 12-1-2, 10-1-3, 10단평으로 5코를 줄인다.

2 바지 안쪽선은 14-1-13, 12-1-2, 14단평으로 15코를 늘린다.

3 바짓가랑이 부분은 5코 코막음, 1-1-4, 2-1-2, 4-1-1, 6-1-1, 8-1-1

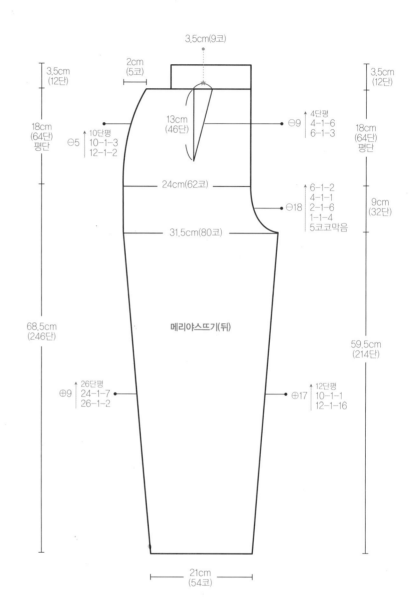

3.5cm(9코)

2cm
(5코)

3.5cm
(12단)

3.5cm
(12단)

18cm
(64단)
평단

⊖5 10단평
4-1-6
6-1-3

⊖9 4단평
4-1-6
6-1-3

18cm
(64단)
평단

13cm
(46단)

24cm(62코)

⊖18 6-1-2
4-1-1
2-1-6
1-1-4
5코코막음

9cm
(32단)

31.5cm(80코)

68.5cm
(246단)

메리야스뜨기(뒤)

59.5cm
(214단)

⊕9 26단평
24-1-7
26-1-2

⊕17 12단평
10-1-1
12-1-16

21cm
(54코)

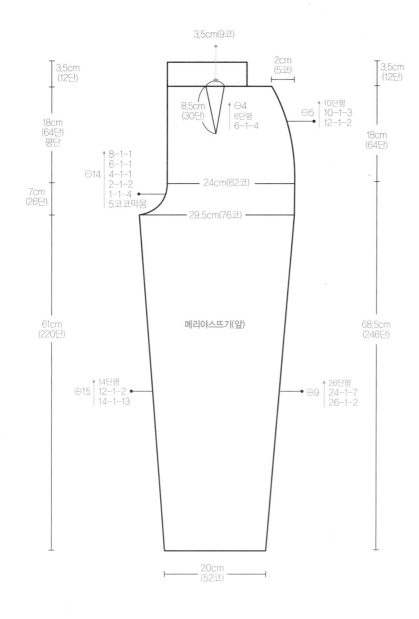

3,5cm(9코)

3,5cm
(12단)

2cm
(5코)

8,5cm
(30단)

⊖4
6단평
6-1-4

⊖5

10단평
10-1-3
12-1-2

3,5cm
(12단)

18cm
(64단)
평단

⊖14

8-1-1
6-1-1
4-1-1
2-1-2
1-1-4
5코코막음

24cm(62코)

18cm
(64단)

7cm
(26단)

29.5cm(76코)

61cm
(220단)

메리야스뜨기(앞)

68.5cm
(246단)

⊕15

14단평
12-1-2
14-1-13

⊕9

26단평
24-1-7
26-1-2

20cm
(52코)

로 14코를 줄이고 64단을 평단으로
뜬다.

4 다트 부분은 바짓가랑이 14코를 줄
이고 34단 평단으로 뜬 뒤 60코의
중심에서 다트 부분을 뜬다. 1코를
중심으로 양쪽에서 6-1-4, 6단평으
로 4코씩 줄인다.

5 대칭되게 한 장을 더 뜬다.

6 허릿단은 9코마다 1코씩 버려서 12
단을 뜬 뒤 코막음한다.

마무리하기

1 바지 앞판의 옆선과 뒤판의 옆선을
돗바늘로 연결한다.

2 바지 앞판의 안쪽선과 뒤판의 안쪽
선을 돗바늘로 연결한다. 오른쪽, 왼
쪽을 각각 연결한다.

3 바짓가랑이 부분의 앞판은 앞판끼
리 뒤판은 뒤판끼리 돗바늘로 연결
한다.

4 허릿단은 접어서 돗바늘로 연결한
뒤 고무줄을 끼운다.

5 바지 밑단은 코바늘을 사용해 짧은
뜨기로 2단을 뜬다.

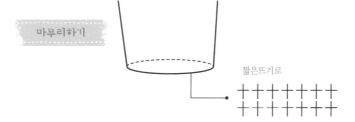

마무리하기

짧은뜨기로

메리야스뜨기 게이지 = 25코, 36단

★PANTS 바지

뒤판

① **밑단폭시작** (21cm×2.5코)+시접코 2코=54코

② **바깥쪽옆선** 61.5cm×3.6단=220단

허벅지부분폭 (31.5cm×2.5코)+시접코 2코=80코

80코−54코=26코(바깥쪽옆선 9코 늘리고 안쪽옆선 17코 늘리기)

220단에 9코 늘림

$$
\begin{array}{r|l}
 & 24+1=25 \\
9 & 220 \\
-4 & 216 \\
\hline
5 & 4
\end{array}
\rightarrow
\begin{array}{l}
24\text{-}1\text{-}5 \\
25\text{-}1\text{-}4
\end{array}
<
\begin{array}{l}
24\text{-}1\text{-}2 \\
26\text{-}1\text{-}2
\end{array}
\rightarrow
\begin{array}{l}
24\text{-}1\text{-}7 \\
26\text{-}1\text{-}2
\end{array}
$$

그러므로 26-1-2, 24-1-7(바깥쪽 옆선) 계속 이어서

7cm×3.6단=26단 평단

H에서 W까지 옆선 18cm×3.6cm=64단

줄임코수 (2cm×2.5코)+평단분 1코=6코, 64단에 5코 줄임

$$
\begin{array}{r|l}
 & 10+1=11 \\
5+1 & 64 \\
-4 & 60 \\
\hline
2 & 4\text{-}1=3
\end{array}
\rightarrow
\begin{array}{l}
11\text{단평} \\
10\text{-}1\text{-}2 \\
11\text{-}1\text{-}3
\end{array}
<
\begin{array}{l}
10\text{-}1\text{-}1 \\
12\text{-}1\text{-}2
\end{array}
$$

$$
\rightarrow
\begin{array}{l}
10\text{단평} \\
10\text{-}1\text{-}3 \\
12\text{-}1\text{-}2
\end{array}
$$

③ **안쪽옆선** 59.5cm×3.6단=214단

늘림코수 17코+평단분 1코=18코, 214단에 17코 늘림

$$
\begin{array}{r|l}
 & 11+1=12 \\
17+1 & 214 \\
-16 & 198 \\
\hline
2 & 16\text{-}1=15
\end{array}
\rightarrow
\begin{array}{l}
12\text{단평} \\
11\text{-}1\text{-}2 \\
12\text{-}1\text{-}15
\end{array}
<
\begin{array}{l}
10\text{-}1\text{-}1 \\
12\text{-}1\text{-}1
\end{array}
$$

$$
\rightarrow
\begin{array}{l}
12\text{단평} \\
10\text{-}1\text{-}1 \\
12\text{-}1\text{-}16
\end{array}
$$

④ **바짓가랑이부분**

(1´와 2´로 나눠서 계산)

7cm
24단
2´
1´
2cm 8단
4.5cm 11코
3cm 7코

1´ (곡선아랫부분)

코막음 2cm×2.5코=5코 코막음

2cm×3.6단=8단, 4.5cm×2.5코=11코

11코−5코=6코, 8단에 6코 줄임

$$
\begin{array}{r|l}
 & 1+1=2 \\
6 & 8 \\
-2 & 6 \\
\hline
4 & 2
\end{array}
$$

정리하면
$
\begin{array}{l}
1\text{-}1\text{-}4 \\
2\text{-}1\text{-}2
\end{array}
$

2´ (곡선윗부분)

3cm×2.5코=7코, 7cm×3.6단=24단, 24단에 7코 줄임

$$
\begin{array}{r|l}
 & 3+1=4 \\
7 & 24 \\
-3 & 21 \\
\hline
4 & 3
\end{array}
\rightarrow
\begin{array}{l}
3\text{-}1\text{-}4 \\
4\text{-}1\text{-}3
\end{array}
<
\begin{array}{l}
2\text{-}1\text{-}2 \\
4\text{-}1\text{-}2
\end{array}
$$

$$
\rightarrow
\begin{array}{l}
2\text{-}1\text{-}2 \\
4\text{-}1\text{-}5
\end{array}
<
\begin{array}{l}
2\text{-}1\text{-}2 \\
4\text{-}1\text{-}1 \\
6\text{-}1\text{-}2
\end{array}
\Big\} \text{곡선분해}
$$

1´+2´를 정리하면 5코 코막음, 1-1-4, 2-1-6, 4-1-1,

6-1-2. 이어서 허리까지 길이 18cm×3.6단=64단 평단

⑤ **다트** (3.5cm×2.5코)+평단분 1코=10코

13cm×3.6단=46단, 46단에 9코 줄임

$$
\begin{array}{r|l}
 & 4+1=5 \\
9+1 & 46 \\
-6 & 40 \\
\hline
4 & 6\text{-}1=5
\end{array}
\rightarrow
\begin{array}{l}
5\text{단평} \\
4\text{-}1\text{-}4 \\
5\text{-}1\text{-}5
\end{array}
<
\begin{array}{l}
4\text{-}1\text{-}2 \\
6\text{-}1\text{-}3
\end{array}
\rightarrow
\begin{array}{l}
4\text{단평} \\
4\text{-}1\text{-}6 \\
6\text{-}1\text{-}3
\end{array}
$$

⑥ **허리겹단** 전체코에서 9코마다 1코씩 버려서 12단 뜬 후

겹단처리(3.5cm×3.6단=12단)

앞판

① **밑단폭시작** (20cm×2.5코)+시접코 2코=52코

② **바깥쪽옆선** 61.5cm×3.6단=220단

허벅지부분폭 (29.5cm×2.5코)+시접코 2코=76코

76코－52코=24코(바깥쪽옆선 9코 늘리고 안쪽옆선 15코 늘리기)

220단에 9코 늘림

＊ 계산은 뒤판과 동일

③ 안쪽옆선 61.5cm×3.6단=220단

늘림코수 15코+평단분 1코=16코, 220단에 15코 늘림

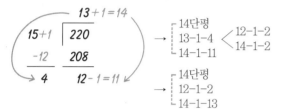

③ 바짓가랑이부분

(1′ 와 2′ 로 나눠서 계산)

1′ (곡선아랫부분)

코막음 2cm×2.5코=5코 코막음

(4.5cm×2.5코)－막음코 5코=6코

2cm×3.6단=8단, 8단에 6코 줄임

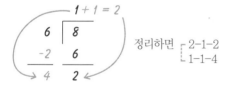

2′ (곡선윗부분)

5cm×3.6단=18단, (5.5cm×2.5코)－11코(1′에서 줄인코)=3코

$18 \div 3 = 6$ → 6-1-3 ⌈ 8-1-1 ⌉
                          │ 6-1-1 │ 곡선분해
                          ⌊ 4-1-1 ⌋

1′+2′를 정리하면 5코 코막음, 1-1-4, 2-1-2, 4-1-1, 6-1-1,
8-1-1. 이어서 허리까지 길이 18cm×3.6단=64단 평단

⑤ 다트 (3.5cm×2.5코)－중심코 1코=8코

(8코÷2)+평단분 1코=5코

8.5cm×3.6단=30단

$30 \div (4+1) = 6$ → 6-1-4, 6단평

⑥ 허리겹단 뒤판과 동일

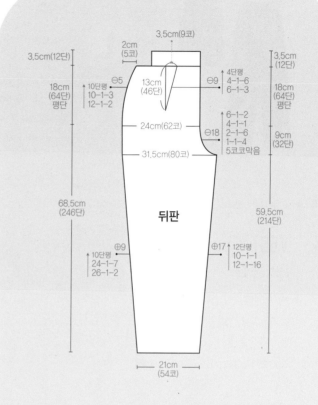

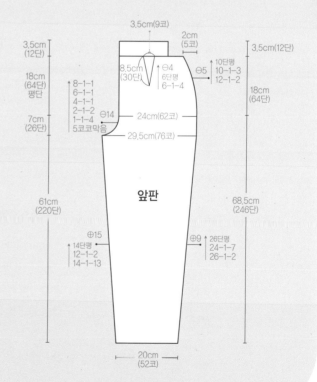

273

여성용 베스트&바지

L 사이즈

완성치수 *베스트* 가슴둘레 96cm, 허리둘레 76cm, 뒤판길이 44cm, 앞판길이 55cm
　　　　　바지 허리둘레 70cm, 엉덩이둘레 102cm, 바지길이 90cm
재료 *베스트* 알파카사 200g *바지* 500g 대바늘 4mm, 돗바늘
게이지 *베스트* 메리야스뜨기 25코×38단, *바지* 메리야스뜨기 25코×36단

> h o w   t o   m a k e

★VEST 조끼

뒤판 중심

1 4mm대바늘을 사용하여 일반코잡기로 50코를 잡아서 허리 다트 부분을 양쪽으로 8-1-3, 6-1-1로 4코를 줄이고 12-1-1, 10-1-3으로 4코를 늘린다.

2 가슴곡선 부분은 양쪽으로 4-1-2, 2-1-8, 1-1-5, 1단평으로 늘린다.

3 양쪽 진동 윗부분은 6-1-8, 8-1-1, 8단평으로 9코를 줄인다.

4 어깨코는 진동 윗부분에서 6-1-7번 뜬 후 다음 단에서 20코를 뜨고 뒤로 돌려서 도안대로 10코를 줄인다. 남은 10코는 쉼코로 둔다.

5 목둘레 첫코에 새 실을 걸어 22코를 코막음을 한 뒤 오른쪽과 같은 방법으로 뒷목코를 줄이고 남은코 10코는 쉼코로 둔다.

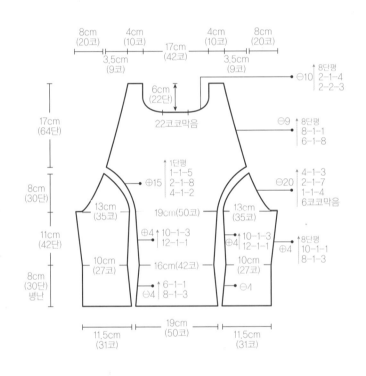

뒤판 양옆

1 4mm대바늘을 사용하여 일반코잡기로 31코를 잡아서 옆선 부분을 30단평, 8-1-3, 10-1-1, 8단평으로 4코 늘려준다.

2 동시에 허리 다트 부분을 8-1-3, 6-1-1로 4코 줄이고 12-1-1, 10-1-3으로 4코 늘린다.

3 진동은 6코 코막음 1-1-4, 2-1-7, 4-1-3으로 줄이면서 가슴곡선 부분은 4-1-2, 2-1-8, 1-1-5, 1단평으로 줄인다.

4 대칭이 되게 한 장을 더 뜬다.

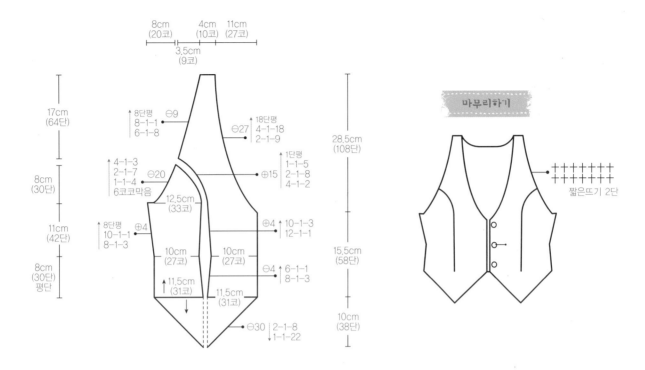

앞판 중심

1 4mm대바늘을 사용하여 나중에 풀어낼 실로 일반코잡기 31
코를 잡고 알파카실로 바꿔서 앞단 부분은 58단 평단으로 뜨
고 허리 다트는 8-1-3, 6-1-1로 줄이고 12-1-1, 10-1-3으
로 늘린다.

2 가슴곡선 부분은 4-1-2, 2-1-8, 1-1-5, 1단평으로 늘려주
고 진동 윗부분은 6-1-8, 8-1-1, 8단평으로 줄여준다.

3 앞목 부분은 앞단 58단을 뜬 후 2-1-9, 4-1-18, 18단평으로
줄인다.

4 어깨코 18코는 쉼코로 둔다.

5 대칭되게 한 장을 더 뜬다.

앞판 양옆

1 나중에 풀어낼 실로 4mm대바늘을 사용하여 일반코잡기로
31코를 잡고 알파카실로 바꿔서 옆선 부분은 30단평, 8-1-
3, 10-1-1, 8단평으로 늘리고 허리 다트는 8-1-3, 6-1-1로
4코 줄이고 12-1-1, 10-1-3으로 4코 늘려준다.

2 가슴곡선 부분은 4-1-2, 2-1-8, 1-1-5, 1단평으로 15코를
줄이고 진동은 6코 코막음, 1-1-4, 2-1-7, 4-1-3으로 20코
를 줄인다.

3 대칭되게 한 장을 더 뜬다.

마무리하기

1 앞판 앞단 부분과 옆선 부분의 허리 다트와 가슴곡선 부분을
돗바늘로 연결한다.

2 밑단 부분의 나중에 풀어낼 실을 풀어내고 4mm대바늘에 끼
워서 양옆을 2-1-8, 1-1-22으로 풀다.

3 대칭되는 앞판을 ①, ②와 같은 방법으로 만든다.

4 뒤판 3장과 허리 다트, 가슴곡선 부분을 돗바늘로 연결한다.

5 앞·뒤판을 겉면끼리 마주대고 어깨코를 연결한다.

6 앞·뒤판의 옆선도 돗바늘로 잇는다.

7 조끼 전체 마무리는 짧은뜨기 2단으로 마무리한다.

8 앞단 왼쪽에 장식으로 단추를 단다.

메리야스뜨기 게이지 4mm = 25코, 38단

★VEST 조끼

뒤판 중심

① **중심부분시작** (19cm×2.5코)+시접코 2코=50코

② **허리다트**

  a. **허리선** (16cm×2.5코)+시접코 2코=42코

   줄임코수 (50코-42코)÷2=4코

   줄임단수 8cm×3.8단=30단, 30단에 4코 줄임

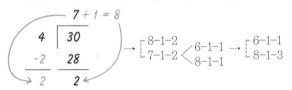

$$\begin{array}{c} 7+1=8 \\ 4\ \overline{)\ 30} \\ -2\quad 28 \\ \hline 2\qquad 2 \end{array}$$

→ ┌ 8-1-2
   └ 7-1-2 < ┌ 6-1-1
              └ 8-1-1 → ┌ 6-1-1
                        └ 8-1-3

  b. **가슴선** (19cm×2.5코)+시접코 2코=50코

   허리선 (16cm×2.5코)+시접코 2코=42코

   늘림코수 (50코-42코)÷2=4코

   늘림단수 11cm×3.8단=42단, 42단에 4코 늘림

$$\begin{array}{c} 10+1=11 \\ 4\ \overline{)\ 42} \\ -2\quad 40 \\ \hline 2\qquad 2 \end{array}$$

→ ┌ 10-1-2
   └ 11-1-2 < ┌ 10-1-1
               └ 12-1-1 → ┌ 10-1-3
                          └ 12-1-1

③ **가슴곡선** 6cm×2.5코=15코, 8cm×3.8단=30단

    30단에서 15코 늘림

$$30÷15=2 → 2-1-15 →$$ ┌ 1단평
                         ├ 1-1-5
                         ├ 2-1-8
                         └ 4-1-2 } 곡선분배

④ **진동에서 어깨선까지 줄일부분** (진동 윗부분)

   (3.5cm×2.5코)+평단분 1코=10코

   17cm×3.8단=64단, 64단에 9코 줄임

$$\begin{array}{c} 6+1=7 \\ 9+1\ \overline{)\ 64} \\ -4\quad 60 \\ \hline 6\qquad 4-1=3 \end{array}$$

→ ┌ 7단평
   ├ 7-1-3
   └ 6-1-6 < ┌ 8-1-1
              └ 6-1-2 → ┌ 8단평
                        ├ 8-1-1
                        └ 6-1-8

⑤ **뒷목** 17cm×2.5코=42코

   줄임코수 (42코-중심막음코 22코)÷2=10코 (단수가 많으므로 중심코막음을 ⅓로 함.)

   줄임단수 6cm×3.8단=22단, 22단에 10코 줄임

      I 22단   (2.2.2.1.1.1.1)
  6 5 5
                            ↑8단평
    코막음   2-1-4
  (깊게 파여서 ½만 막음.)   2-2-3

⑥ **어깨** 3cm×2.5코=8코

뒤판 양옆

① **양쪽시작** (11.5cm×2.5코)+시접코 2코=31코

   옆선 (허리선까지) 8cm×3.8단=30단 평단

   옆선 (진동전까지) 11cm×3.8단=42단

        (13cm×2.5코)+시접코 2코=35코

   늘림코수 35코-31코=4코+평단분 1코=5코, 42단에 4코 늘림

$$\begin{array}{c} 8+1=9 \\ 4+1\ \overline{)\ 42} \\ -2\quad 40 \\ \hline 3\qquad 2-1=1 \end{array}$$

→ ┌ 9단평
   ├ 9-1-1
   └ 8-1-3 → ┌ 8단평
              ├ 10-1-1
              └ 8-1-3

② **허리다트** 뒤판 중심과 동일

③ **진동** 8cm×2.5코=20코, 8cm×3.8단=30단

* **진동줄임 계산**

$$20코×\frac{1}{3}=6코 → 6코 코막음 → 6코 코막음$$ (단수 맞추기 위해)
   -6

$$14코×\frac{1}{2}=7코 → 1-1-7 → 1-1-4$$
   -7

$$7코×\frac{2}{3}=4코 → 2-1-4 → 2-1-7$$
   -4

   3   → 4-1-3 → 4-1-3

앞판

① **앞단** (11.5cm×2.5코)+시접코 2코=31코

　　　15.5cm×3.8단=58단 평단

② **앞목** 28.5cm×3.8단=108단

　　줄임코수 11cm×2.5코=27코

　　줄임단수 108단-18단(108단×$\frac{1}{6}$=평단부분)=90단

　　　　90단에 27코 줄임

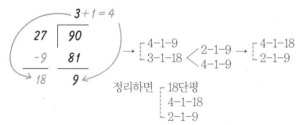

$$3+1=4$$

$$27 \overline{)90}$$
$$-9 \quad\; 81$$
$$\overline{18} \quad\;\; 9$$

→ ⌐ 4-1-9　　⌐ 2-1-9　　→ ⌐ 4-1-18
　 └ 3-1-18 < 4-1-9　　　 └ 2-1-9

정리하면 ⌐ 18단평
　　　　　├ 4-1-18
　　　　　└ 2-1-9

③ **허리다트** 뒤판 허리다트부분과 동일

④ **가슴곡선** 뒤판과 동일

⑤ **옆선** 뒤판 양옆과 동일

⑥ **진동** 뒤판 양옆과 동일

⑦ **어깨** 뒤판과 동일

⑧ **아랫단** 총코수 62코(31코+31코)−시접코 2코=60코(꿰맨 뒤라 시접코 2코 없어짐)

　　줄임단수 10cm×3.8단=38단

　　줄임코수 60코÷2=30코

　　　　38단에 30코 줄임

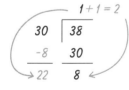

$$1+1=2$$

$$30 \overline{)38}$$
$$-8 \quad\; 30$$
$$\overline{22} \quad\;\; 8$$

정리하면 ⌐ 1-1-22
　　　　　└ 2-1-8

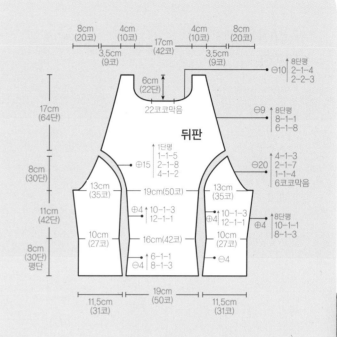

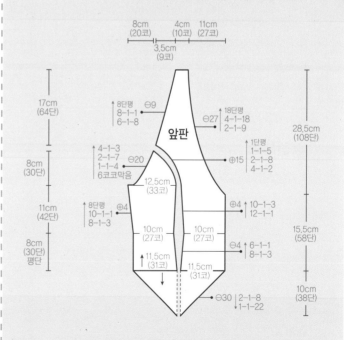

★PANTS 바지

뒤판뜨기

1 4mm대바늘을 사용하여 일반코잡기로 54코를 잡는다. 옆선 쪽은 20-1-11로 11코 늘려주고 26단을 평단으로 뜬다. 이어서 12-1-2, 10-1-3, 10단평으로 5코를 줄인다.

2 바지 안쪽선은 12-1-7, 10-1-12, 10단평으로 19코를 늘린다.

3 바짓가랑이 부분은 5코 코막음, 1-1-4, 2-1-6, 4-1-1, 6-1-2로 18코를 줄여주고 64단을 평단으로 뜬다.

4 다트 부분은 바짓가랑이에서 16코를 줄이고 18단 평단으로 뜬 뒤 60코의 중심에서 다트 부분을 뜬다. 한쪽으로만 6-1-3, 4-1-6, 4단평으로 9코를 줄인다.

5 대칭되게 한 장을 더 뜬다.

6 허릿단은 9코마다 1코씩 버려서 12단을 뜬 뒤 코막음한다.

앞판뜨기

1 4mm대바늘을 사용하여 일반코잡기로 52코를 잡는다. 옆선 쪽은 20-1-11로 11코 늘리고 26단을 평단으로 뜬다. 이어서 12-1-2, 10-1-3, 10단평으로 5코를 줄인다.

2 바지 안쪽선은 14-1-1, 12-1-16, 14단평으로 17코를 늘린다.

3 바짓가랑이 부분은 5코 코막음, 1-1-4, 2-1-2, 4-1-1, 6-1-1, 8-1-1

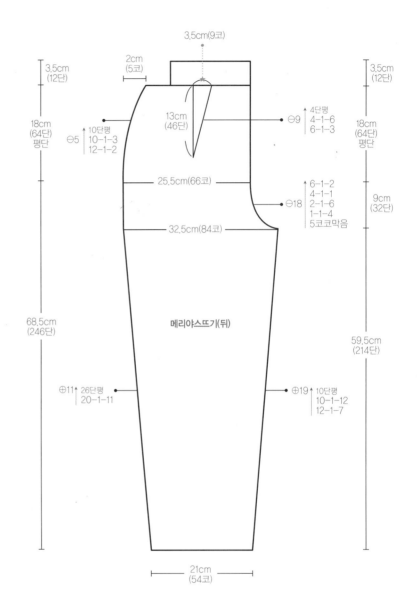

3.5cm(9코)

2cm
(5코)

3.5cm
(12단)

3.5cm
(12단)

18cm
(64단)
평단

18cm
(64단)
평단

13cm
(46단)

⊖5 10단평
      10-1-3
      12-1-2

⊖9 4단평
      4-1-6
      6-1-3

25.5cm(66코)

⊖18 6-1-2
        4-1-1
        2-1-6
        1-1-4
        5코코막음

9cm
(32단)

32.5cm(84코)

68.5cm
(246단)

메리야스뜨기(뒤)

59.5cm
(214단)

⊕11 26단평
        20-1-11

⊕19 10단평
        10-1-12
        12-1-7

21cm
(54코)

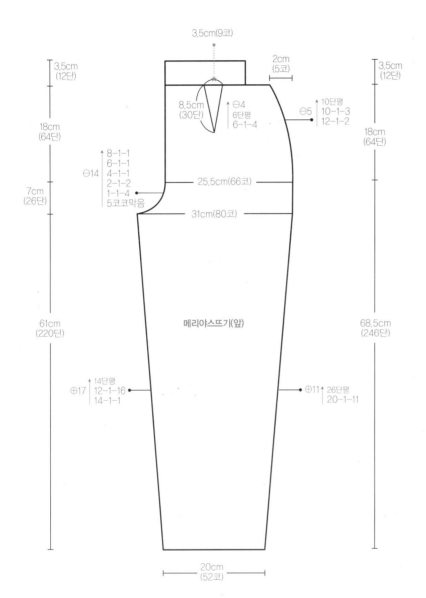

3.5cm(9코)

2cm
(5코)

3.5cm
(12단)

3.5cm
(12단)

8.5cm
(30단)

⊖4
6단평
6-1-4

↑10단평
⊖5 | 10-1-3
| 12-1-2

18cm
(64단)

18cm
(64단)

↑8-1-1
| 6-1-1
⊖14 | 4-1-1
| 2-1-2
| 1-1-4
5코코막음

25.5cm(66코)

7cm
(26단)

31cm(80코)

메리야스뜨기(앞)

61cm
(220단)

68.5cm
(246단)

↑14단평
⊕17 | 12-1-16
| 14-1-1

⊕11 | 26단평
| 20-1-11

20cm
(52코)

로 14코를 줄이고 64단을 평단으로
뜬다.

4 다트 부분은 바짓가랑이에서 14코
를 줄이고 34단 평단으로 뜬 뒤 60
코의 중심에서 다트 부분을 뜬다.
1코를 중심으로 양쪽에서 6-1-4, 6
단평으로 4코씩 줄인다.

5 대칭되게 한 장을 더 뜬다.

6 허릿단은 9코마다 1코씩 버려서 12
단을 뜬 뒤 코막음한다.

마무리하기

1 바지 앞판의 옆선과 뒤판의 옆선을
돗바늘로 연결한다.

2 바지 앞판의 안쪽선과 뒤판의 안쪽
선을 돗바늘로 연결한다. 오른쪽, 왼
쪽을 각각 연결한다.

3 바짓가랑이 부분은 앞판은 앞판끼
리 뒤판은 뒤판끼리 돗바늘로 연결
한다.

4 허릿단은 접어서 돗바늘로 연결한
뒤 고무줄을 끼운다.

5 바지 밑단은 코바늘을 사용해 짧은
뜨기로 2단을 뜬다.

메리야스뜨기 게이지 = 25코, 36단

★PANTS바지

뒤판

① **밑단폭시작** (21cm×2.5코)+시접코 2코=54코

② **바깥쪽옆선** 61.5cm×3.6단=220단

　허벅지부분폭 (32.5cm×2.5코)+시접코 2코=84코

　　　84코-54코=30코(바깥쪽옆선 11코 늘리고 안쪽옆선 19코 늘리기)

　　　220단에 11코 늘림

$$
11\,\overline{\big)\,220} \quad\rightarrow\quad 20\text{-}1\text{-}11
$$
$$
\begin{array}{r} 20 \\ \underline{220} \\ 0 \end{array}
$$

　　그러므로 20-1-11(바깥쪽 옆선) 계속 이어서

　　7cm×3.6단=26단 평단

　H에서 W까지 옆선 18cm×3.6cm=64단

　줄임코수 (2cm×2.5코)+평단분 1코=6코, 64단에 5코 줄임

$$
\begin{array}{r} 10+1=11 \\ 5+1\,\overline{\big)\,64} \\ \underline{-4}\quad 60 \\ 2\quad 4\text{-}1\text{-}3 \end{array}
\rightarrow
\begin{array}{l} 11단평 \\ 10\text{-}1\text{-}2 \\ 11\text{-}1\text{-}3 \end{array}
\begin{array}{l} 10\text{-}1\text{-}1 \\ 12\text{-}1\text{-}2 \end{array}
$$
$$
\rightarrow
\begin{array}{l} 10단평 \\ 10\text{-}1\text{-}3 \\ 12\text{-}1\text{-}2 \end{array}
$$

③ **안쪽옆선** 59.5cm×3.6단=214단

　늘림코수 19코+평단분 1코=20코, 214단에 19코 늘림

$$
\begin{array}{r} 10+1=11 \\ 19+1\,\overline{\big)\,214} \\ \underline{-14}\quad 200 \\ 6\quad 14\text{-}1\text{-}13 \end{array}
\rightarrow
\begin{array}{l} 11단평 \\ 10\text{-}1\text{-}6 \\ 11\text{-}1\text{-}13 \end{array}
\begin{array}{l} 10\text{-}1\text{-}6 \\ 12\text{-}1\text{-}7 \end{array}
$$
$$
\rightarrow
\begin{array}{l} 10단평 \\ 10\text{-}1\text{-}12 \\ 12\text{-}1\text{-}7 \end{array}
$$

④ **바짓가랑이부분**

　(1´와 2´로 나눠서 계산)

　1´ (곡선아랫부분)

　　코막음 2cm×2.5코=5코 코막음

　　　2cm×3.6단=8단, 4.5cm×2.5코=11코

　　　11코-5코=6코, 8단에 6코 줄임

$$
\begin{array}{r} 1+1=2 \\ 6\,\overline{\big)\,8} \\ \underline{-2}\quad 6 \\ 4\quad 2 \end{array}
\quad\text{정리하면}\quad
\begin{array}{l} 1\text{-}1\text{-}4 \\ 2\text{-}1\text{-}2 \end{array}
$$

　2´ (곡선윗부분)

　　3cm×2.5코=7코, 7cm×3.6단=24단, 24단에 7코 줄임

$$
\begin{array}{r} 3+1=4 \\ 7\,\overline{\big)\,24} \\ \underline{-3}\quad 21 \\ 4\quad 3 \end{array}
\rightarrow
\begin{array}{l} 3\text{-}1\text{-}4 \\ 4\text{-}1\text{-}3 \end{array}
\begin{array}{l} 2\text{-}1\text{-}2 \\ 4\text{-}1\text{-}2 \end{array}
$$
$$
\rightarrow
\begin{array}{l} 2\text{-}1\text{-}2 \\ 4\text{-}1\text{-}5 \end{array}
\begin{array}{l} 2\text{-}1\text{-}2 \\ 4\text{-}1\text{-}1 \\ 6\text{-}1\text{-}2 \end{array}\bigg\} 곡선분해
$$

　1´+2´를 정리하면 5코 코막음, 1-1-4, 2-1-6, 4-1-1,

　6-1-2. 이어서 허리까지 길이 18cm×3.6단=64단 평단

⑤ **다트** 3.5cm×2.5코=9코+평단분 1코=10코

　　　13cm×3.6단=46단, 46단에 9코 줄임

$$
\begin{array}{r} 4+1=5 \\ 9+1\,\overline{\big)\,46} \\ \underline{-6}\quad 40 \\ 4\quad 6\text{-}1\text{-}5 \end{array}
\rightarrow
\begin{array}{l} 5단평 \\ 4\text{-}1\text{-}4 \\ 5\text{-}1\text{-}5 \end{array}
\begin{array}{l} 4\text{-}1\text{-}2 \\ 6\text{-}1\text{-}3 \end{array}
\rightarrow
\begin{array}{l} 4단평 \\ 4\text{-}1\text{-}6 \\ 6\text{-}1\text{-}3 \end{array}
$$

⑥ **허리겹단** 전체코에서 9코마다 1코씩 버려서 12단을 뜬 후

　　　겹단처리(3.5cm×3.6단=12단)

앞판

① **밑단폭시작** (20cm×2.5코)+시접코 2코=52코

② **바깥쪽옆선** 61.5cm×3.6단=220단

허벅지부분폭 (31cm×2.5코)+시접코 2코=80코

80코-52코 = 28코(바깥쪽옆선 11코 늘리고 안쪽옆선 17코 늘리기)

220단에 11코 늘림

＊ 계산은 뒤판과 동일

③ 안쪽옆선 61.5cm×3.6단=220단

늘림코수 17코+평단분 1코=18코, 220단에 17코 늘림

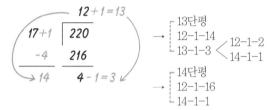

→ 13단평
　12-1-14
　13-1-3 < 12-1-2
　　　　　14-1-1

→ 14단평
　12-1-16
　14-1-1

④ 바짓가랑이부분

(1′와 2′로 나눠서 계산)

1′ (곡선아랫부분)

코막음 2cm×2.5코=5코 코막음

(4.5cm×2.5코)-막음코 5코=6코

2cm×3.6단=8단, 8단에 6코 줄임

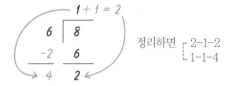

정리하면 ┌ 2-1-2
　　　　　└ 1-1-4

2′ (곡선윗부분)

5cm×3.6단=18단, (5.5cm×2.5코)-11코(1′에서 줄인코)=3코

$18÷3=6$ → 6-1-3 ┌ 8-1-1 ┐
　　　　　　　　　│ 6-1-1 │ 곡선분해
　　　　　　　　　└ 4-1-1 ┘

1′+2′를 정리하면 5코 코막음, 1-1-4, 2-1-2, 4-1-1, 6-1-1,
8-1-1. 이어서 허리까지 길이 18cm×3.6단=64단 평단

⑤ 다트 (3.5cm×2.5코)-중심코 1코=8코

(8코÷2)+평단분 1코=5코

8.5cm×3.6단=30단

$30÷(4+1)=6$ → 6-1-4, 6단평

⑥ 허리겹단 뒤판과 동일

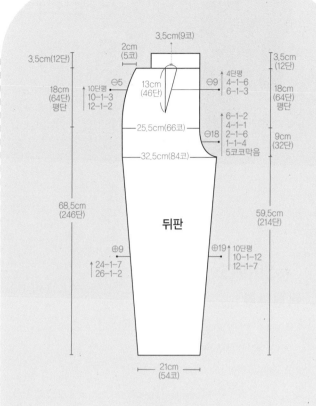

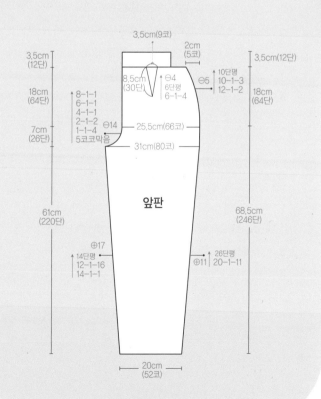

반팔티 & 플레어스커트

S 사이즈

완성치수 가슴둘레 83cm, 스웨터길이 51cm, 스커트길이 43cm, 스커트 최대폭 153cm
재료 셔틀랜드사 350g, 대바늘 2.5mm 3mm, 코바늘 3/0호
게이지 메리야스뜨기 32코×38단

h o w   t o   m a k e

★T-SHIRTS 반팔티

뒤판뜨기

1 2.5mm대바늘을 사용해 버림실로 일반코잡기 134코를 잡는다. 셔틀랜드사로 바꿔 2×2고무뜨기로 10단을 뜬다.

2 3mm대바늘로 바꿔서 메리야스뜨기로 116단을 뜬다.

3 진동은 도안처럼 3코 코막음, 2-1-4, 4-1-2, 6-1-2로 줄인 후 24단을 더 뜬다.

4 어깨코는 진동을 줄이고 24단 평단을 뜬 후, 25단째 21코를 뜨고 뒤로 돌려 도안대로 뒷목코를 줄인다. 남은 10코는 쉼코로 둔다.

5 목둘레 첫코에 새 실을 걸어 70코를 코막음하고 오른쪽과 같은 방법으로 뒷목코를 줄인다. 남은 10코는 쉼코로 둔다.

앞판뜨기

1 2.5mm대바늘을 사용해 버림실로 일반코잡기 134코를 잡는다. 셔틀랜드사로 바꿔서 2×2고무뜨기로 10단을 뜬다.

2 3mm대바늘로 바꿔서 메리야스뜨기로 116단을 뜬다.

3 진동은 도안처럼 3코 코막음, 2-1-4, 4-1-2, 6-1-2로 줄인 후 18단을 더 뜬다.

4 앞목둘레는 진동을 줄이고 18단 평단을 뜬 후 19단째 32코를 뜬 다음 뒤로 돌려 도안대로 22코를 줄인다. 남은 10코는 쉼코로 둔다.

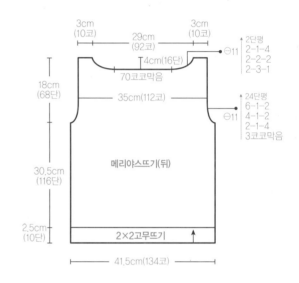

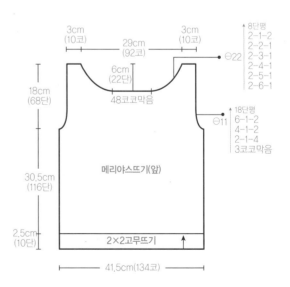

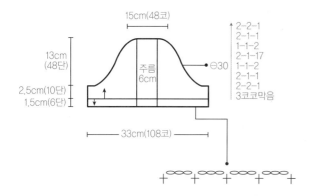

15cm(48코)

13cm
(48단)

주름
6cm

2.5cm(10단)
1.5cm(6단)

⊖30

2-2-1
2-1-1
1-1-2
2-1-17
1-1-2
2-1-1
2-2-1
3코코막음

33cm(108코)

5 목둘레 첫코에 새 실을 걸어 48코를 코막음하고 도안대로 22코를 줄인다. 남은 10코는 쉼코로 둔다.

소매뜨기

1 3mm대바늘을 사용해 버림실로 일반코잡기 108코를 잡는다. 메리야스뜨기로 10단을 뜬다.

2 소매산 줄임은 도안처럼 양쪽으로 각 30코씩 줄이고 나머지 48코는 코막음한다.

3 밑단의 버림실은 풀어버리고 주름분은 맞주름을 잡아서 94 코를 주워서 2.5mm대바늘을 사용해 2×2고무뜨기로 6단을 뜬다. 94코는 쉼코로 둔다.

4 옆선을 돗바늘로 연결한 뒤 쉼코로 둔 94코를 3호코바늘로 도안처럼 마무리한다.

5 밑단 쪽 맞주름 잡은 부분에 꽃모티브를 단다.

198코를 잡아
1×1고무뜨기로 뜬다.

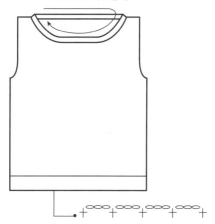

마무리하기

1 앞판과 뒤판의 겉과 겉을 맞대고 어깨코를 연결한다.

2 앞·뒤판의 옆선을 돗바늘로 연결한다.

3 몸판 밑단부분의 버림실을 풀어버리고 3호코바늘로 도안처럼 마무리한다.

4 소매를 연결할 때는 소매산 중심 부분에 주름을 넣어주면서 몸판과 연결한다.

5 목둘레에서 198코를 잡아 1×1고무뜨기로 4단을 뜬 후 돗바늘로 마무리한다.

꽃모티브

메리야스뜨기 게이지 = 32코, 38단

뒤판

① **뒤판시작** (41.5cm×3.2코)+시접코 2코=134코

② **고무단** (2.5cm×3.8단)×1.1=10단

③ **옆선길이** 30.5cm×3.8단=116단

④ **진동길이** 18cm×3.8단=68단

　줄임코수 (시작코수 134코−등너비코수 112코)÷2=11코

＊ **진동줄임 계산**

$$11코×\frac{1}{3}=3코 \quad → \quad 3코 코막음 \quad → \quad 3코 코막음$$
$$-3 ←$$

짝수단 변경
(단수가 많아서 2배로 단수를 늘림)

$$8코×\frac{1}{2}=4코 \quad → \quad 1-1-4 \quad → \quad 2-1-4$$
$$-4 ←$$

$$4코×\frac{2}{3}=2코 \quad → \quad 2-1-2 \quad → \quad 4-1-2$$
$$-2 ←$$

$$2 \qquad\qquad → \quad 3-1-2 \quad → \quad 6-1-2$$

정리하면 ┌ 6-1-2
　　　　　│ 4-1-2
　　　　　│ 2-1-4
　　　　　└ 3코 코막음

⑤ **어깨경사** 없음(어깨폭이 좁아서)

⑥ **뒷목줄임** 29cm×3.2코=92코

　　　　4cm×3.8단=16단

46코
Ⅰ16단　16단에 11코 줄임

(3.2.2.1.1.1.1)

코막음

↑2단평
2-1-4
2-2-2
2-3-1

앞판

① **앞판시작** (41.5cm×3.2코)+시접코 2코=134코

② **고무단** (2.5cm×3.8단)×1.1=10단

③ **옆선길이** 30.5cm×3.8단=116단

④ **진동길이** 18cm×3.8단=68단

　줄임코수 (시작코수 134코−등너비코수 112코)÷2=11코

＊ **진동줄임 계산**

$$11코×\frac{1}{3}=3코 \quad → \quad 3코 코막음 \quad → \quad 3코 코막음$$
$$-3 ←$$

짝수단 계산
(단수가 많아서 2배로 단수를 늘림)

$$8코×\frac{1}{2}=4코 \quad → \quad 1-1-4 \quad → \quad 2-1-4$$
$$-4 ←$$

$$4코×\frac{2}{3}=2코 \quad → \quad 2-1-2 \quad → \quad 4-1-2$$
$$-2 ←$$

$$2 \qquad\qquad → \quad 3-1-2 \quad → \quad 6-1-2$$

정리하면 ┌ 6-1-2
　　　　　│ 4-1-2
　　　　　│ 2-1-4
　　　　　└ 3코 코막음

⑤ **어깨경사** 없음(어깨폭이 좁아서)

⑥ **앞목**(라운드-입술형 라인) **줄임** 29cm×3.2코=92코

　　　　　　　6cm×3.8단=22단

　　　　　　$46코×\frac{1}{2}$(입술형이라서)=24코 코막음

22단에서 46코 줄임 → 14단에서 22코 줄임

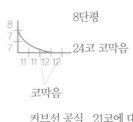

8단평

24코 코막음

코막음

커브선 공식, 21코에 대입

6 . 5 . 4 . 3 . 2 . 1

22코에 맞춤
→　6 . 5 . 4 . 3 . 2 . 1 . 1

정리하면 ┌ 8단평
        │ 2-1-2
        │ 2-2-1
        │ 2-3-1
        │ 2-4-1
        │ 2-5-1
        └ 2-6-1

소매

① 소매시작 27cm+6cm(주름분)=33cm

   (33cm×3.2코)+시접코 2코=108코

② 고무단 (1.5cm×3.8단)×1.1=6단

③ 소매옆선 2.5cm×3.8단=10단 평단

④ 소매산길이 13cm×3.8단=48단

   소매산너비 $27cm × \frac{1}{3} = 9cm$

   9cm + 6cm(주름분) = 15cm

   15cm×3.2코=48코

   줄임코수 (108코−48코)÷2=30코

   48단에 30코 줄임 → 38단에 21코 줄임

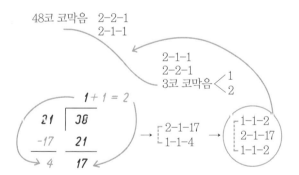

48코 코막음 2-2-1
             2-1-1

2-1-1
2-2-1
3코 코막음 <1/2

→ ┌ 2-1-17
  └ 1-1-4

→ ┌ 1-1-2
  │ 2-1-17
  └ 1-1-2

정리하면 ┌ 2-2-1
        │ 2-1-1
        │ 1-1-2
        │ 2-1-17
        │ 1-1-2
        │ 2-1-1
        │ 2-2-1
        └ 3코 코막음

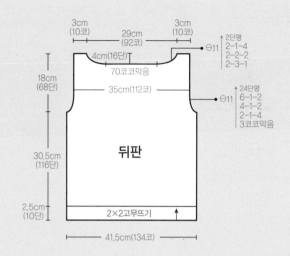

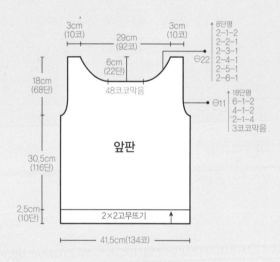

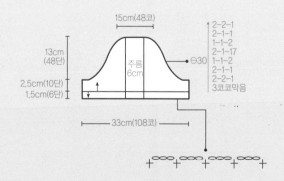

★SKIRT 플레어스커트

앞·뒤판뜨기

1 버림실로 3mm대바늘을 사용해 일반코잡기로 84코를 잡는다.

2 진행실로 바꿔서 양쪽을 6-1-13, 8-1-8, 8단평으로 줄여가면서 150단을 뜬다. 남은코는 쉼코로 둔다.

3 ①, ②와 같은 방법으로 5장을 더 뜬다.(총 6장)

4 3장의 옆선을 연결하여 2.5mm대바늘로 쉼코로 둔 126코를 메리야스뜨기로 30단을 뜨고 코막음한다.

5 ④와 같은 방법으로 한 장을 더 만든다.

6 ④와 ⑤의 옆선을 돗바늘로 연결하고 허릿단으로 30단 뜬 부분을 접어서 돗바늘로 감침질한다. 허리겹단 부분에 고무줄을 끼워넣는다.

7 밑단의 버림실을 풀어버리고 3호코바늘로 도안처럼 마무리한다.

마무리하기

코바늘로 모티브를 몇 개 떠서 치마 아랫부분에 장식한다.

메리야스뜨기 게이지 = 32코, 38단

앞·뒤판

① 뒤판 3쪽, 앞판 3쪽

1쪽 사이즈 **밑단폭** (25.5cm×3.2코)+시접코 2코=84코

길이 39cm×3.8단=150단

허리폭 (12.5cm×3.2코)+시접코 2코=42코

줄임코수 (84코-42코)÷2=21코

150단에서 21코 줄임

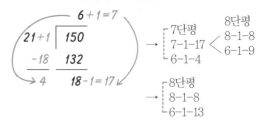

② **허리길이** 8cm×3.8단=30단

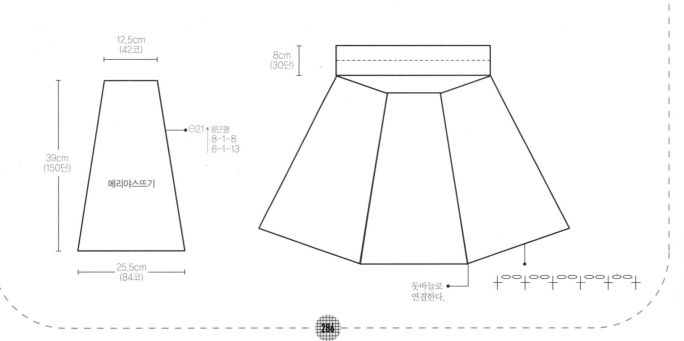

12,5cm
(42코)

39cm
(150단)

메리야스뜨기

⊖21 ↑8단평
8-1-8
6-1-13

25,5cm
(84코)

8cm
(30단)

돗바늘로
연결한다.

반팔티 & 플레어스커트

M 사이즈

완성치수 가슴둘레 88cm, 스웨터길이 53.5cm, 스커트길이 43cm, 스커트 최대폭 165cm
재료 셔틀랜드사 400g, 대바늘 2.5mm 3mm, 코바늘 3/0호
게이지 메리야스뜨기 32코×38단

> h o w   t o   m a k e

★T-SHIRTS 반팔티

뒤판뜨기

1 2.5mm대바늘을 사용해 버림실로 일반코잡기 142코를 잡는다. 셔틀랜드사로 바꿔 2×2고무뜨기로 10단을 뜬다.

2 3mm대바늘로 바꿔서 메리야스뜨기로 122단을 뜬다.

3 진동은 도안처럼 4코 코막음, 2-1-5, 4-1-3, 6-1-2로 줄인 후 22단을 더 뜬다.

4 어깨코는 진동을 줄이고 22단 평단을 뜬 후, 23단째 22코를 뜨고 뒤로 돌려 도안대로 뒷목코를 줄인다. 남은 11코는 쉼코로 둔다.

5 목둘레 첫코에 새 실을 걸어 70코를 코막음하고 오른쪽과 같은 방법으로 뒷목코를 줄인다. 남은 11코는 쉼코로 둔다.

앞판뜨기

1 2.5mm대바늘을 사용해 버림실로 일반코잡기 142코를 잡는다. 셔틀랜드사로 바꿔서 2×2고무뜨기로 10단을 뜬다.

2 3mm대바늘로 바꿔서 메리야스뜨기로 122단을 뜬다.

3 진동은 도안처럼 4코 코막음, 2-1-5, 4-1-3, 6-1-2로 줄인 후 16단을 더 뜬다.

4 앞목둘레는 진동을 줄이고 16단 평단을 뜬 후 17단째 33코를 뜬 다음 뒤로 돌려 도안대로 22코를 줄인다. 남은 11코는 쉼코로 둔다.

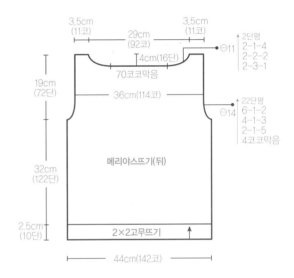

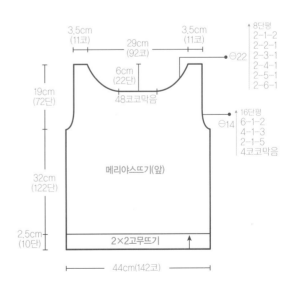

5 목둘레 첫코에 새 실을 걸어 48코를 코막음하고 도안대로 22코를 줄인다. 남은 11코는 쉼코로 둔다.

소매뜨기

1 3mm대바늘을 사용해 버림실로 일반코잡기 114코를 잡는다. 메리야스뜨기로 10단을 뜬다.

2 소매산 줄임은 양쪽으로 도안처럼 각 32코씩 줄이고 나머지 50코는 코막음한다.

3 밑단의 버림실은 풀어버리고 주름분은 맞주름을 잡아서 100 코를 주워서 2.5mm대바늘을 사용해 2×2고무뜨기로 6단을 뜬다. 100코는 쉼코로 둔다.

4 옆선을 돗바늘로 연결한 뒤 쉼코로 둔 100코를 3호코바늘로 도안처럼 마무리한다.

5 밑단 쪽 맞주름 잡은 부분에 꽃모티브를 단다.

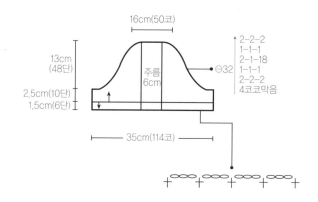

마무리하기

1 앞판과 뒤판의 겉과 겉을 맞대고 어깨코를 연결한다.

2 앞·뒤판의 옆선을 돗바늘로 연결한다.

3 몸판 밑단 부분의 버림실을 풀어버리고 3호코바늘로 도안처럼 마무리한다.

4 소매를 연결할 때는 소매산 중심 부분에 주름을 넣어주면서 몸판과 연결한다.

5 목둘레에서 198코를 잡아 1×1고무뜨기로 4단을 뜬 후 돗바늘로 마무리한다.

마무리하기

198코를 잡아
1×1고무뜨기로 뜬다.

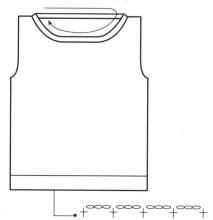

꽃모티브

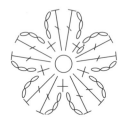

메리야스뜨기 게이지 = 32코, 38단

뒤판

① **뒤판시작** (44cm×3.2코)+시접코 2코=142코

② **고무단** (2.5cm×3.8단)×1.1=10단

③ **옆선길이** 32cm×3.8단=122단

④ **진동길이** 19cm×3.8단=72단

　　　줄임코수 (시작코수 142코−등너비코수 114코)÷2=14코

* 진동줄임 계산

$$14코×\frac{1}{3}=4코 \quad → \quad 4코 코막음 \quad → \quad 4코 코막음$$
$$-4 \quad\longleftarrow$$

짝수단 변경
(단숙기 많아서 2배로 단숙을 늘림)

$$\overline{10코×\frac{1}{2}=5코} \quad → \quad 1-1-5 \quad → \quad 2-1-5$$
$$-5 \quad\longleftarrow$$

$$\overline{5코×\frac{2}{3}=3코} \quad → \quad 2-1-3 \quad → \quad 4-1-3$$
$$-3 \quad\longleftarrow$$

$$\overline{2} \quad → \quad 3-1-2 \quad → \quad 6-1-2$$

정리하면
- 6-1-2
- 4-1-3
- 2-1-5
- 4코 코막음

⑤ **어깨경사** 없음 (어깨폭이 좁아서)

⑥ **뒷목줄임** 29cm×3.2코=92코

　　　4cm×3.8단=16단

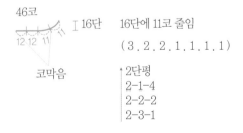

46코

16단에 11코 줄임

(3．2．2．1．1．1．1)

코막음

2단평
2-1-4
2-2-2
2-3-1

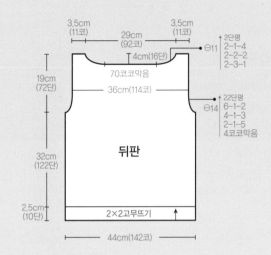

3.5cm
(11코)
29cm
(92코)
3.5cm
(11코)

2단평
2-1-4
2-2-2
2-3-1

4cm(16단)

⊖11

70코코막음

36cm(114코)

19cm
(72단)

⊖14

22단평
6-1-2
4-1-3
2-1-5
4코코막음

뒤판

32cm
(122단)

2×2고무뜨기

2.5cm
(10단)

44cm(142코)

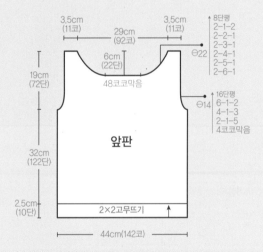

3.5cm
(11코)
29cm
(92코)
3.5cm
(11코)

8단평
2-1-2
2-2-1
2-3-1
4-1-1
2-5-1
2-6-1

6cm
(22단)

⊖22

48코코막음

19cm
(72단)

⊖14

16단평
6-1-2
4-1-3
2-1-5
4코코막음

앞판

32cm
(122단)

2×2고무뜨기

2.5cm
(10단)

44cm(142코)

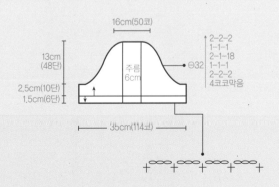

16cm(50코)

2-2-2
1-1-1
2-1-18
1-1-1
2-2-2
4코코막음

13cm
(48단)

주름
6cm

⊖32

2.5cm(10단)
1.5cm(6단)

35cm(114코)

앞판

① **앞판시작** (44cm×3.2코)+시접코 2코=142코

② **고무단** (2.5cm×3.8단)×1.1=10단

③ **옆선길이** 32cm×3.8단=122단

④ **진동길이** 19cm×3.8단=72단

　　줄임코수 (시작코수 142코−등너비코수 114코)÷2=14코

＊진동줄임 계산

$$14코 × \frac{1}{3} = 4코 \quad → \quad 4코 \ 코막음 \quad → \quad 4코 \ 코막음$$
$$-4 \swarrow$$

짝수단 계산
(단수가 많아서 2배로 단수를 늘림)

$$10코 × \frac{1}{2} = 5코 \quad → \quad 1-1-5 \quad → \quad 2-1-5$$
$$-5 \swarrow$$

$$5코 × \frac{2}{3} = 3코 \quad → \quad 2-1-3 \quad → \quad 4-1-3$$
$$-3 \swarrow$$

$$3 \quad → \quad 3-1-2 \quad → \quad 6-1-2$$

정리하면
```
┌ 6-1-2
│ 4-1-3
│ 2-1-5
└ 4코 코막음
```

⑤ **어깨경사** 없음 (어깨폭이 좁아서)

⑥ **앞목** (라운드-입술형 라인) **줄임** 29cm×3.2코=92코

　　　　6cm×3.8단=22단

　　　　46코×$\frac{1}{2}$(입술형이라서)=24코 코막음

22단에서 46코 줄임 → 14단에서 22코 줄임

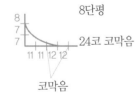

8단평

24코 코막음

코막음

커브선 공식, 21코에 대입

6 . 5 . 4 . 3 . 2 . 1

→ 6 . 5 . 4 . 3 . 2 . 1 . 1

22 코에 맞춤

정리하면
```
  8단평
┌ 2-1-2
│ 2-2-1
│ 2-3-1
│ 2-4-1
│ 2-5-1
└ 2-6-1
```

소매

① **소매시작** 29cm+6cm(주름분)=35cm

　　　　(35cm×3.2코)+시접코 2코=114코

② **고무단** (1.5cm×3.8단)×1.1=6단

③ **소매옆선** 2.5cm×3.8단=10단 평단

④ **소매산길이** 13cm×3.8단=48단

　　소매산너비 29cm×$\frac{1}{3}$=9.6cm

　　　　　9.6cm+6cm(주름분)=15.6cm

　　　　　15.6cm×3.2코=50코

　　줄임코수 (114코−50코)÷2=32코

　　　　48단에 32코 줄임 → 38단에 20코 줄임

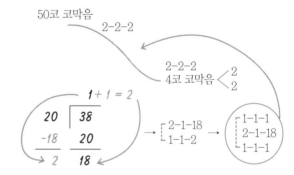

50코 코막음

2-2-2

2-2-2
4코 코막음 < 2 / 2

```
    1+1=2
20 │ 38
-18│ 20
  2│ 18
```
→
```
┌ 2-1-18
└ 1-1-2
```
→
```
┌ 1-1-1
│ 2-1-18
└ 1-1-1
```

정리하면
```
┌ 2-2-2
│ 1-1-1
│ 2-1-18
│ 1-1-1
│ 2-2-2
└ 4코 코막음
```

★ SKIRT 플레어스커트

앞·뒤판뜨기

1 버림실로 3mm대바늘을 사용해 일반코잡기로 90코를 잡는다.

2 작품실로 바꿔서 양쪽을 6-1-13, 8-1-8, 8단평으로 줄여가
  면서 150단을 뜬다. 남은코는 쉼코로 둔다.

3 ①, ②와 같은 방법으로 5장을 더 뜬다.(총 6장)

4 3장의 옆선을 연결하여 2.5mm대바늘로 쉼코로 둔 144코를
  메리야스뜨기로 30단을 뜨고 코막음한다.

5 ④와 같은 방법으로 한 장을 더 만든다.

6 ④와 ⑤의 옆선을 돗바늘로 연결하고 허릿단으로 30단 뜬부
  분을 접어서 돗바늘로 감침질한다. 허리겹단 부분에 고무줄
  을 끼워넣는다.

7 밑단의 버림실을 풀어버리고 3호코바늘로 도안처럼 마무리
  한다.

마무리하기

코바늘로 모티브를 몇 개 떠서 치마 아랫부분에 장식한다.

메리야스뜨기 게이지 = 32코, 38단

앞·뒤판

① 뒤판 3쪽, 앞판 3쪽

1쪽 사이즈 **밑단폭** (27.5cm×3.2코)+시접코 2코=90코

길이 39cm×3.8단=150단

허리폭 (14.5cm×3.2코)+시접코 2코=48코

줄임코수 (90코−48코)÷2=21코

150단에서 21코 줄임

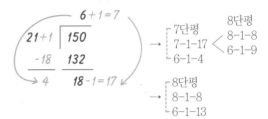

② 허리길이 8cm×3.8단=30단

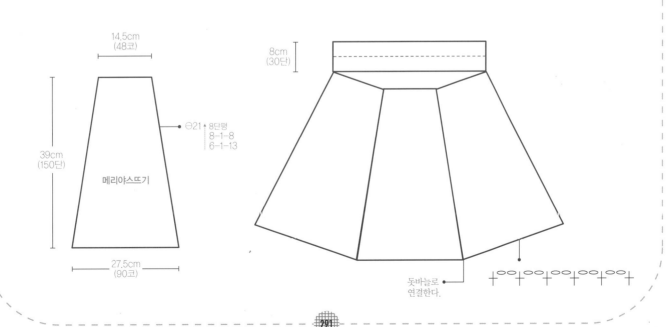

반팔티 & 플레어스커트

L 사이즈

<u>완성치수</u> 가슴둘레 94cm, 스웨터길이 55.5cm, 스커트길이 43cm, 스커트 최대폭 177cm
<u>재료</u> 셔틀랜드사 350g, 대바늘 2.5mm 3mm, 코바늘 3/0호
<u>게이지</u> 메리야스뜨기 32코×38단

> h o w   t o   m a k e

★ T-SHIRTS 반팔티

뒤판뜨기

1 2.5mm대바늘을 사용해 버림실로 일반코잡기 152코를 잡는
   다. 셔틀랜드사로 바꿔 2×2고무뜨기로 10단을 뜬다.

2 3mm대바늘로 바꿔서 메리야스뜨기로 126단을 뜬다.

3 진동은 도안처럼 5코 코막음, 2-1-6, 4-1-4, 6-1-2로 줄인
   후 20단을 더 뜬다.

4 어깨코는 진동을 줄이고 20단 평단을 뜬 후, 21단째 23코를
   뜨고 뒤로 돌려 도안대로 뒷목코를 줄인다. 남은 12코는 쉼
   코로 둔다.

5 목둘레 첫코에 새 실을 걸어 72코를 코막음하고 오른쪽과 같
   은 방법으로 뒷목코를 줄인다. 남은 12코는 쉼코로 둔다.

앞판뜨기

1 2.5mm대바늘을 사용해 버림실로 일반코잡기 152코를 잡는
   다. 셔틀랜드사로 바꿔서 2×2고무뜨기로 10단을 뜬다.

2 3mm대바늘로 바꿔서 메리야스뜨기로 126단을 뜬다.

3 진동은 도안처럼 5코 코막음, 2-1-6, 4-1-4, 6-1-2로 줄인
   후 14단을 더 뜬다.

4 앞목둘레는 진동을 줄이고 14단 평단을 뜬 후 15단째 35코를
   뜬 다음 뒤로 돌려 도안대로 23코를 줄인다. 남은 12코는 쉼
   코로 둔다.

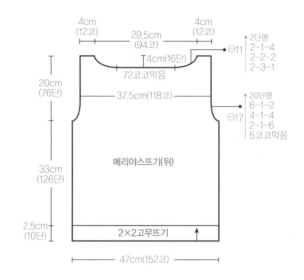

4cm(12코)   29.5cm(94코)   4cm(12코)
4cm(16코)
72코막음
2단평
2-1-4
2-2-2
2-3-1
⊖11

37.5cm(118코)
20단평
6-1-2
4-1-4
2-1-6
5코코막음
⊖17

20cm(76단)

33cm(126단)

메리야스뜨기(뒤)

2.5cm(10단)

2×2고무뜨기

47cm(152코)

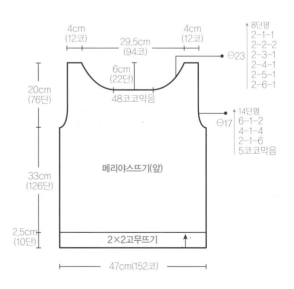

4cm(12코)   29.5cm(94코)   4cm(12코)
6cm(22단)
48코막음
8단평
2-1-1
2-2-2
2-3-1
2-4-1
2-5-1
2-6-1
⊖23

20cm(76단)

14단평
6-1-2
4-1-4
2-1-6
5코코막음
⊖17

33cm(126단)

메리야스뜨기(앞)

2.5cm(10단)

2×2고무뜨기

47cm(152코)

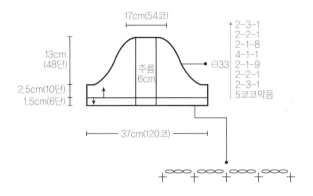

17cm(54코)

13cm
(48단)

주름
6cm

2.5cm(10단)
1.5cm(6단)

Θ33

2-3-1
2-2-1
2-1-8
4-1-1
2-1-9
2-2-1
2-3-1
5코코막음

37cm(120코)

5 목둘레 첫코에 새 실을 걸어 48코를 코막음하고 도안대로 23코를 줄인다. 남은 12코는 쉼코로 둔다.

소매뜨기

1 3mm대바늘을 사용해 버림실로 일반코잡기 120코를 잡는다. 메리야스뜨기로 10단을 뜬다.

2 소매산 줄임은 양쪽으로 도안처럼 33코씩 줄이고 나머지 54코는 코막음한다.

3 밑단의 버림실은 풀어버리고 주름분은 맞주름을 잡아서 106코를 주워서 2.5mm대바늘을 사용해 2×2고무뜨기로 6단을 뜬다. 94코는 쉼코로 둔다.

4 옆선을 돗바늘로 연결한 뒤 쉼코로 둔 106코를 3호코바늘로 도안처럼 마무리한다.

5 밑단 쪽 맞주름 잡은 부분에 꽃모티브를 단다.

마무리하기

1 앞판과 뒤판의 겉과 겉을 맞대고 어깨코를 연결한다.

2 앞·뒤판의 옆선을 돗바늘로 연결한다.

3 몸판 밑단 부분의 버림실을 풀어버리고 3호코바늘로 도안처럼 마무리한다.

4 소매를 연결할 때는 소매산 중심 부분에 주름을 넣어주면서 몸판과 연결한다.

5 목둘레에서 200코를 잡아 1×1고무뜨기로 4단을 뜬 후 돗바늘로 마무리한다.

마무리하기

200코를 잡아
1×1고무뜨기로 뜬다.

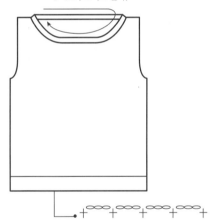

꽃모티브

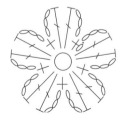

메리야스뜨기 게이지 = 32코, 38단

뒤판

① **뒤판시작** (47cm×3.2코)+시접코 2코=152코

② **고무단** (2.5cm×3.8단)×1.1=10단

③ **옆선길이** 33cm×3.8단=126단

④ **진동길이** 20cm×3.8단=76단

   줄임코수 (시작코수 152코−등너비코수 118코)÷2=17코

✱ **진동줄임 계산**

$$17코 \times \frac{1}{3} = 5코 \quad \rightarrow \quad 5코 \ 코막음 \quad \rightarrow \quad 5코 \ 코막음$$
$$-5 \longleftarrow$$

짝수단 변경
(단수가 많아서 2배로 단수를 늘림)

$$12코 \times \frac{1}{2} = 6코 \quad \rightarrow \quad 1\text{-}1\text{-}6 \quad \rightarrow \quad 2\text{-}1\text{-}6$$
$$-6 \longleftarrow$$

$$6코 \times \frac{2}{3} = 4코 \quad \rightarrow \quad 2\text{-}1\text{-}4 \quad \rightarrow \quad 4\text{-}1\text{-}4$$
$$-4 \longleftarrow$$

$$2 \quad \rightarrow \quad 3\text{-}1\text{-}2 \quad \rightarrow \quad 6\text{-}1\text{-}2$$

정리하면 ┌ 6-1-2
         │ 4-1-4
         │ 2-1-6
         └ 5코 코막음

⑤ **어깨경사** 없음 (어깨폭이 좁아서)

⑥ **뒷목줄임** 29.5cm×3.2코=94코

   4cm×3.8단=16단

47코

‖ 16단   16단에 11코 줄임
12 12 12 11   (3.2.2.1.1.1.1)

코막음   ↑2단평
         │ 2-1-4
         │ 2-2-2
         │ 2-3-1

앞판

① **앞판시작** (47cm×3.2코)+시접코 2코=152코

② **고무단** (2.5cm×3.8단)×1.1=10단

③ **옆선길이** 33cm×3.8단=126단

④ **진동길이** 20cm×3.8단=76단

   줄임코수 (시작코수 152코−등너비코수 118코)÷2=17코

✱ **진동줄임 계산**

$$17코 \times \frac{1}{3} = 5코 \quad \rightarrow \quad 5코 \ 코막음 \quad \rightarrow \quad 5코 \ 코막음$$
$$-5 \longleftarrow$$

짝수단 변경
(단수가 많아서 2배로 단수를 늘림)

$$12코 \times \frac{1}{2} = 6코 \quad \rightarrow \quad 1\text{-}1\text{-}6 \quad \rightarrow \quad 2\text{-}1\text{-}6$$
$$-6 \longleftarrow$$

$$6코 \times \frac{2}{3} = 4코 \quad \rightarrow \quad 2\text{-}1\text{-}4 \quad \rightarrow \quad 4\text{-}1\text{-}4$$
$$-4 \longleftarrow$$

$$2 \quad \rightarrow \quad 3\text{-}1\text{-}2 \quad \rightarrow \quad 6\text{-}1\text{-}2$$

정리하면 ┌ 6-1-2
         │ 4-1-4
         │ 2-1-6
         └ 5코 코막음

⑤ **어깨경사** 없음 (어깨폭이 좁아서)

⑥ **앞목** (라운드-입술형 라인) **줄임** 29cm×3.2코=92코

   6cm×3.8단=22단

   46코×$\frac{1}{2}$ (입술형이라서)=24코 코막음

22단에서 46코 줄임 → 14단에서 22코 줄임

8   8단평
7
7   24코 코막음
11 11 12 12

코막음

커브선 공식, 21코에 대입

6 . 5 . 4 . 3 . 2 . 1

→ 6 . 5 . 4 . 3 . 2 . 2 . 1

22코에 맞춤

정리하면 ┌ 8단평
│ 2-1-2
│ 2-2-1
│ 2-3-1
│ 2-4-1
│ 2-5-1
└ 2-6-1

소매

① **소매시작** 31cm+6cm(주름분)=37cm

(37cm×3.2코)+시접코 2코=120코

② **고무단** (1.5cm×3.8단)×1.1=6단

③ **소매옆선** 2.5cm×3.8단=10단 평단

④ **소매산길이** 13cm×3.8단=48단

소매산너비 27cm× $\frac{1}{3}$ =11cm

11cm+6cm(주름분)=17cm

17cm×3.2코=54코

줄임코수 (120코-54코)÷2=33코

48단에 33코 줄임 → 38단에 18코 줄임

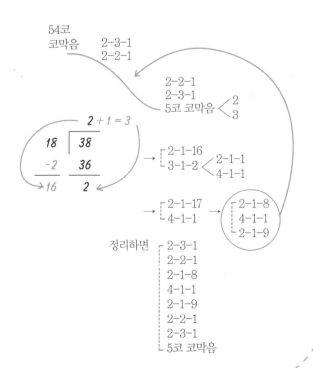

정리하면 ┌ 2-3-1
│ 2-2-1
│ 2-1-8
│ 4-1-1
│ 2-1-9
│ 2-2-1
│ 2-3-1
└ 5코 코막음

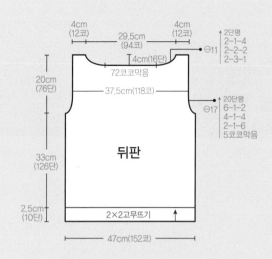

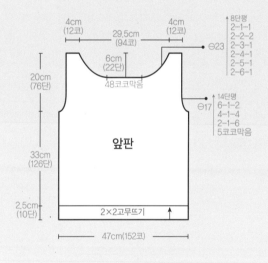

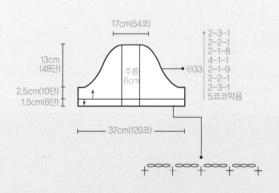

★ SKIRT 플레어스커트
앞·뒤판뜨기

1 버림실로 3mm대바늘을 사용해 일반코잡기로 96코를 잡는다.

2 진행실로 바꿔서 양쪽을 6-1-13, 8-1-8, 8단평으로 줄여가면서 150단을 뜬다. 남은코는 쉼코로 둔다.

3 ①, ②와 같은 방법으로 5장을 더 뜬다.(총 6장)

4 3장의 옆선을 연결하여 2.5mm대바늘로 쉼코로 둔 162코를 메리야스뜨기로 30단을 뜨고 코막음한다.

5 ④와 같은 방법으로 한 장을 더 만든다.

6 ④와 ⑤의 옆선을 돗바늘로 연결하고 허릿단으로 30단 뜬 부분을 접어서 돗바늘로 감침질한다. 허리겹단 부분에 고무줄을 끼워넣는다.

7 밑단의 버림실을 풀어버리고 3호코바늘로 도안처럼 마무리한다.

마무리하기

코바늘로 모티브를 몇 개 떠서 치마 아랫부분에 장식한다.

앞·뒤판

① **뒤판 3쪽, 앞판 3쪽**

1쪽 사이즈 **밑단폭** (29.5cm×3.2코)+시접코 2코=96코

길이 39cm×3.8단=150단

허리폭 (16.5cm×3.2코)+시접코 2코=54코

줄임코수 (96코−54코)÷2=21코

150단에서 21코 줄임

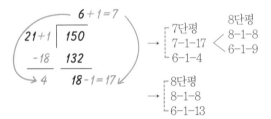

② **허리길이** 8cm×3.8단=30단

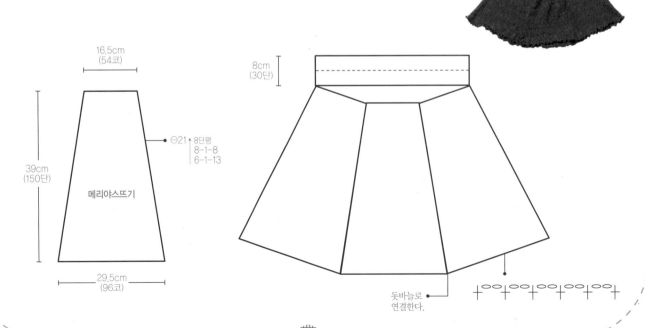

16.5cm
(54코)

8cm
(30단)

39cm
(150단)

메리야스뜨기

⊖21 ↑ 8단평
8-1-8
6-1-13

29.5cm
(96코)

돗바늘로
연결한다.

〈니트 디자이너 자격증시험〉 대비

기출문제
예상문제

1. 편물의 정의로 옳은것은 ?

① 씨실과 날실 두 가닥의 실이 직각으로 교차해서 만들어진 직물
② 한 가닥 또는 여러 가닥의 실을 매듭지어 만든 직물
③ 동물의 모섬유를 축융하여 만든 직물
④ 화학섬유를 압축하여 만든 직물

2. 다음 우리나라 편물의 설명 중 옳지 않은 것은 ?

① 우리나라 편물의 전파는 기독교 전파와 선교사에 의해 전해졌다.
② 1970년대 편물들은 우리나라 중요 수출품중의 하나이다.
③ 1970년대 우리나라 기계편물의 발달은 외국에 많이 의존하였다.
④ 우리나라 편물 최초의 기계화는 자동양말 기계의 도입이다.

3. 제포의 설명으로 옳은 것은?

① 실을 뽑아내 방사, 염색, 가공 등의 과정을 거쳐 제품을 만들어 내는 과정
② 양털로 된 굵은 수방모사를 써서 손으로 짠 모직물
③ 실의 수분 함량
④ 실을 일정한 형태 및 수량으로 감는 것.

4. 모섬유 중 실크와 함께 동물성 섬유 중에서 가장 섬세한 성질을 지니고 있으며, 촉감이 밍크같이 부드러워 우아한 느낌을 나타낼 수 있어서 최고급품으로 분류되는 섬유는 ?

① 캐시미어(Cashmere)   ② 모헤어(Mohair)   ③ 알파카(Alpaca)   ④ 앙고라(Angora)

5. 면섬유의 특징으로 옳지 않은 것은?

① 흡습 흡수성이 좋다.
② 내열성은 뛰어나나 젖은 상태에서 섬유의 강도가 감소한다.
③ 탄성 회복율이 낮아 수축되기 쉽다.
④ 원료는 목화씨의 솜이다.

6. 다음은 실의 굵기에 따른 용도이다. 설명이 맞지 않은 것을 고르시오.

① 태사류는 방한용에 사용된다.
② 세사류는 춘추복용으로 적합하며 사용범위가 넓다.
③ 세사류를 2겹씩 합사하여 태사로 사용하면 적합하다.
④ 극태사는 너무 굵어서 손뜨개용 실로 부적합하다.

7. 극세사에 대한 설명 중 적합하지 않은 것을 고르시오.

① 대바늘 3mm를 사용하면 적합하다.
② 32번 단사번수의 단사 수는 2올이다.
③ 레이스 바늘은 0 ~ 2호가 적합하다.
④ 극세사란 극히 가는 실을 칭한다.

8. 마섬유에 대하여 아는 대로 기술하시오.

----

9. 홈스펀이란? 아는 대로 기술하시오.

----

10. 트위드 얀(tweed yarn)에 대해 아는대로 기술하시오.

모범답안

1. ② 한 가닥 또는 여러 가닥의 실을 매듭지어 만든 직물

2. ③ 1970년대 우리나라 기계편물의 발달은 외국에 많이 의존하였다.
   → 1970년대 후반에 주로 외국으로 수출을 많이 하였다.

3. ① 실을 뽑아내 방사, 염색, 가공 등의 과정을 거쳐 제품을 만들어 내는 과정

4. ① 캐시미어(Cashmere)

5. ② 내열성은 뛰어나나 젖은 상태에서 섬유의 강도가 감소한다.
   → 젖은 상태에서 섬유의 강도가 증대된다.

6. ④ 극태사는 너무 굵어서 손뜨개용 실로 부적합하다.

7. ① 대바늘 3mm를 사용하면 적합하다.
   → 대바늘 2mm를 사용하지만, 주로 코바늘을 사용.

8. 마섬유는 줄기에 있는 긴 세포를 추려서 만든 인피 섬유이며 성분은 목변과 같은 섬유소이다.

9. 양털로 된 굵은 수방모사를 써서 손으로 짠 모직물.

10. 색색의 실이 합사된 실로 스웨터에서 투피스까지 이용할 수 있는 범위가 넓다.

① **주어진 재료와 도면에 의거 다음과 같이 라운드 오픈 조끼를 제작하시오.**

가. 도면을 보고 충분히 이해를 한 다음 먼저 직접 게이지를 산출하여 코수와 단수를
   정하시오.

나. 진동둘레, 앞단, 아랫단, 네크라인은 도안을 보고 코바늘 무늬뜨기로 마무리하시오.

다. 옆솔기는 한단씩 봉접하시오.

라. 도면치수에 의해 게이지를 산출한 것은 완성된 작품과 같이 제출하시오.

마. 기본 무늬는 메리야스 겉뜨기로 하시오.

도면 ①

완성치수표

(단위 cm)

옷길이	가슴둘레	등너비	진동높이
26cm	52cm	18cm	12cm

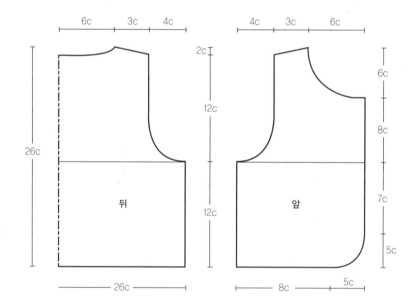

② **제시된 도면을 보고 코바늘을 이용해
모티브를 떠 완성하시오.**

계산법 & 뜨기

게이지 = 1.9코 × 2.3단

● 뒤판

① **시작** (26cm×1.9코)+시접코 2코=52코

② **옆선길이** 12cm×2.3단=28단

③ **진동** 4cm×1.9코=9코(시접코 포함)

　진동길이 12cm×2.3단=28단

＊ 진동줄임 계산

$$9코 \times \frac{1}{3} = 3코 \rightarrow 3코 코막음 \rightarrow 3코 코막음$$

$$-3$$

$$6코 \times \frac{1}{2} = 3코 \rightarrow 1-1-3 \rightarrow \begin{array}{l} 2-2-1 \\ 2-1-1 \end{array}$$

$$-3$$

$$3코 \times \frac{2}{3} = 2코 \rightarrow 2-1-2 \rightarrow 2-1-2$$

$$-2$$

$$1 \qquad\qquad \rightarrow 3-1-1 \rightarrow 4-1-1$$

정리하면
- 4-1-1
- 2-1-3
- 2-2-1
- 3코 코막음

④ **뒷목줄임** 6cm×1.9코=11코, 2cm×2.3단=4단

4단에 2코 줄임 → 2-1-2

코막음

⑤ **어깨경사** 2cm×2.3단=4단　4단÷2=2회

　3cm×1.9코=6코

$$2\ \overline{)\ \begin{array}{c} 3 \\ 6 \\ \hline 6 \\ \hline 0 \end{array}} \qquad \rightarrow 2-3-2$$

● 앞판

① **시작** (8cm×1.9코)+시접코 2코=17코

② **옆선길이** 12cm×2.3단=28단

③ **앞단 늘림단** 5cm×2.3단=12단

　앞단 늘림코 5cm×1.9단=9코

　12단에 9코 늘림 → 커브선 공식 10코에 대입

$$\rightarrow 4\ .\ 3\ .\ 2\ .\ 1$$

9로 맞춤 -1

$$\rightarrow 3\ .\ 3\ .\ 2\ .\ 1$$

정리하면

헛수 맞춤 $-1\ -1$

- 2-1-4
- 2-2-1 } 늘림
- 2-3-1

$$\rightarrow 3\ .\ 2\ .\ 1\ .\ 1\ .\ 1\ .\ 1$$

　앞단길이 7cm×2.3단=16단

④ **진동줄임** 계산은 뒤판과 동일

⑤ **어깨경사** 뒤판과 동일

⑥ **앞목줄임단** 6cm×2.3단=14단

　앞목줄임코 6cm×1.9코=11코

　14단에 11코 줄임 → 10단에 8코 줄임

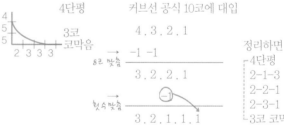

4단평　　커브선 공식 10코에 대입

3코　　$4\ .\ 3\ .\ 2\ .\ 1$

코막음

8로 맞춤 $-1\ -1$

$$3\ .\ 2\ .\ 2\ .\ 1$$

헛수 맞춤 → -1

$$3\ .\ 2\ .\ 1\ .\ 1\ .\ 1$$

정리하면
- 4단평
- 2-1-3
- 2-2-1
- 2-3-1
- 3코 코막음

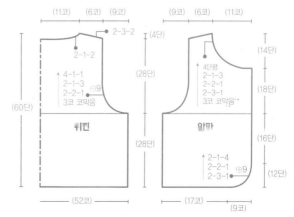

1. 우리나라 편물의 도입 초기 설명 중 옳은 것은?

① 유럽편물의 도입은 1800년도 일본에서 전해졌다.
② 가내수공업으로 제조된 편물들은 1970년대 한국 주요 수출 품목 중 하나가 되었다.
③ 선교사에 의해 목도리 짜는 기술이 도입되면서 수공업 편물 제조가 시작 되었다.
④ 편물기계는 수입에 의존 하였다.

2. 젖었을 때 강도가 커지며, 흡수성,방수성,통기성이 커서 여름옷감으로 많이 사용되는 섬유는 무엇인가?

① 면섬유   ② 견섬유   ③ 마섬유   ④ 모섬유

3. 각각의 설명 중 옳지 않은 것은?

① 세사류 – 디자인에 따라 적당한 원사의 굵기를 조절할 수 있어 이용범위가 넓다.
② 중사류 – 수편기에 사용되는 원사, 가장 많이 사용된다.
③ 태사류 – 여러종류의 방한용으로 사용된다.
④ 극태사류 – 색상이나 형태를 변형할 수 없다.

4. 모섬유에 대한 설명으로 옳지 않은 것은?

① 줄어들지 않아서 계절에 관계없이 모든 용도에 쓰인다.
② 흡습성이 가장 크다.
③ 강도는 약하지만 보온성이 좋다.
④ 권축이 발달되어 있어 곱슬곱슬한 모양이다.

5. 다음 섬유의 종류 중 분류의 방법이 다른 하나는 무엇인가?

① 앙고라   ② 알파카   ③ 모헤어   ④ 루프얀

6. 실의 굵기와 비늘의 종류가 올바로 연결된 것을 고르시오.

① 세 사 : 대바늘 2mm / 레이스바늘 0~2호
② 중세사 : 대바늘 3.5~4mm / 코바늘 2~4호
③ 태 사 : 대바늘 7mm / 코바늘 4~6호
④ 극태사 : 대바늘 8mm 이상 / 코바늘 10호 이상

7. 극세사에 대한 설명 중 적합하지 않은 것을 고르시오.

① 레이스 바늘은 0 ~ 2호가 적합하다.

② 32번 단사번수의 단사 수는 2올이다.

③ 대바늘 4mm를 사용하면 적합하다.

④ 아후강바늘은 0~1호가 적합하다.

8. 네프 얀(nep yarn)에 대하여 아는 대로 기술하시오.

----

9. 제포에 대하여 아는 대로 기술하시오.

----

10. 편물세탁법에 대하여 아는 대로 기술하시오.

모범답안

1. ② 가내수공업으로 제조된 편물들은 1970년대 한국 주요 수출 품목 중 하나가 되었다.

2. ③ 마섬유

3. ④ 극태사류 – 색상이나 형태를 변형할 수 없다.

4. ① 줄어들지 않아서 계절에 관계없이 모든 용도에 쓰인다.

  → 줄어드는 성질이 있어서 세탁할 때 주의하여야 한다.

5. ④ 루프얀

6. ② 중세사 : 대바늘 3.5~4mm / 코바늘 2-4호

7. ③ 대바늘 4mm를 사용하면 적합하다.

  → 대바늘 2mm를 사용한다.

8. 곱슬 마디와 멍울 같은 것이 굵게 되어 심이 되는 실과 함께 꼬인 것으로, 홈스펀(양털로 된 굵은 수방모사를 써서 손으로 짠 모직물) 같은 느낌을 준다. 네프에도 여러 가지 크기가 있으며, 색상 조합에 의해 여러 가지로 변화된 뜨개질을 얻을 수 있다.

9. 실을 뽑아내 방사, 염색, 가공 등의 과정을 거쳐 제품을 만들어내는 과정

10. 30~10도 정도가 적당하여 처음에서 마지막까지 같은 온도를 유지해주는 것이 좋다. 알코올계 중성세제를 사용해야 하며, 손상이 생길 수 있으므로 비벼서 빨거나 비틀어짜지 않는다. 물 속에 오래 담가두면 줄어드는 성질이 있기 때문에 빨리 물기를 제거하고 마른 수건으로 감싸 물기를 뺀다. 통풍이 잘 되는 그늘에 펴서 건조시킨다.

① 주어진 재료와 도면에 의거 다음과 같이 라운드 조끼를 제작하시오.

가. 도면을 보고 충분히 이해를 한 다음 먼저 게이지를 산출하여 코수와 단수를 정하시오.
나. 도면 치수에 의하여 게이지를 산출한 것은 완성 작품과 함께 제출하시오.
다. 목둘레와 진동둘레는 곡선 표현이 잘 되게 하시오.
라. 어깨솔기는 돗바늘로 마무리 하시오. (메리야스 잇기)
마. 목둘레, 진동둘레, 아랫단은 가장자리뜨기로 마무리하시오.
바. 기본 무늬는 메리야스 겉뜨기로 하시오.
사. 완성된 작품은 다리미질하여 제출하시오.

도면 ①
완성치수표

(단위 cm)

옷길이	가슴둘레	등너비	진동높이
25cm	52cm	18cm	10cm

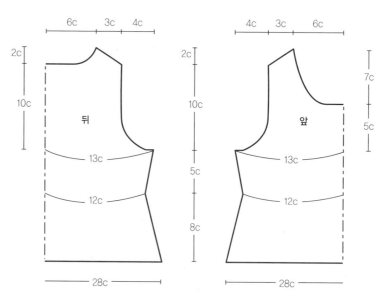

② 제시된 도면을 보고 코바늘을 이용해
모티브를 떠 완성하시오.

가장자리뜨기

계산법 & 뜨기

● 뒤판

① **시작**　(28cm×1.9코)+시접코 2코＝56코

② **옆선길이**　8cm×2.3단＝18단,　5cm×2.3단＝12단

　　옆선줄임코　(4cm×1.9코)÷2＝4코,　18단에 4코 줄임

＊짝수단 계산

$$
4\,\overline{)\,9\,}\,\begin{array}{c}2+1=3\\ -1\quad 8\\ \hline 3\quad 1\end{array} \quad\xrightarrow{\times2}\quad \begin{array}{c}3-1-1\\2-1-3\end{array}\quad\rightarrow\quad \begin{array}{c}6-1-1\\4-1-3\end{array}
$$

　　옆선늘림코　(2cm×1.9코)÷2＝2코,　12단에 2코 늘림

＊짝수단 계산

$$
\begin{array}{c}2+1\\-1\end{array}\,6\,\overline{)\,\begin{array}{c}2\\6\\\hline 0\end{array}}\,\begin{array}{c}\\ \\2\end{array}\quad\xrightarrow{\times2}\quad\begin{array}{c}2단평\\2-1-2\end{array}\quad\rightarrow\quad\begin{array}{c}4단평\\4-1-2\end{array}
$$

③ **진동**　4cm×1.9코＝9코(시접코 포함)

　　진동길이　10cm×2.3단＝24단

＊진동줄임 계산

$9코×\dfrac{1}{3}＝3코　\rightarrow　3코 코막음　\xrightarrow{\text{짝수단}}　3코 코막음$

-3

―――――

$6코×\dfrac{1}{2}＝3코　\rightarrow　1-1-3　\rightarrow　\begin{array}{c}2-2-1\\2-1-1\end{array}$

-3

―――――

$3코×\dfrac{2}{3}＝2코　\rightarrow　2-1-2　\rightarrow　2-1-2$

-2

―――――

$1　\rightarrow　3-1-1　\rightarrow　4-1-1$

　　정리하면　4-1-1
　　　　　　　2-1-3
　　　　　　　2-2-1
　　　　　　　3코 코막음

④ **뒷목줄임**　6cm×1.9코＝11코,　2cm×2.3단＝4단

　　4단에 2코 줄임 → 2-1-2

　　코막음

⑤ **어깨경사**　2cm×2.3단＝4단,　4단÷2＝2회
　　　　　　　　3cm×1.9코＝6코

$$
2\,\overline{)\,6\,}\,\begin{array}{c}3\\6\\\hline 0\end{array}\quad\rightarrow\quad 2-3-2
$$

● 앞판

①～③ 뒤판과 동일

④ **앞목줄임단**　7cm×2.3단＝16단

　　앞목줄임코　6cm×1.9코＝11코

　　16단에 11코 줄임　→　10단에 8코 줄임

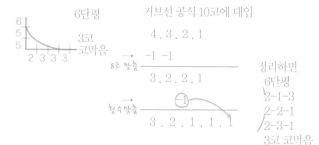

⑤ **어깨경사**　뒤판과 동일

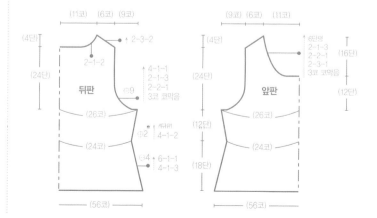